薩摩 順吉・藤原 毅夫・三村 昌泰・四ツ谷 晶二　編

理工系の数理

線 形 代 数

永井 敏隆・永井　敦

共　著

東京　裳　華　房　発行

LINEAR ALGEBRA

by

TOSHITAKA NAGAI
ATSUSHI NAGAI

SHOKABO
TOKYO

編　集　趣　旨

数学は科学を語るための重要な言葉である．自然現象や工学的対象をモデル化し解析する際には，数学的な定式化が必須である．それればかりでない．社会現象や生命現象を語る際にも，数学的な言葉がよく使われるようになってきている．そのために，大学においては理系のみならず一部の文系においても数学がカリキュラムの中で大きな位置を占めている．

近年，初等中等教育で数学の占める割合が低下するという由々しき事態が生じている．数学は積み重ねの学問であり，基礎課程で一部分を省略することはできない．着実な学習を行って，将来数学が使いこなせるようになる．

21 世紀は情報の世紀であるともいわれる．コンピュータの実用化は学問の内容だけでなく，社会生活のあり方までも変えている．コンピュータがあるから数学を軽視してもよいという識者もいる．しかし，情報はその基礎となる何かがあって初めて意味をもつ．情報化時代にブラックボックスの中身を知ることは特に重要であり，数学の役割はこれまで以上に大きいと考える．

こうした時代に，将来数学を使う可能性のある読者を対象に，必要な数学をできるだけわかりやすく学習していただけることを目標として刊行したのが本シリーズである．豊富な問題を用意し，手を動かしながら理解を進めていくというスタイルを採った．

本シリーズは，数学を専らとする者と数学を応用する者が協同して著すという点に特色がある．数学的な内容はおろそかにせず，かつ応用を意識した内容を盛り込む．そのことによって，将来のための確固とした知識と道具を身に付ける助けとなれば編者の喜びとするところである．読者の御批判を仰ぎたい．

2004年10月

編　　者

まえがき

本書は裳華房のシリーズの1冊として編集された，線形代数の入門書である．ここ数年，理工系の学部において，従来の文系理系の枠にとらわれないさまざまな名称の学部学科が新設され，文系学生が理工系の学部に進出することも少なくない．このことは数学を必要とする学生の幅が広がることなので歓迎すべきことなのかもしれないが，数学を教えている側からすると，行列や微分積分を学ぶことなく入学してきた学生が増えて，非常に教えづらいのも事実である．このため本書では，高等学校で行列を学んでこなかった学生も無理なく学べるように配慮してある．一方，理工系諸分野への応用問題や，基礎的だが難易度のやや高い問題も扱ったので，数学の得意な学生にとってもやり応えはあると期待している．

線形代数の難しさの1つはn次元ベクトル，$m \times n$行列といったように，抽象的なn次元の対象を扱うところにある．本書では「2,3を聞いてnを知る」ことを心掛けた．例えば，ベクトルの場合は2,3次元から，行列の場合は2次，3次正方行列から始めて，その延長として一般のnについても無理なく理解できるように配慮したつもりである．

数学において新しい概念を理解し，使いこなせるようにするには，簡単な例題を自分の手を使って実際に解くことが最も重要である．本書では，例題を解いていくことで，新しい概念を理解し身につけられるように配慮している．第1章の内容から難しいと感じる場合は，必要に応じて高校の教科書を参考にしながら，少しずつ着実に自分の理解できる部分を増やしてほしい．

本書は，第1章から第3章までの基本編，第4章から第7章までの応用編に大きく分かれる．また第8章では，線形代数のさまざまな応用の中で，微分積分学に続いて履修することの多い常微分方程式に対して，線形代数と関わりのあるところを取り上げた．

多くの大学では1年かけて線形代数を講義していることを想定すると，前期で第1〜3章を，後期で第4〜7章を，時間に余裕があれば第8章まで扱うのが適当であろう．また一部の節，例題，問題には「*」印が付いているが，これらは発展的内容を含むので，飛ばしても差し支えない．

各章および各節の難易度，関連をダイアグラムにした．I は線形代数の最も基本的な内容で，II は基本的であるがやや発展的内容を含む．理工系の学生は少なくとも II までは理解してほしい．数学の得意な学生や I, II だけでは物足りない学生は III にも挑戦していただきたい．

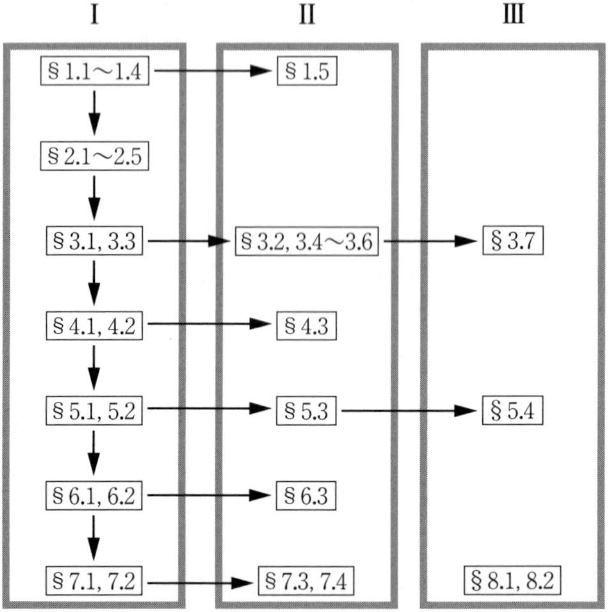

各節末および各章末には理解を助けるために問題および練習問題を配した．節末の問題は例題と同じ手法で解けるものや本文で証明を省略したものを扱った．少なくとも前者は自分の手を使って解けるようにしてほしい．ま

た，章末の練習問題では基本的な計算問題の他に，理工学の分野に登場する問題を扱った．難しい問題も含まれているので余力があれば解き，線形代数の幅広い応用を味わっていただけたらと思う．なお，巻末の「問題解答」では，例題と同じ方針で解ける問題には略解を，そうでないものについては，できる限り詳しい解答を与えた．

次のページに，線形代数の重要事項を一覧の形で示しておいたので参考にしてほしい．

最後に，本書の執筆をお勧め下さり，これまでの講義経験を本にする機会を与えて下さいました明治大学の三村昌泰先生，青山学院大学の薩摩順吉先生にお礼申し上げます．そして執筆依頼を受けてから3年以上の間，遅々として進まぬ原稿を辛抱強く待って頂き，校正の段階においても数多くの建設的な御意見を頂いた裳華房編集部の細木周治氏と新田洋平氏に感謝します．

2008年10月

著　　者

ベクトルの基本演算

$$\boldsymbol{a} = \begin{pmatrix} a_1 \\ \vdots \\ a_n \end{pmatrix},\ \boldsymbol{b} = \begin{pmatrix} b_1 \\ \vdots \\ b_n \end{pmatrix} \in \mathbf{R}^n,\ p \in \mathbf{R}$$ に対して,

和 $\boldsymbol{a} + \boldsymbol{b} = \begin{pmatrix} a_1 + b_1 \\ \vdots \\ a_n + b_n \end{pmatrix}$,　スカラー倍 $p\boldsymbol{a} = \begin{pmatrix} pa_1 \\ \vdots \\ pa_n \end{pmatrix}$

内積 $(\boldsymbol{a}, \boldsymbol{b}) = a_1 b_1 + \cdots + a_n b_n$,　大きさ $\|\boldsymbol{a}\| = \sqrt{{a_1}^2 + \cdots + {a_n}^2}$

($n = 3$ のとき)外積 $\boldsymbol{a} \times \boldsymbol{b} = \begin{pmatrix} a_2 b_3 - a_3 b_2 \\ a_3 b_1 - a_1 b_3 \\ a_1 b_2 - a_2 b_1 \end{pmatrix}$

行列の基本演算

$A = (a_{ij}),\ B = (b_{ij})\ (1 \leq i, j \leq n)$ に対して,

$$AB = i)\begin{pmatrix} & & \\ & a_{ij} & \\ & & \end{pmatrix}\begin{pmatrix} & \overset{j}{} & \\ & b_{ij} & \\ & & \end{pmatrix} = \begin{pmatrix} & & \\ & c_{ij} & \\ & & \end{pmatrix},\quad c_{ij} = \sum_{k=1}^{n} a_{ik} b_{kj}$$

転置行列： ${}^tA = (a_{ji})$ (行と列の役割の入れ替え)

A が対称〔反対称〕行列 $\overset{\text{定義}}{\Leftrightarrow}$ ${}^tA = A$ 〔$-A$〕

A が直交行列 $\overset{\text{定義}}{\Leftrightarrow}$ ${}^tAA = E$

行基本変形(連立 1 次方程式の解法や行列式計算などに利用)

(1) ある行と他の行を入れ替える.

(2) ある行を何倍かして他の行に加える.

(3) ある行を定数(0 でない)倍する.

2, 3 次行列式

$$\begin{vmatrix} a_1 & a_2 \\ b_1 & b_2 \end{vmatrix} = a_1 b_2 - a_2 b_1$$

$$\begin{vmatrix} a_1 & a_2 & a_3 \\ b_1 & b_2 & b_3 \\ c_1 & c_2 & c_3 \end{vmatrix} = a_1 b_2 c_3 + a_2 b_3 c_1 + a_3 b_1 c_2 - a_1 b_3 c_2 - a_2 b_1 c_3 - a_3 b_2 c_1$$

余因子展開(4 次行列式，1 行目での余因子展開)

$$\begin{vmatrix} a_1 & a_2 & a_3 & a_4 \\ b_1 & b_2 & b_3 & b_4 \\ c_1 & c_2 & c_3 & c_4 \\ d_1 & d_2 & d_3 & d_4 \end{vmatrix} = a_1\Delta_{11} + a_2\Delta_{12} + a_3\Delta_{13} + a_4\Delta_{14}$$

$$= a_1\begin{vmatrix} b_2 & b_3 & b_4 \\ c_2 & c_3 & c_4 \\ d_2 & d_3 & d_4 \end{vmatrix} - a_2\begin{vmatrix} b_1 & b_3 & b_4 \\ c_1 & c_3 & c_4 \\ d_1 & d_3 & d_4 \end{vmatrix} + a_3\begin{vmatrix} b_1 & b_2 & b_4 \\ c_1 & c_2 & c_4 \\ d_1 & d_2 & d_4 \end{vmatrix} - a_4\begin{vmatrix} b_1 & b_2 & b_3 \\ c_1 & c_2 & c_3 \\ d_1 & d_2 & d_3 \end{vmatrix}$$

ベクトルの 1 次独立

$\boldsymbol{a}_1, \cdots, \boldsymbol{a}_m \in \mathbf{R}^n$ が 1 次独立

$\overset{\text{定義}}{\Leftrightarrow}$ $x_1\boldsymbol{a}_1 + \cdots + x_m\boldsymbol{a}_m = \boldsymbol{0}$ なる $x_1, \cdots, x_m$ が $x_1 = \cdots = x_m = 0$ に限る

$\Leftrightarrow$ $A = (\boldsymbol{a}_1 \ \cdots \ \boldsymbol{a}_m)$ として，$A\boldsymbol{x} = \boldsymbol{0}$ が非自明解をもたない

$\Leftrightarrow$ $\operatorname{rank} A = m$

$\Leftrightarrow$ ($m = n$ のとき) A が正則行列

$\Leftrightarrow$ ($m = n$ のとき) $|A| \neq 0$

固有値と固有ベクトル

$A\boldsymbol{x} = \lambda\boldsymbol{x}$ ($\boldsymbol{x} \neq \boldsymbol{0}$) を満たす λ を A の固有値，$\boldsymbol{x}$ を固有ベクトルという

固有値：固有方程式 $|A - \lambda E| = 0$ の解 $\lambda = \lambda_i$ ($1 \leq i \leq n$)

固有値 λ_i に対応する固有ベクトル：$(A - \lambda_i E)\boldsymbol{x} = \boldsymbol{0}$ の非自明解 $\boldsymbol{x} = k\boldsymbol{u}_i$

行列 A の対角化：$P = (\boldsymbol{u}_1 \ \cdots \ \boldsymbol{u}_n)$ に対して，$P^{-1}AP = (\lambda_i\delta_{ij})$

線形空間

$\boldsymbol{a}_1, \cdots, \boldsymbol{a}_n$ が線形空間 V の基底

$\overset{\text{定義}}{\Leftrightarrow}$ (i) $\boldsymbol{a}_1, \cdots, \boldsymbol{a}_n$ は 1 次独立，

(ii) 任意の $\boldsymbol{x} \in V$ は $\boldsymbol{x} = x_1\boldsymbol{a}_1 + \cdots + x_n\boldsymbol{a}_n$ (1 次結合)に表される

$W \subset V$ が V の部分空間 $\overset{\text{定義}}{\Leftrightarrow}$ $\boldsymbol{x}, \boldsymbol{y} \in W,\ p \in \mathbf{R} \ \Rightarrow \ \boldsymbol{x} + \boldsymbol{y},\ p\boldsymbol{x} \in W$

線形写像

$f : \mathbf{R}^m \to \mathbf{R}^n$ が線形写像

$\overset{\text{定義}}{\Leftrightarrow}$ $f(\boldsymbol{x}_1 + \boldsymbol{x}_2) = f(\boldsymbol{x}_1) + f(\boldsymbol{x}_2),\ f(p\boldsymbol{x}) = p\boldsymbol{x}$

$\Leftrightarrow$ $n \times m$ 行列 A が存在して，$f(\boldsymbol{x}) = A\boldsymbol{x}$ (A：表現行列)

目　次

第1章　ベクトルと行列1(基礎編)

1.1　ベクトルの基本事項 …… 2
1.1.1　ベクトルとスカラー …… 2
1.1.2　2次元ベクトル …… 4
1.1.3　3次元ベクトル …… 8
1.1.4　3次元ベクトルの外積と3重積 …… 10
1.2　n 次元ベクトル …… 13
1.3　行列の基本演算 …… 15
1.3.1　行列の定義 …… 15
1.3.2　行列の演算1－和とスカラー倍 …… 18
1.3.3　行列の演算2－積 …… 20
1.4　さまざまな行列 …… 24
1.4.1　対角行列 …… 24
1.4.2　転置行列 …… 26
1.4.3　逆行列 …… 27
1.4.4　下三角行列，上三角行列 …… 29
1.5　複素ベクトルと複素行列 …… 31
1.5.1　複素数と複素平面 …… 31
1.5.2　複素ベクトルの計算 …… 33
1.5.3　複素行列 …… 35
第1章 練習問題 …… 38

第2章　連立1次方程式

2.1　行基本変形と連立1次方程式 …… 42

2.2　解が存在しない場合，一意でない場合　…………　47
2.2.1　未知数と方程式の個数が等しい場合　……　48
2.2.2　未知数と方程式の個数が等しくない場合　50
2.3　同次連立方程式　………………………………　53
2.3.1　同次連立方程式と非自明解　………………　53
2.3.2　非同次連立方程式再考　……………………　56
2.4　行列のランク　…………………………………　59
2.4.1　階段行列と行列のランク　…………………　59
2.4.2　同次連立方程式と行列のランク　…………　61
2.4.3　非同次連立方程式と行列のランク　………　62
2.5　掃き出し法による逆行列計算　………………　64
第 2 章 練習問題　…………………………………………　68

第 3 章　行 列 式

3.1　3 次までの行列式とその性質　……………………　72
3.1.1　2 次行列式の定義と性質　…………………　72
3.1.2　3 次行列式の定義　……………………………　76
3.1.3　3 次行列式の性質　……………………………　79
3.2　4 次以上の行列式　………………………………　84
3.2.1　順列と互換　……………………………………　84
3.2.2　n 次行列式の定義　……………………………　85
3.2.3　n 次行列式の性質　……………………………　87
3.3　余因子展開による行列式の計算　………………　90
3.4　行列の積の行列式　………………………………　97
3.5　余因子と逆行列　…………………………………　99
3.6　連立方程式への応用とクラメルの公式　…………　102
3.7　n 次行列式の諸性質の証明*　……………………　105

第 3 章 練習問題 ………………………… 108

第 4 章　ベクトルと行列 2 (応用編)

4.1　ベクトルの 1 次独立，1 次従属 ………… 112
4.2　正規直交系とグラム・シュミットの直交化法 … 118
4.2.1　$\mathbf{R}^n$ の正規直交系 ………… 118
4.2.2　グラム・シュミットの直交化法 ………… 119
4.3　さまざまな行列 2 ………… 123
4.3.1　直交行列とユニタリ行列 ………… 123
4.3.2　ブロック分割された行列 ………… 126
第 4 章 練習問題 ………… 128

第 5 章　行列の固有値問題

5.1　固有値と固有ベクトル ………… 132
5.1.1　2 次正方行列の固有値と固有ベクトル … 132
5.1.2　3 次正方行列の固有値と固有ベクトル … 134
5.1.3　n 次正方行列の固有値と固有ベクトル … 140
5.2　行列の対角化とその応用 ………… 142
5.2.1　相似な行列 ………… 142
5.2.2　行列の対角化 ………… 142
5.2.3　正方行列の n 乗計算 ………… 146
5.2.4　固有ベクトルの 1 次独立性* ………… 148
5.3　エルミート行列の固有値 ………… 149
5.4　ジョルダン標準形* ………… 152
第 5 章 練習問題 ………… 156

第6章　線形空間

6.1　線形空間　…… 160

6.1.1　数ベクトル空間　…… 160

6.1.2　部分空間　…… 161

6.1.3　部分空間の基底と次元　…… 163

6.2　部分空間の直和　…… 165

6.2.1　直和　…… 165

6.2.2　直交補空間　…… 169

6.3　その他の線形空間　…… 170

第6章 練習問題　…… 174

第7章　線形写像

7.1　線形写像　…… 176

7.1.1　関数と写像　…… 176

7.1.2　線形写像と表現行列　…… 177

7.1.3　合成写像と逆写像　…… 180

7.1.4　直交変換　…… 181

7.2　線形写像の像と核　…… 183

7.3　基底の変換　…… 186

7.4　2次曲線と2次曲面　…… 189

第7章 練習問題　…… 193

第8章　線形常微分方程式への応用

8.1　1階線形常微分方程式　…… 196

8.2　連立常微分方程式　…… 200

8.2.1　2元連立常微分方程式の解法　…… 200

8.2.2　n元連立常微分方程式の解法　…… 204

8.2.3　高階単独常微分方程式 …… 205
第 8 章 練習問題 …… 212

参考文献 …… 214
問題解答 …… 215
索引 …… 243

第1章

ベクトルと行列1(基礎編)

本章では，ベクトルおよび行列の定義から入り，初等的な演算に慣れ親しむことを目標とする．ベクトルや行列について高等学校で履修済みの読者もいることとは思うが，本章，特に1.1～1.4節の内容は以後の章で頻繁に用いるので，例題を中心に再確認の意味で学習してほしい．

初めに2,3次元のベクトルから入り，4次元以上のベクトルの各種計算を行う．行列については，和，スカラー倍，積，転置といった行列の基本計算を学ぶ．1.5節では複素数を成分にもつベクトルや行列を扱うが，ここは後回しにしてもかまわない．

1.1　ベクトルの基本事項

1.1.1　ベクトルとスカラー

年齢，面積，気圧等といった量は 39 歳，3 m^2，950 ヘクトパスカルといった具合に，単位の名称を別にすれば，39, 3, 950 という 1 つの数で決定される．このような量を**スカラー**と呼ぶ．それでは，例えば宝探しをしているとき，「今あなたがいる位置から 20 m 先に宝がある」といわれて宝の位置はわかるだろうか．宝の位置を知るには，20 m という「長さ (大きさ)」に関する情報だけでは不十分で，「北の向き」「南東の向き」といった具合に，「向き」に関する情報を指定する必要がある．このように「向き」と「長さ (大きさ)」をもった量のことを**ベクトル**という．以後区別するため，スカラーは $a, b, \cdots$ のように表すのに対し，ベクトルは $\boldsymbol{a}, \boldsymbol{b}, \cdots$ のように肉太字で表すことが多い[1)].

線分 AB に点 A から点 B へ向きをつけて考えたとき，その線分を**有向線分** AB といい，点 A をその始点，点 B をその終点という．ベクトルも大きさと向きで定まるから，ベクトルを有向線分で表すことができる．有向線分 AB から定まるベクトルを $\overrightarrow{\mathrm{AB}}$ と表す．

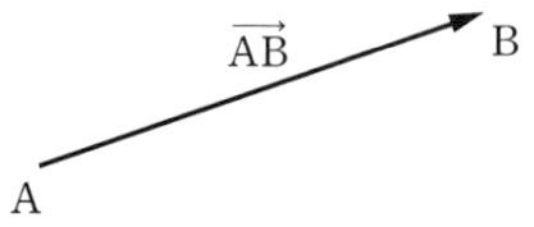

ベクトルは，始点や終点が異なっていても，向きと大きさが等しければ，言い換えれば平行移動して重なれば，等しいと見なす．例えば，右図の平行四辺形 OABC において，

$$\overrightarrow{\mathrm{OA}} = \overrightarrow{\mathrm{CB}}, \qquad \overrightarrow{\mathrm{OC}} = \overrightarrow{\mathrm{AB}}$$

である．$\boldsymbol{a} = \overrightarrow{\mathrm{OA}}$ とおいて，ベクトル $\boldsymbol{a}$

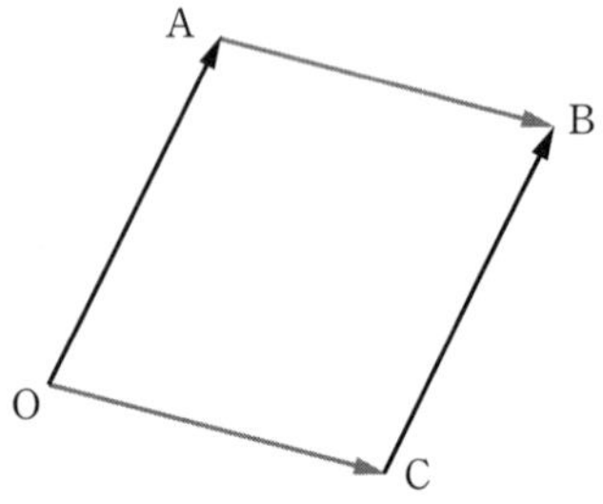

1)　ベクトルを表すとき，高校までは $\vec{a}, \vec{b}, \cdots$ のように矢印を用いたが，本書では多くの場合，肉太字 $\boldsymbol{a}, \boldsymbol{b}, \cdots$ で表す．

の**大きさ** $\|\boldsymbol{a}\| = \|\overrightarrow{\mathrm{OA}}\|$ を線分 OA の長さで定義する．特に大きさが 1 のベクトルを**単位ベクトル**，大きさが 0 のベクトルを**零ベクトル**といい，ゼロの肉太字 $\mathbf{0}$ で表す．

次にベクトルの和とスカラー倍を定義する．ベクトル $\boldsymbol{a}$, $\boldsymbol{b}$ が与えられ，$\boldsymbol{a}$ の終点に $\boldsymbol{b}$ の始点を合わせたとき，$\boldsymbol{a}$ の始点から $\boldsymbol{b}$ の終点に向かうベクトルを $\boldsymbol{a}$ と $\boldsymbol{b}$ の**和**といい，$\boldsymbol{a}+\boldsymbol{b}$ で表す．下の左図からわかるように $\boldsymbol{a}+\boldsymbol{b} = \boldsymbol{b}+\boldsymbol{a}$ である．

また，p をスカラーとするとき，**スカラー倍** $p\boldsymbol{a}$ は，

$p > 0$ のとき，$\boldsymbol{a}$ と同じ向きで大きさが $\|\boldsymbol{a}\|$ の p 倍であるベクトル，

$p < 0$ のとき，$\boldsymbol{a}$ と逆向きで大きさが $\|\boldsymbol{a}\|$ の $|p|$ 倍であるベクトル

を表す．特に $p = -1$ のとき，これを $-\boldsymbol{a}$ と書く．ベクトル $\boldsymbol{a}$, $\boldsymbol{b}$ について，$\boldsymbol{a}-\boldsymbol{b} = \boldsymbol{a}+(-\boldsymbol{b})$ と定める．$\boldsymbol{a} = \overrightarrow{\mathrm{OA}}$, $\boldsymbol{b} = \overrightarrow{\mathrm{OB}}$ とすると，$\boldsymbol{a}-\boldsymbol{b} = \overrightarrow{\mathrm{BA}}$ である．

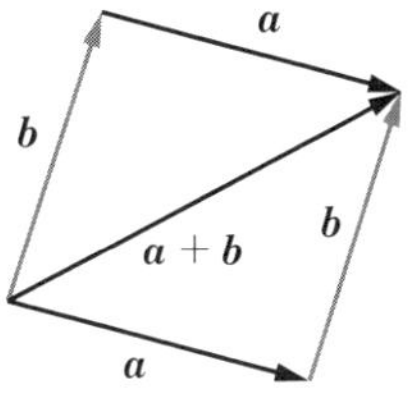

ベクトルの和

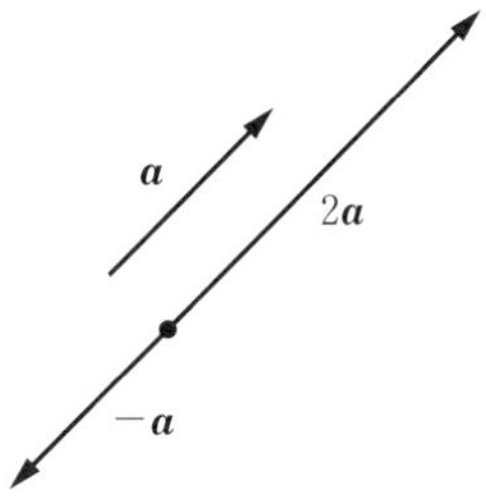

スカラー倍

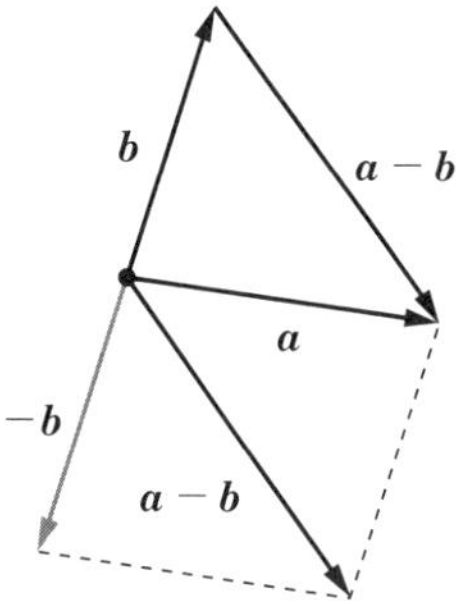

差

注意 1　2 つのベクトル $\boldsymbol{a}$, $\boldsymbol{b}$ が同じ「方向」であるとは，$\boldsymbol{a}$, $\boldsymbol{b}$ の始点を重ねたとき，これらが同一直線上にあることをいう．例えば $\boldsymbol{a}$ と $-\boldsymbol{a}$ は，同方向かつ逆向きである．また，$\boldsymbol{a}-\boldsymbol{b}$ を「$\boldsymbol{a}$ から $\boldsymbol{b}$ の差」と考えることもできる．

定理 1.1（**ベクトルの和，スカラー倍の基本性質**） $\boldsymbol{a}$, $\boldsymbol{b}$, $\boldsymbol{c}$ を任意のベクトル， p, q をスカラーとするとき，以下が成立する．

（1） $\boldsymbol{a}+\boldsymbol{b}=\boldsymbol{b}+\boldsymbol{a}$ （交換法則）

（2） $(\boldsymbol{a}+\boldsymbol{b})+\boldsymbol{c}=\boldsymbol{a}+(\boldsymbol{b}+\boldsymbol{c})$ （和の結合法則）

（3） $\boldsymbol{a}+\boldsymbol{0}=\boldsymbol{a}, \quad \boldsymbol{a}+(-\boldsymbol{a})=\boldsymbol{0}$

（4） $p(q\boldsymbol{a})=(pq)\boldsymbol{a}$ （スカラー倍の結合法則）

（5） $(p+q)\boldsymbol{a}=p\boldsymbol{a}+q\boldsymbol{a}, \quad p(\boldsymbol{a}+\boldsymbol{b})=p\boldsymbol{a}+p\boldsymbol{b}$ （分配法則）

（6） $1\boldsymbol{a}=\boldsymbol{a}, \quad 0\boldsymbol{a}=\boldsymbol{0}$

次に，ベクトルの**内積**（**スカラー積**）を定義する．$\boldsymbol{0}$ でない2つのベクトル $\boldsymbol{a}$, $\boldsymbol{b}$ のなす角度を $\theta\ (0 \leq \theta \leq \pi)$ として，内積 $(\boldsymbol{a}, \boldsymbol{b})$ を次式で定義する：

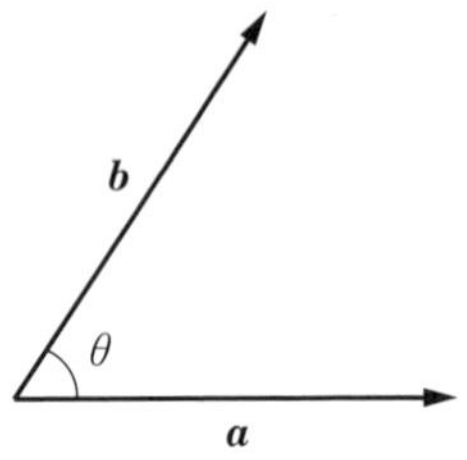

$$(\boldsymbol{a}, \boldsymbol{b})=\|\boldsymbol{a}\|\,\|\boldsymbol{b}\|\cos\theta. \qquad (1.1)$$

$\boldsymbol{a}=\boldsymbol{b}$ のとき $\theta=0$ であるから，

$$(\boldsymbol{a}, \boldsymbol{a})=\|\boldsymbol{a}\|^2\cos 0=\|\boldsymbol{a}\|^2 \quad \Leftrightarrow \quad \|\boldsymbol{a}\|=\sqrt{(\boldsymbol{a}, \boldsymbol{a})}$$

である．また $\boldsymbol{a}$ と $\boldsymbol{b}$ が直交する場合，$\theta=\dfrac{\pi}{2}$ であるから，$\cos\dfrac{\pi}{2}=0$ によって，内積 $(\boldsymbol{a}, \boldsymbol{b})=0$ である．

コメント ゼロベクトル $\boldsymbol{0}$ に対する内積は $(\boldsymbol{a}, \boldsymbol{0})=(\boldsymbol{0}, \boldsymbol{a})=0$ によって定義する．

1.1.2 2次元ベクトル

xy 座標平面上において，原点Oから2点 $\mathrm{E}_1(1, 0)$, $\mathrm{E}_2(0, 1)$ に向かう単位ベクトル $\boldsymbol{e}_1=\overrightarrow{\mathrm{OE}_1}$, $\boldsymbol{e}_2=\overrightarrow{\mathrm{OE}_2}$ を考える．$\boldsymbol{e}_1$, $\boldsymbol{e}_2$ を**平面の基本ベクトル**という．

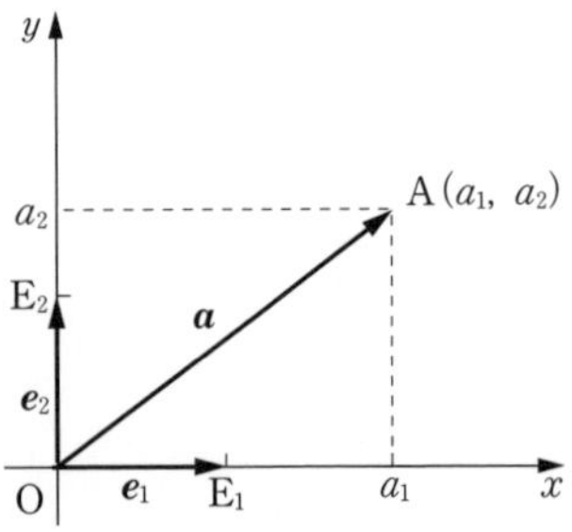

点 $\mathrm{A}(a_1, a_2)$ に対してベクトル $\boldsymbol{a}=\overrightarrow{\mathrm{OA}}$ は

$$\boldsymbol{a}=a_1\boldsymbol{e}_1+a_2\boldsymbol{e}_2$$

と一意的に表される．このとき a_1, a_2 を $\boldsymbol{a}$ の**成分**といい，a_1 を $\boldsymbol{a}$ の x 成分，a_2 を $\boldsymbol{a}$ の y 成分という．成分を用いて表した

$$\boldsymbol{a} = \begin{pmatrix} a_1 \\ a_2 \end{pmatrix}$$

を $\boldsymbol{a}$ の**成分表示**という．特に基本ベクトル $\boldsymbol{e}_1, \boldsymbol{e}_2$ およびゼロベクトル $\boldsymbol{0}$ は

$$\boldsymbol{e}_1 = \begin{pmatrix} 1 \\ 0 \end{pmatrix}, \quad \boldsymbol{e}_2 = \begin{pmatrix} 0 \\ 1 \end{pmatrix}, \quad \boldsymbol{0} = \begin{pmatrix} 0 \\ 0 \end{pmatrix}$$

と成分表示される．2 次元平面内にあるベクトル全体の集合を $\mathbf{R}^2$ と書く．つまり，$\mathbf{R}$ を実数全体の集合として，

$$\mathbf{R}^2 = \left\{ \boldsymbol{a} = \begin{pmatrix} a_1 \\ a_2 \end{pmatrix} \;\middle|\; a_1,\ a_2 \in \mathbf{R} \right\}$$

である．

注意 2　物理などでは，ベクトルの成分表示を，点の座標と同一視した $\boldsymbol{a} = (a_1,\ a_2)$ で表すことが多い．しかし，実際に計算を行う際，$\boldsymbol{a} = \begin{pmatrix} a_1 \\ a_2 \end{pmatrix}$ のように縦に表示したほうが便利な場合が多い．なお，紙面の都合上 $\boldsymbol{a} = {}^t(a_1 \ \ a_2)$ と横に表示することもある．^{t} は転置記号を表し，詳しくは 1.4.2 節で述べる．

ベクトルの大きさ，和，スカラー倍，内積は成分表示ではどうなるか確かめよう．

ベクトルを $\boldsymbol{a} = \begin{pmatrix} a_1 \\ a_2 \end{pmatrix}$, $\boldsymbol{b} = \begin{pmatrix} b_1 \\ b_2 \end{pmatrix}$，スカラーを p, q とするとき，和とスカラー倍は次のように成分表示される：

$$\boldsymbol{a} + \boldsymbol{b} = \begin{pmatrix} a_1 + b_1 \\ a_2 + b_2 \end{pmatrix}, \quad p\boldsymbol{a} = \begin{pmatrix} pa_1 \\ pa_2 \end{pmatrix} \quad (p \in \mathbf{R}).$$

これらをまとめて次のようにも書く：

$$p\boldsymbol{a} + q\boldsymbol{b} = \begin{pmatrix} pa_1 + qb_1 \\ pa_2 + qb_2 \end{pmatrix} \qquad (p,\ q \in \mathbf{R}).$$

ベクトル $\boldsymbol{a}$ の大きさ $\|\boldsymbol{a}\|$ は，三平方の定理より，次で与えられる：

$$\|\boldsymbol{a}\| = \sqrt{{a_1}^2 + {a_2}^2}.$$

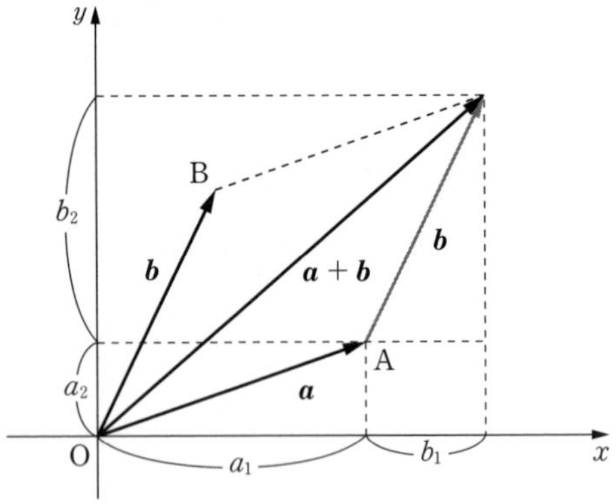

△OAB に余弦定理を用いると，内積は成分表示によって次のように書ける：

$$(\boldsymbol{a},\ \boldsymbol{b}) = a_1b_1 + a_2b_2\,. \tag{1.2}$$

また，$\boldsymbol{a}$, $\boldsymbol{b}$ のなす角を θ とおくと，(1.1) および (1.2) から次式を得る：

$$\cos\theta = \frac{(\boldsymbol{a},\ \boldsymbol{b})}{\|\boldsymbol{a}\|\,\|\boldsymbol{b}\|} = \frac{a_1b_1 + a_2b_2}{\sqrt{{a_1}^2 + {a_2}^2}\sqrt{{b_1}^2 + {b_2}^2}}\,.$$

$\theta = \dfrac{\pi}{2}$，つまり $\boldsymbol{a}$, $\boldsymbol{b}$ が直交するとき，

$$(\boldsymbol{a},\ \boldsymbol{b}) = a_1b_1 + a_2b_2 = 0$$

が成り立つ．

内積の性質を以下にまとめる．これは 3 次元以上のベクトルについても共通して成立する．

定理 1.2　$\boldsymbol{a}$, $\boldsymbol{b}$, $\boldsymbol{c} \in \mathbf{R}^2$, $p \in \mathbf{R}$ とする．以下が成立する．

(I1)　$(\boldsymbol{a},\ \boldsymbol{b}) = (\boldsymbol{b},\ \boldsymbol{a})$

(I2)　$(\boldsymbol{a}+\boldsymbol{b},\ \boldsymbol{c}) = (\boldsymbol{a},\ \boldsymbol{c}) + (\boldsymbol{b},\ \boldsymbol{c})$

(I3)　$(p\boldsymbol{a},\ \boldsymbol{b}) = (\boldsymbol{a},\ p\boldsymbol{b}) = p(\boldsymbol{a},\ \boldsymbol{b})$

(I4)　$(\boldsymbol{a},\ \boldsymbol{a}) \geq 0$. 等号が成立するのは $\boldsymbol{a} = \boldsymbol{0}$ のときに限る．

例題 1.1

平面内のベクトル $\boldsymbol{a} = \begin{pmatrix} -2 \\ 1 \end{pmatrix}$, $\boldsymbol{b} = \begin{pmatrix} 1 \\ -3 \end{pmatrix}$ に対して次を求めよ.

（a）$2\boldsymbol{a} - 3\boldsymbol{b}$　（b）$2(2\boldsymbol{a} - \boldsymbol{b}) - 3(\boldsymbol{a} + 2\boldsymbol{b})$　（c）$\|\boldsymbol{a}\|, \|\boldsymbol{b}\|$

（d）$\boldsymbol{a}$ と同じ向きの単位ベクトル $\boldsymbol{e}$　（e）内積 $(\boldsymbol{a}, \boldsymbol{b})$

（f）$\boldsymbol{a}, \boldsymbol{b}$ のなす角 θ　（g）$\boldsymbol{a} + p\boldsymbol{b}$ が $\boldsymbol{a}$ と直交するときの p の値.

【解】（a）$2\boldsymbol{a} - 3\boldsymbol{b} = \begin{pmatrix} 2 \times (-2) - 3 \times 1 \\ 2 \times 1 - 3 \times (-3) \end{pmatrix} = \begin{pmatrix} -7 \\ 11 \end{pmatrix}$.

（b）$2(2\boldsymbol{a} - \boldsymbol{b}) - 3(\boldsymbol{a} + 2\boldsymbol{b}) = 4\boldsymbol{a} - 2\boldsymbol{b} - 3\boldsymbol{a} - 6\boldsymbol{b} = \boldsymbol{a} - 8\boldsymbol{b}$

$$= \begin{pmatrix} -2 - 8 \times 1 \\ 1 - 8 \times (-3) \end{pmatrix} = \begin{pmatrix} -10 \\ 25 \end{pmatrix}.$$

（c）$\|\boldsymbol{a}\| = \sqrt{(-2)^2 + 1^2} = \sqrt{5}$,　$\|\boldsymbol{b}\| = \sqrt{1^2 + (-3)^2} = \sqrt{10}$.

（d）$\boldsymbol{e} = k\boldsymbol{a}\ (k > 0)$ と表せる. $\|\boldsymbol{e}\| = \|k\boldsymbol{a}\| = k\|\boldsymbol{a}\| = \sqrt{5}\,k = 1$ より $k = \dfrac{1}{\sqrt{5}}$. よって,

$$\boldsymbol{e} = \frac{1}{\sqrt{5}}\boldsymbol{a} = \begin{pmatrix} -\dfrac{2}{\sqrt{5}} \\ \dfrac{1}{\sqrt{5}} \end{pmatrix} \left(\text{または } \boldsymbol{e} = \frac{1}{\sqrt{5}} \begin{pmatrix} -2 \\ 1 \end{pmatrix} \text{ と書いてもよい} \right).$$

（e）$(\boldsymbol{a}, \boldsymbol{b}) = (-2) \times 1 + 1 \times (-3) = -5$.

（f）$\cos\theta = \dfrac{(\boldsymbol{a}, \boldsymbol{b})}{\|\boldsymbol{a}\|\,\|\boldsymbol{b}\|} = \dfrac{-5}{\sqrt{5}\sqrt{10}} = -\dfrac{1}{\sqrt{2}}$ より $\theta = \dfrac{3}{4}\pi$.

（g）$(\boldsymbol{a} + p\boldsymbol{b}, \boldsymbol{a}) = (\boldsymbol{a}, \boldsymbol{a}) + (p\boldsymbol{b}, \boldsymbol{a}) = \|\boldsymbol{a}\|^2 + p(\boldsymbol{b}, \boldsymbol{a}) = 5 - 5p = 0$ より $p = 1$.　□

参考　ベクトル $\boldsymbol{a}\ (\neq \boldsymbol{0})$ と同じ向きの単位ベクトル $\boldsymbol{e}$ は $\boldsymbol{e} = \dfrac{\boldsymbol{a}}{\|\boldsymbol{a}\|}$ で与えられる. このような単位ベクトル $\boldsymbol{e}$ を求めることを, ベクトル $\boldsymbol{a}$ を**正規化**するという. また, 同じ方向の単位ベクトルは $\pm\dfrac{\boldsymbol{a}}{\|\boldsymbol{a}\|}$ の 2 通りある.

1.1.3 3次元ベクトル

2次元平面を3次元空間で置き換えても，議論は同様である.

3次元空間に xyz 直交座標を適当に設定し，x, y, z 軸の正の向きの単位ベクトルをそれぞれ $\boldsymbol{e}_1$, $\boldsymbol{e}_2$, $\boldsymbol{e}_3$ とおくと，空間のベクトル $\boldsymbol{a}$ は次のように成分表示される：

$$\boldsymbol{a} = a_1\boldsymbol{e}_1 + a_2\boldsymbol{e}_2 + a_3\boldsymbol{e}_3 \iff \boldsymbol{a} = \begin{pmatrix} a_1 \\ a_2 \\ a_3 \end{pmatrix} \qquad (a_1,\ a_2,\ a_3 \in \mathbf{R}).$$

基本ベクトル $\boldsymbol{e}_1$, $\boldsymbol{e}_2$, $\boldsymbol{e}_3$ は

$$\boldsymbol{e}_1 = \begin{pmatrix} 1 \\ 0 \\ 0 \end{pmatrix}, \quad \boldsymbol{e}_2 = \begin{pmatrix} 0 \\ 1 \\ 0 \end{pmatrix}, \quad \boldsymbol{e}_3 = \begin{pmatrix} 0 \\ 0 \\ 1 \end{pmatrix}$$

と成分表示される．また，3次元空間内にあるベクトル全体の集合を $\mathbf{R}^3$ と書く．つまり

$$\mathbf{R}^3 = \left\{ \boldsymbol{a} = \begin{pmatrix} a_1 \\ a_2 \\ a_3 \end{pmatrix} \;\middle|\; a_1,\ a_2,\ a_3 \in \mathbf{R} \right\}.$$

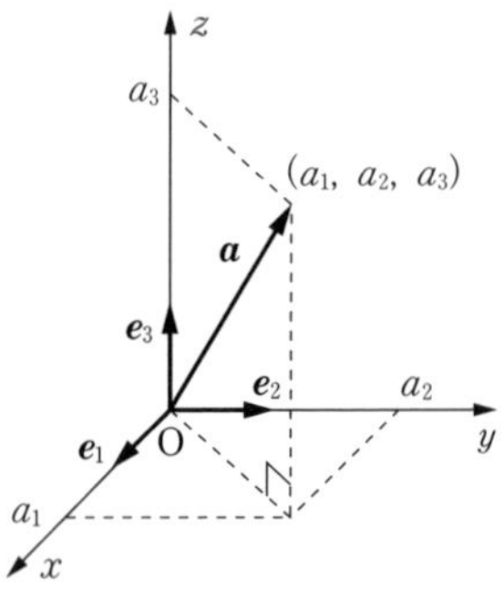

$\mathbf{R}^3$ のベクトルに対する和，大きさ，内積は次のとおりである．ただし $\boldsymbol{b} = \begin{pmatrix} b_1 \\ b_2 \\ b_3 \end{pmatrix}$ とする：

$$p\boldsymbol{a} + q\boldsymbol{b} = \begin{pmatrix} pa_1 + qb_1 \\ pa_2 + qb_2 \\ pa_3 + qb_3 \end{pmatrix} \qquad (p,\ q \in \mathbf{R}),$$

$$\|\boldsymbol{a}\| = \sqrt{{a_1}^2 + {a_2}^2 + {a_3}^2}, \qquad (\boldsymbol{a},\ \boldsymbol{b}) = a_1b_1 + a_2b_2 + a_3b_3.$$

また，$\mathbf{0}$ でない2つのベクトル $\boldsymbol{a}$ と $\boldsymbol{b}$ のなす角を θ $(0 \leq \theta \leq \pi)$ とすると，

$$\cos\theta = \frac{(\boldsymbol{a},\ \boldsymbol{b})}{\|\boldsymbol{a}\|\,\|\boldsymbol{b}\|} = \frac{a_1b_1 + a_2b_2 + a_3b_3}{\sqrt{{a_1}^2 + {a_2}^2 + {a_3}^2}\sqrt{{b_1}^2 + {b_2}^2 + {b_3}^2}}$$

であり，$\boldsymbol{a}$ と $\boldsymbol{b}$ が直交するとき，$(\boldsymbol{a},\ \boldsymbol{b}) = a_1b_1 + a_2b_2 + a_3b_3 = 0$ が成り立つ.

例題 1.2

3 次元ベクトル $\boldsymbol{a} = \begin{pmatrix} 2 \\ -1 \\ 0 \end{pmatrix}$, $\boldsymbol{b} = \begin{pmatrix} -1 \\ -1 \\ 3 \end{pmatrix}$ について次を求めよ.

（a） $-7\boldsymbol{a} + 4\boldsymbol{b}$ （b） $\|\boldsymbol{a}\|, \|\boldsymbol{b}\|$ （c） $(\boldsymbol{a}, \boldsymbol{b})$

（d） $\boldsymbol{a}, \boldsymbol{b}$ のなす角を θ とするときの $\cos\theta$.

（e） $\boldsymbol{a}$ と同じ向きの単位ベクトル $\boldsymbol{e}$.

（f） $\boldsymbol{a}, \boldsymbol{b}$ に直交する単位ベクトル $\boldsymbol{f}$.

【解】 （a） $-7\boldsymbol{a} + 4\boldsymbol{b} = \begin{pmatrix} (-7) \times 2 + 4 \times (-1) \\ (-7) \times (-1) + 4 \times (-1) \\ (-7) \times 0 + 4 \times 3 \end{pmatrix} = \begin{pmatrix} -18 \\ 3 \\ 12 \end{pmatrix}$.

（b） $\|\boldsymbol{a}\| = \sqrt{4+1+0} = \sqrt{5}$, $\|\boldsymbol{b}\| = \sqrt{1+1+9} = \sqrt{11}$.

（c） $(\boldsymbol{a}, \boldsymbol{b}) = 2 \times (-1) + (-1) \times (-1) + 0 \times 3 = -1$.

（d） $\cos\theta = \dfrac{(\boldsymbol{a}, \boldsymbol{b})}{\|\boldsymbol{a}\|\|\boldsymbol{b}\|} = -\dfrac{1}{\sqrt{55}}$. （e） $\boldsymbol{e} = \dfrac{\boldsymbol{a}}{\|\boldsymbol{a}\|} = \begin{pmatrix} \dfrac{2}{\sqrt{5}} \\ -\dfrac{1}{\sqrt{5}} \\ 0 \end{pmatrix}$.

（f） $\boldsymbol{f} = \begin{pmatrix} p \\ q \\ r \end{pmatrix}$ とおくと,

$$(\boldsymbol{a}, \boldsymbol{f}) = (\boldsymbol{b}, \boldsymbol{f}) = 0 \quad \Leftrightarrow \quad \begin{cases} 2p - q = 0, \\ -p - q + 3r = 0. \end{cases}$$

これを q, r について解いて, $q = 2p$, $r = p$. また, $\|\boldsymbol{f}\| = \sqrt{p^2 + q^2 + r^2} = \sqrt{p^2 + 4p^2 + p^2} = \sqrt{6}\,|p| = 1$ より, $p = \pm\dfrac{1}{\sqrt{6}}$. したがって

$$\boldsymbol{f} = \pm\frac{1}{\sqrt{6}}\begin{pmatrix} 1 \\ 2 \\ 1 \end{pmatrix} = \begin{pmatrix} \pm\dfrac{1}{\sqrt{6}} \\ \pm\dfrac{2}{\sqrt{6}} \\ \pm\dfrac{1}{\sqrt{6}} \end{pmatrix} \quad \text{（複号同順）}. \qquad \square$$

1.1.4 3次元ベクトルの外積と3重積

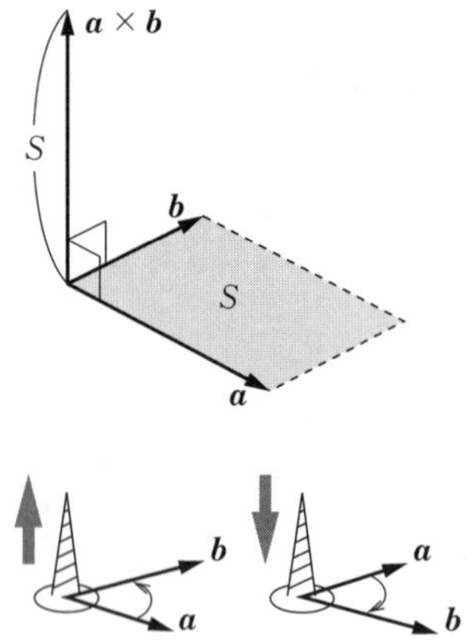

例題1.2 (f) に関連して外積を定義しよう．2つの3次元ベクトル $\boldsymbol{a}, \boldsymbol{b} \in \mathbf{R}^3$ が与えられたとき，次の条件 (i), (ii) を満たすベクトルを $\boldsymbol{a}$ と $\boldsymbol{b}$ の**外積**(**ベクトル積**) と呼び，$\boldsymbol{a}\times\boldsymbol{b}$ で表す．

（i） $\boldsymbol{a}\times\boldsymbol{b}$ の大きさ $\|\boldsymbol{a}\times\boldsymbol{b}\|$ は，$\boldsymbol{a}$ と $\boldsymbol{b}$ が作る平行四辺形の面積に等しい．

（ii） $\boldsymbol{a}\times\boldsymbol{b}$ は $\boldsymbol{a}$, $\boldsymbol{b}$ に直交して，その向きは「$\boldsymbol{a}$ から $\boldsymbol{b}$ に右ねじを回したとき，ねじの進む向き」に一致する．

x, y, z 軸方向の単位ベクトル $\boldsymbol{e}_1, \boldsymbol{e}_2, \boldsymbol{e}_3$ に対して次式が成り立つ．

$$
\begin{cases}
\boldsymbol{e}_1\times\boldsymbol{e}_2 = \boldsymbol{e}_3, & \boldsymbol{e}_2\times\boldsymbol{e}_3 = \boldsymbol{e}_1, \quad \boldsymbol{e}_3\times\boldsymbol{e}_1 = \boldsymbol{e}_2, \\
\boldsymbol{e}_2\times\boldsymbol{e}_1 = -\boldsymbol{e}_3, & \boldsymbol{e}_3\times\boldsymbol{e}_2 = -\boldsymbol{e}_1, \quad \boldsymbol{e}_1\times\boldsymbol{e}_3 = -\boldsymbol{e}_2, \\
\boldsymbol{e}_1\times\boldsymbol{e}_1 = \boldsymbol{e}_2\times\boldsymbol{e}_2 = \boldsymbol{e}_3\times\boldsymbol{e}_3 = \boldsymbol{0}. &
\end{cases}
\tag{1.3}
$$

証明は省略するが，外積は次の性質を満たす．

定理 1.3 $\boldsymbol{a}, \boldsymbol{b}, \boldsymbol{c} \in \mathbf{R}^3$，$p \in \mathbf{R}$ として，次式が成り立つ．

（1） $\boldsymbol{a}\times\boldsymbol{b} = -\boldsymbol{b}\times\boldsymbol{a}, \quad \boldsymbol{a}\times\boldsymbol{a} = \boldsymbol{0}$

（2） $(\boldsymbol{a}+\boldsymbol{b})\times\boldsymbol{c} = \boldsymbol{a}\times\boldsymbol{c}+\boldsymbol{b}\times\boldsymbol{c}, \quad \boldsymbol{a}\times(\boldsymbol{b}+\boldsymbol{c}) = \boldsymbol{a}\times\boldsymbol{b}+\boldsymbol{a}\times\boldsymbol{c}$

（3） $p(\boldsymbol{a}\times\boldsymbol{b}) = p\boldsymbol{a}\times\boldsymbol{b} = \boldsymbol{a}\times p\boldsymbol{b}$

さて次に，外積 $\boldsymbol{a}\times\boldsymbol{b}$ の成分表示を求めよう．$\boldsymbol{a} = a_1\boldsymbol{e}_1 + a_2\boldsymbol{e}_2 + a_3\boldsymbol{e}_3$，$\boldsymbol{b} = b_1\boldsymbol{e}_1 + b_2\boldsymbol{e}_2 + b_3\boldsymbol{e}_3$ と書いて，定理1.3を用いると，

$$
\begin{aligned}
\boldsymbol{a}\times\boldsymbol{b} &= (a_1\boldsymbol{e}_1 + a_2\boldsymbol{e}_2 + a_3\boldsymbol{e}_3)\times(b_1\boldsymbol{e}_1 + b_2\boldsymbol{e}_2 + b_3\boldsymbol{e}_3) \\
&= a_1b_1(\boldsymbol{e}_1\times\boldsymbol{e}_1) + a_1b_2(\boldsymbol{e}_1\times\boldsymbol{e}_2) + a_1b_3(\boldsymbol{e}_1\times\boldsymbol{e}_3) \\
&\qquad + a_2b_1(\boldsymbol{e}_2\times\boldsymbol{e}_1) + a_2b_2(\boldsymbol{e}_2\times\boldsymbol{e}_2) + a_2b_3(\boldsymbol{e}_2\times\boldsymbol{e}_3) \\
&\qquad + a_3b_1(\boldsymbol{e}_3\times\boldsymbol{e}_1) + a_3b_2(\boldsymbol{e}_3\times\boldsymbol{e}_2) + a_3b_3(\boldsymbol{e}_3\times\boldsymbol{e}_3)
\end{aligned}
$$

ここで関係式 (1.3) を用いると

$$= (a_2b_3 - a_3b_2)\boldsymbol{e}_1 + (a_3b_1 - a_1b_3)\boldsymbol{e}_2 + (a_1b_2 - a_2b_1)\boldsymbol{e}_3$$

成分表示して

$$\boldsymbol{a} \times \boldsymbol{b} = \begin{pmatrix} a_2b_3 - a_3b_2 \\ a_3b_1 - a_1b_3 \\ a_1b_2 - a_2b_1 \end{pmatrix} \qquad \text{(右図参照)}.$$

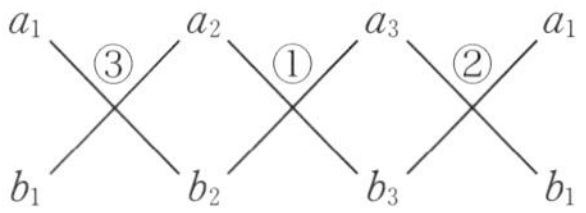

参考　例題 1.2 (f) は外積を用いて求めることもできる．$\boldsymbol{f}$ が $\boldsymbol{a} \times \boldsymbol{b}$ 方向の単位ベクトルであることに注意すると，

$$\boldsymbol{a} \times \boldsymbol{b} = \begin{pmatrix} -1 \times 3 - 0 \times (-1) \\ 0 \times (-1) - 2 \times 3 \\ 2 \times (-1) - (-1) \times (-1) \end{pmatrix} = \begin{pmatrix} -3 \\ -6 \\ -3 \end{pmatrix}$$

であるから，$\boldsymbol{f} = \pm \dfrac{\boldsymbol{a} \times \boldsymbol{b}}{\|\boldsymbol{a} \times \boldsymbol{b}\|}$ により計算できる．

$\boldsymbol{a} = \begin{pmatrix} a_1 \\ a_2 \\ a_3 \end{pmatrix}$, $\boldsymbol{b} = \begin{pmatrix} b_1 \\ b_2 \\ b_3 \end{pmatrix}$, $\boldsymbol{c} = \begin{pmatrix} c_1 \\ c_2 \\ c_3 \end{pmatrix}$ に対して**3 重積** $(\boldsymbol{a}, \boldsymbol{b}, \boldsymbol{c})$ を

$$(\boldsymbol{a}, \boldsymbol{b}, \boldsymbol{c}) = a_1b_2c_3 + a_2b_3c_1 + a_3b_1c_2 - a_1b_3c_2 - a_2b_1c_3 - a_3b_2c_1$$

で定義する．3 重積の図形的意味を説明するために，次のように変形する：

$$\begin{aligned}(\boldsymbol{a}, \boldsymbol{b}, \boldsymbol{c}) &= (a_2b_3 - a_3b_2)c_1 + (a_3b_1 - a_1b_3)c_2 + (a_1b_2 - a_2b_1)c_3 \\ &= (\boldsymbol{a} \times \boldsymbol{b}, \boldsymbol{c}).\end{aligned}$$

右辺の内積は，$\boldsymbol{a} \times \boldsymbol{b}$ と $\boldsymbol{c}$ とのなす角を θ とすれば，

$$(\boldsymbol{a}, \boldsymbol{b}, \boldsymbol{c}) = \|\boldsymbol{a} \times \boldsymbol{b}\| \|\boldsymbol{c}\| \cos\theta$$

で与えられる．ここで $\|\boldsymbol{a} \times \boldsymbol{b}\|$ は $\boldsymbol{a}$ と $\boldsymbol{b}$ によって作られる（しばしば**張られる**ともいう）平行四辺形の面積，$\|\boldsymbol{c}\| \cos\theta$（$\theta$ が鈍角の場合はその絶対値）は $\boldsymbol{c}$ の終点から $\boldsymbol{a}$, $\boldsymbol{b}$ で張られる平行四辺形に下ろした垂線の長さを表す．したがって 3 重積の絶対値は，$\boldsymbol{a}$, $\boldsymbol{b}$, $\boldsymbol{c}$ で張られる平行六面体の体積を表す．

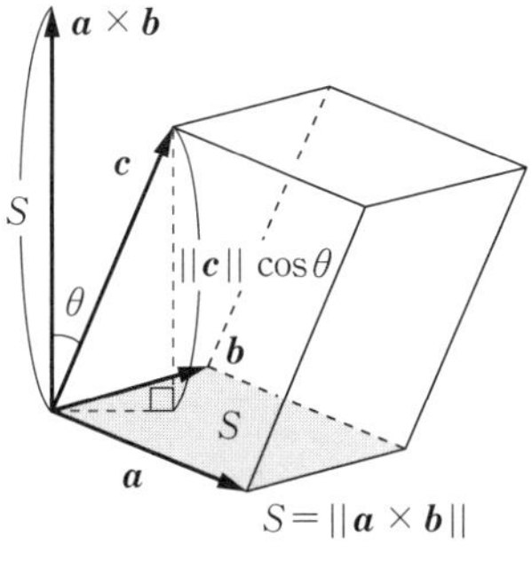

例題 1.3

ベクトル $\boldsymbol{a}=\begin{pmatrix}3\\1\\-1\end{pmatrix}$, $\boldsymbol{b}=\begin{pmatrix}1\\4\\2\end{pmatrix}$, $\boldsymbol{c}=\begin{pmatrix}0\\2\\5\end{pmatrix}$ について以下を求めよ．

（a） $\boldsymbol{a}\times\boldsymbol{b}$, $\boldsymbol{b}\times\boldsymbol{c}$, $\boldsymbol{c}\times\boldsymbol{a}$ （b） $(\boldsymbol{a}\times\boldsymbol{b})\times\boldsymbol{c}$, $\boldsymbol{a}\times(\boldsymbol{b}\times\boldsymbol{c})$

（c） $(\boldsymbol{a}+\boldsymbol{b})\times(\boldsymbol{a}-\boldsymbol{b})$ （d） $(\boldsymbol{a}-\boldsymbol{b})\times(2\boldsymbol{b}+\boldsymbol{c})$

（e） $(\boldsymbol{a},\boldsymbol{b},\boldsymbol{c})$

【解】 （a） $\boldsymbol{a}\times\boldsymbol{b}=\begin{pmatrix}1\times 2-(-1)\times 4\\(-1)\times 1-3\times 2\\3\times 4-1\times 1\end{pmatrix}=\begin{pmatrix}6\\-7\\11\end{pmatrix}.$

同様にして，$\boldsymbol{b}\times\boldsymbol{c}=\begin{pmatrix}16\\-5\\2\end{pmatrix}$, $\boldsymbol{c}\times\boldsymbol{a}=\begin{pmatrix}-7\\15\\-6\end{pmatrix}.$

（b） $(\boldsymbol{a}\times\boldsymbol{b})\times\boldsymbol{c}=\begin{pmatrix}6\\-7\\11\end{pmatrix}\times\begin{pmatrix}0\\2\\5\end{pmatrix}=\begin{pmatrix}-57\\-30\\12\end{pmatrix},$

$$\boldsymbol{a}\times(\boldsymbol{b}\times\boldsymbol{c})=\begin{pmatrix}3\\1\\-1\end{pmatrix}\times\begin{pmatrix}16\\-5\\2\end{pmatrix}=\begin{pmatrix}-3\\-22\\-31\end{pmatrix}.$$

（c） $(\boldsymbol{a}+\boldsymbol{b})\times(\boldsymbol{a}-\boldsymbol{b})=\boldsymbol{a}\times\boldsymbol{a}-\boldsymbol{a}\times\boldsymbol{b}+\boldsymbol{b}\times\boldsymbol{a}-\boldsymbol{b}\times\boldsymbol{b}=-2\boldsymbol{a}\times\boldsymbol{b}$

$$=\begin{pmatrix}-12\\14\\-22\end{pmatrix}.$$

（d） $(\boldsymbol{a}-\boldsymbol{b})\times(2\boldsymbol{b}+\boldsymbol{c})=2\boldsymbol{a}\times\boldsymbol{b}-\boldsymbol{c}\times\boldsymbol{a}-\boldsymbol{b}\times\boldsymbol{c}=\begin{pmatrix}3\\-24\\26\end{pmatrix}.$

（e） $(\boldsymbol{a},\boldsymbol{b},\boldsymbol{c})=(\boldsymbol{a}\times\boldsymbol{b},\boldsymbol{c})=6\times 0+(-7)\times 2+11\times 5=41.$ □

コメント (b) からもわかるとおり，$(\boldsymbol{a}\times\boldsymbol{b})\times\boldsymbol{c}$ と $\boldsymbol{a}\times(\boldsymbol{b}\times\boldsymbol{c})$ とは必ずしも等しくはない．つまり外積に関して結合則は成立しない．

また，(c) において，数の乗法公式 $(a+b)(a-b)=a\times a-b\times b$ の類推から，$(\boldsymbol{a}+\boldsymbol{b})\times(\boldsymbol{a}-\boldsymbol{b})=\boldsymbol{a}\times\boldsymbol{a}-\boldsymbol{b}\times\boldsymbol{b}=\boldsymbol{0}$ としてはいけない．

問題 1　2 次元ベクトル $\boldsymbol{a} = \begin{pmatrix} 2 \\ -3 \end{pmatrix}$, $\boldsymbol{b} = \begin{pmatrix} -4 \\ 3 \end{pmatrix}$, $\boldsymbol{c} = \begin{pmatrix} -1 \\ 2 \end{pmatrix}$ に対して次を求めよ．

（a）$\|\boldsymbol{a}\|$, $\|\boldsymbol{b}\|$, $\|\boldsymbol{c}\|$　（b）$(\boldsymbol{a},\ \boldsymbol{b})$，$(\boldsymbol{a},\ \boldsymbol{c})$，$(\boldsymbol{b},\ \boldsymbol{c})$

（c）$\boldsymbol{a} = p\boldsymbol{b} + q\boldsymbol{c}$ となる p, q の値　（d）$(3\boldsymbol{a} + 2\boldsymbol{b},\ \boldsymbol{a} - \boldsymbol{b})$

問題 2　3 次元ベクトル $\boldsymbol{a} = \begin{pmatrix} 1 \\ 2 \\ 2 \end{pmatrix}$, $\boldsymbol{b} = \begin{pmatrix} 0 \\ 3 \\ -1 \end{pmatrix}$, $\boldsymbol{c} = \begin{pmatrix} -5 \\ 2 \\ 6 \end{pmatrix}$ に対して次を求めよ．

（a）$-2\boldsymbol{a} + 3\boldsymbol{b} + \boldsymbol{c}$　（b）$\|\boldsymbol{a}\|$, $\|\boldsymbol{b}\|$, $\|\boldsymbol{c}\|$

（c）$(\boldsymbol{a},\ \boldsymbol{b})$，$(\boldsymbol{b},\ \boldsymbol{c})$，$(\boldsymbol{c},\ \boldsymbol{a})$　（d）$(\boldsymbol{a} + \boldsymbol{b} - \boldsymbol{c},\ 2\boldsymbol{b} + \boldsymbol{c})$

（e）$\boldsymbol{a} \times \boldsymbol{b}$, $\boldsymbol{b} \times \boldsymbol{c}$, $\boldsymbol{c} \times \boldsymbol{a}$　（f）$(\boldsymbol{a} - \boldsymbol{c}) \times (\boldsymbol{a} + \boldsymbol{b} - 2\boldsymbol{c})$

（g）$\boldsymbol{a}$, $\boldsymbol{b}$ の作る平行四辺形の面積

（h）$\boldsymbol{a}$, $\boldsymbol{b}$, $\boldsymbol{c}$ の作る平行六面体の体積

1.2　n 次元ベクトル

2 次元や 3 次元ベクトルと異なり，4 次元以上のベクトルというと，図形的イメージがわかないが，成分表示してしまえば，和やスカラー倍，内積といった量が 2 次元や 3 次元の場合と同じように議論できる．

n 次元 (実) ベクトル全体の集合を $\mathbf{R}^n$ で表す．$\mathbf{R}^n$ のベクトルは，成分を用いて次のように表される：

$$\boldsymbol{a} = a_1\boldsymbol{e}_1 + a_2\boldsymbol{e}_2 + \cdots + a_n\boldsymbol{e}_n = \begin{pmatrix} a_1 \\ a_2 \\ \vdots \\ a_n \end{pmatrix} \qquad a_1,\ a_2,\ \cdots,\ a_n \in \mathbf{R}.$$

ここで $\boldsymbol{e}_i$ $(1 \leq i \leq n)$ は $\mathbf{R}^n$ の**基本ベクトル**であり，次のように成分表示される：

$$\boldsymbol{e}_1 = \begin{pmatrix} 1 \\ 0 \\ \vdots \\ 0 \end{pmatrix}, \quad \boldsymbol{e}_2 = \begin{pmatrix} 0 \\ 1 \\ \vdots \\ 0 \end{pmatrix}, \quad \cdots, \quad \boldsymbol{e}_n = \begin{pmatrix} 0 \\ \vdots \\ 0 \\ 1 \end{pmatrix}. \tag{1.4}$$

n 次元実ベクトル $\boldsymbol{a} = \begin{pmatrix} a_1 \\ \vdots \\ a_n \end{pmatrix}$, $\boldsymbol{b} = \begin{pmatrix} b_1 \\ \vdots \\ b_n \end{pmatrix}$ に対して，和，スカラー倍，内積および大きさを次のように定義する：

$$\boldsymbol{a} + \boldsymbol{b} = \begin{pmatrix} a_1 + b_1 \\ \vdots \\ a_n + b_n \end{pmatrix}, \quad p\boldsymbol{a} = \begin{pmatrix} pa_1 \\ \vdots \\ pa_n \end{pmatrix} \quad (p \in \mathbf{R}), \tag{1.5}$$

$$(\boldsymbol{a},\ \boldsymbol{b}) = a_1b_1 + \cdots + a_nb_n, \quad \|\boldsymbol{a}\| = \sqrt{(\boldsymbol{a},\ \boldsymbol{a})} = \sqrt{a_1{}^2 + \cdots + a_n{}^2}. \tag{1.6}$$

また，内積 $(\boldsymbol{a},\ \boldsymbol{b})$ について，定理1.2の (I 1) ～ (I 4) がそのまま成り立つ．$(\boldsymbol{a},\ \boldsymbol{b}) = 0$ が成立するとき，$\boldsymbol{a}$, $\boldsymbol{b}$ は互いに直交するという．

次の例題で，4 次元(以上)でも 2 次元や 3 次元と同様に計算できることを確かめよう．

例題 1.4

4 次元ベクトル $\boldsymbol{a} = \begin{pmatrix} 1 \\ -2 \\ 3 \\ -1 \end{pmatrix}$, $\boldsymbol{b} = \begin{pmatrix} 1 \\ 0 \\ 1 \\ -3 \end{pmatrix}$ に対し，次を求めよ．

（a） $3\boldsymbol{a} - 2\boldsymbol{b}$ （b） $\|\boldsymbol{a}\|$, $\|\boldsymbol{b}\|$ （c） $(\boldsymbol{a},\ \boldsymbol{b})$

【解】 （a） $3\boldsymbol{a} - 2\boldsymbol{b} = \begin{pmatrix} 3\times1 - 2\times1 \\ 3\times(-2) - 2\times0 \\ 3\times3 - 2\times1 \\ 3\times(-1) - 2\times(-3) \end{pmatrix} = \begin{pmatrix} 1 \\ -6 \\ 7 \\ 3 \end{pmatrix}.$

（b） $\|\boldsymbol{a}\| = \sqrt{1+4+9+1} = \sqrt{15}$, $\|\boldsymbol{b}\| = \sqrt{1+0+1+9} = \sqrt{11}$.

（c） $(\boldsymbol{a},\ \boldsymbol{b}) = 1\times1 + (-2)\times0 + 3\times1 + (-1)\times(-3) = 7$. □

問題 1 4次元ベクトル $\boldsymbol{a} = \begin{pmatrix} 1 \\ -1 \\ 3 \\ 2 \end{pmatrix}$, $\boldsymbol{b} = \begin{pmatrix} 4 \\ 1 \\ 5 \\ -2 \end{pmatrix}$ に対して次を求めよ．

（a） $5\boldsymbol{a} - 3\boldsymbol{b}$ （b） $\|\boldsymbol{a}\|$, $\|\boldsymbol{b}\|$ （c） $(\boldsymbol{a}, \boldsymbol{b})$

（d） $\boldsymbol{a}$ と同じ向きの単位ベクトル

（e） $\boldsymbol{b} + t\boldsymbol{a}$ が $\boldsymbol{a}$ と直交するときの t の値

問題 2* n 次元ベクトル $\boldsymbol{a}$, $\boldsymbol{b}$ に対して次の不等式を証明せよ．

（a） $|(\boldsymbol{a}, \boldsymbol{b})| \leq \|\boldsymbol{a}\|\|\boldsymbol{b}\|$ **（コーシー・シュワルツの不等式）**

（b） $\|\boldsymbol{a} + \boldsymbol{b}\| \leq \|\boldsymbol{a}\| + \|\boldsymbol{b}\|$ **（三角不等式）**

ヒント （a）：任意の $x \in \mathbf{R}$ について不等式 $\|x\boldsymbol{a} + \boldsymbol{b}\|^2 \geq 0$ が成り立つことを用いる．

1.3 行列の基本演算

1.3.1 行列の定義

$$\begin{pmatrix} 2 & -\sqrt{3} \\ 1 & 0 \end{pmatrix}, \quad \begin{pmatrix} -2 & 1 & 0 \\ 1 & -2 & 1 \\ 0 & 1 & -2 \end{pmatrix}, \quad \begin{pmatrix} 0.4 \\ -\sqrt{3} \\ 2 \end{pmatrix}, \quad (1 \quad 7), \quad \begin{pmatrix} a & b & c \\ d & e & f \end{pmatrix} \qquad (♣)$$

などのように，数や文字を縦・横に区画された形で長方形に並べたものを**行列**と呼ぶ．行列を作っている数や文字を行列の**成分**と呼ぶ．通常，ベクトルと同様に，成分を括弧ではさんで表す．また，成分の横の並びを**行**，縦の並びを**列**と呼び，行は上から第1行，第2行，… といい，列は左から第1列，第2列，… という．

m 個の行と n 個の列からなる行列

$$A = \begin{pmatrix} a_{11} & a_{12} & \cdots & a_{1n} \\ a_{21} & a_{22} & \cdots & a_{2n} \\ \vdots & \vdots & & \vdots \\ a_{m1} & a_{m2} & \cdots & a_{mn} \end{pmatrix}$$

行数　列数

を $m \times n$ 行列と呼び，

$$A = (\ a_{ij}\ ) \quad \text{または} \quad A = (\ a_{ij}\ ) \quad (1 \leq i \leq m,\ 1 \leq j \leq n)$$

と略記する．$m \times n$ 行列の中で特に，行と列の個数が同じである $n \times n$ 行列を **n 次正方行列**，1行だけの $1 \times n$ 行列を **n 次元行ベクトル**，1列だけの $n \times 1$ 行列を **n 次元列ベクトル**と呼ぶ．(♣) の例では，左からそれぞれ 2 次正方行列，3 次正方行列，3 次元列ベクトル，2 次元行ベクトル，2×3 行列である．なお，成分が1つの行列は通常の数と見なすことになっている．例えば，$(\ 2\ ) = 2$，$(\ a\ ) = a$ である．

行列において，第 i 行と第 j 列との交点にある成分を **(i, j) 成分**という．特に正方行列において，$(1, 1)$，$(2, 2)$，… 成分のように，行番号と列番号の等しい成分を**対角成分**と呼ぶ．

例題 1.5

行列 $\begin{pmatrix} 1 & -3 & -5 & 7 & -6 \\ 3 & 16 & -4 & 0 & -9 \\ 8 & -2 & 12 & 3 & 11 \\ 9 & -7 & 10 & 6 & -1 \end{pmatrix}$ について次を求めよ．

（a）$(1, 2)$ 成分　　（b）$(3, 4)$ 成分　　（c）$(4, 2)$ 成分

【解】 下の図式からただちにわかる．

（a）$(1, 2)$ 成分は第1行と第2列の交わりの成分であるので -3.

（b）3　（c）-7

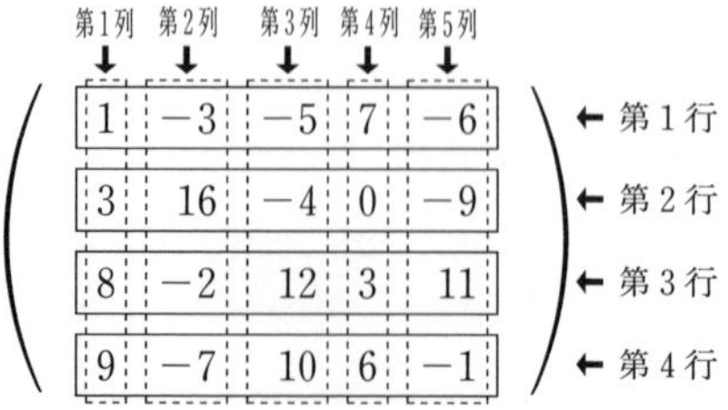

□

例題 1.6

次の行列 A の具体形を求めよ．

（a） $A=\left(\dfrac{1}{i+j-1}\right)$ $(1\leq i,\ j\leq 3)$

（b） $A=(\ \delta_{i+1,j}\ )$ $(1\leq i,\ j\leq 4)$[1]

（c） $A=(\ j^{i-1}\ )$ $(1\leq i,\ j\leq 3)$

（d） $A=\left(\dfrac{1}{a_i+b_j}\right)$ $(1\leq i\leq 4,\ 1\leq j\leq 2)$

【解】 （a） $$A=\begin{pmatrix}\dfrac{1}{1+1-1} & \dfrac{1}{1+2-1} & \dfrac{1}{1+3-1}\\ \dfrac{1}{2+1-1} & \dfrac{1}{2+2-1} & \dfrac{1}{2+3-1}\\ \dfrac{1}{3+1-1} & \dfrac{1}{3+2-1} & \dfrac{1}{3+3-1}\end{pmatrix}=\begin{pmatrix}1 & \dfrac{1}{2} & \dfrac{1}{3}\\ \dfrac{1}{2} & \dfrac{1}{3} & \dfrac{1}{4}\\ \dfrac{1}{3} & \dfrac{1}{4} & \dfrac{1}{5}\end{pmatrix}.$$

（b） $$A=\begin{pmatrix}\delta_{2,1} & \delta_{2,2} & \delta_{2,3} & \delta_{2,4}\\ \delta_{3,1} & \delta_{3,2} & \delta_{3,3} & \delta_{3,4}\\ \delta_{4,1} & \delta_{4,2} & \delta_{4,3} & \delta_{4,4}\\ \delta_{5,1} & \delta_{5,2} & \delta_{5,3} & \delta_{5,4}\end{pmatrix}=\begin{pmatrix}0 & 1 & 0 & 0\\ 0 & 0 & 1 & 0\\ 0 & 0 & 0 & 1\\ 0 & 0 & 0 & 0\end{pmatrix}.$$

（c） $$A=\begin{pmatrix}1^{1-1} & 2^{1-1} & 3^{1-1}\\ 1^{2-1} & 2^{2-1} & 3^{2-1}\\ 1^{3-1} & 2^{3-1} & 3^{3-1}\end{pmatrix}=\begin{pmatrix}1 & 1 & 1\\ 1 & 2 & 3\\ 1 & 4 & 9\end{pmatrix}.$$

（d） $$A=\begin{pmatrix}\dfrac{1}{a_1+b_1} & \dfrac{1}{a_1+b_2}\\ \dfrac{1}{a_2+b_1} & \dfrac{1}{a_2+b_2}\\ \dfrac{1}{a_3+b_1} & \dfrac{1}{a_3+b_2}\\ \dfrac{1}{a_4+b_1} & \dfrac{1}{a_4+b_2}\end{pmatrix}.\qquad \square$$

---

1) （b）において，$\delta_{i,j}$（$i,\ j$ は整数）は次式で定義される**クロネッカーの δ（デルタ）記号**である：

$$\delta_{i,j}=1\ \ (i=j),\qquad 0\ \ (i\neq j).$$

2 つの添字の区別が明瞭な場合は「,」を省略することが多い．例えば，δ_{ij} である．

1.3.2 行列の演算1－和とスカラー倍

行列 A と B の行数と列数がそれぞれ等しく，対応する成分がすべて等しいとき，2つの行列 A と B は等しいといい，$A = B$ と書く．つまり

$$\begin{pmatrix} a_{11} & \cdots & a_{1n} \\ \vdots & & \vdots \\ a_{m1} & \cdots & a_{mn} \end{pmatrix} = \begin{pmatrix} b_{11} & \cdots & b_{1q} \\ \vdots & & \vdots \\ b_{p1} & \cdots & b_{pq} \end{pmatrix}$$

$$\Leftrightarrow \quad m = p,\ n = q,\ a_{ij} = b_{ij} \quad (1 \leq i \leq m\ (= p),\ 1 \leq j \leq n\ (= q)).$$

例題 1.7

次の行列の等式が成り立つように x, y, z, w の値を求めよ．

$$\begin{pmatrix} 2 & x & -\sqrt{3} \\ y & -1 & 6 \end{pmatrix} = \begin{pmatrix} 2 & 3 & z \\ 2y-1 & -1 & 3w \end{pmatrix}$$

【解】 行列の各成分が等しいので

$$x = 3, \quad -\sqrt{3} = z, \quad y = 2y - 1, \quad 6 = 3w.$$

これらを解いて $(x, y, z, w) = (3, 1, -\sqrt{3}, 2)$[1]． □

2つの行列の和（差）を2つの行列の各成分の和（差）からなる行列と定める．ただし**2つの行列の和や差をとる場合，これら2つの行列は行の個数，列の個数がともに同じでなければならない**：

$$\begin{pmatrix} a_{11} & \cdots & a_{1n} \\ \vdots & & \vdots \\ a_{m1} & \cdots & a_{mn} \end{pmatrix} \pm \begin{pmatrix} b_{11} & \cdots & b_{1n} \\ \vdots & & \vdots \\ b_{m1} & \cdots & b_{mn} \end{pmatrix} = \begin{pmatrix} a_{11} \pm b_{11} & \cdots & a_{1n} \pm b_{1n} \\ \vdots & & \vdots \\ a_{m1} \pm b_{m1} & \cdots & a_{mn} \pm b_{mn} \end{pmatrix}.$$

また，p をスカラーとして，行列の p 倍は，行列の各成分を p 倍した行列と定める：

$$p\begin{pmatrix} a_{11} & \cdots & a_{1n} \\ \vdots & & \vdots \\ a_{m1} & \cdots & a_{mn} \end{pmatrix} = \begin{pmatrix} pa_{11} & \cdots & pa_{1n} \\ \vdots & & \vdots \\ pa_{m1} & \cdots & pa_{mn} \end{pmatrix}.$$

---

1) 高校までは，答を「$x = 3,\ y = 1,\ z = -\sqrt{3},\ w = 2$」と記してきたが，今後はひとまとめに表すことが多い．行ベクトルではない．

例題 1.8

$A=\begin{pmatrix}1 & -2 & 8\\ 2 & 3 & -3\end{pmatrix}$, $B=\begin{pmatrix}-3 & 6 & 7\\ 1 & 0 & -2\end{pmatrix}$ とするとき，次の行列を計算せよ．

(a) $A+B$　　(b) $2A$　　(c) $3A-2B$

(d) $(2A-5B)-3(A-3B)$

(e) $5X-A=3(X-B)$ を満たす行列 X

【解】 (a) $A+B=\begin{pmatrix}1+(-3) & -2+6 & 8+7\\ 2+1 & 3+0 & -3+(-2)\end{pmatrix}=\begin{pmatrix}-2 & 4 & 15\\ 3 & 3 & -5\end{pmatrix}$.

(b) $2A=\begin{pmatrix}2\times 1 & 2\times(-2) & 2\times 8\\ 2\times 2 & 2\times 3 & 2\times(-3)\end{pmatrix}=\begin{pmatrix}2 & -4 & 16\\ 4 & 6 & -6\end{pmatrix}$.

(c)
$$3A-2B=\begin{pmatrix}3 & -6 & 24\\ 6 & 9 & -9\end{pmatrix}-\begin{pmatrix}-6 & 12 & 14\\ 2 & 0 & -4\end{pmatrix}$$
$$=\begin{pmatrix}9 & -18 & 10\\ 4 & 9 & -5\end{pmatrix}.$$

(d)
$$(2A-5B)-3(A-3B)=2A-5B-3A+9B=-A+4B$$
$$=\begin{pmatrix}-1 & 2 & -8\\ -2 & -3 & 3\end{pmatrix}+\begin{pmatrix}-12 & 24 & 28\\ 4 & 0 & -8\end{pmatrix}=\begin{pmatrix}-13 & 26 & 20\\ 2 & -3 & -5\end{pmatrix}.$$

(e) 移項して整理すると
$$X=\frac{1}{2}A-\frac{3}{2}B=\begin{pmatrix}\frac{1}{2} & -1 & 4\\ 1 & \frac{3}{2} & -\frac{3}{2}\end{pmatrix}-\begin{pmatrix}-\frac{9}{2} & 9 & \frac{21}{2}\\ \frac{3}{2} & 0 & -3\end{pmatrix}$$
$$=\begin{pmatrix}5 & -10 & -\frac{13}{2}\\ -\frac{1}{2} & \frac{3}{2} & \frac{3}{2}\end{pmatrix}.\quad\square$$

この例題の (d), (e) で断りなしに行列に対して交換則や結合則を用いたが，行列の和，差，スカラー倍に関して実数や複素数と同様な次の計算規則が成立する．

定理 1.4 A, B, C は任意の $m \times n$ 行列，O はすべての成分が 0 に等しい $m \times n$ 行列(**零行列**と呼ぶ)，a, b をスカラーとするとき，次が成り立つ.

(1) $A + B = B + A$ (交換則)

(2) $(A + B) + C = A + (B + C)$ (結合則)

(3) $a(bA) = (ab)A$

(4) $(a + b)A = aA + bA, \quad a(A + B) = aA + aB$

(5) $1A = A, \quad (-1)A = -A, \quad 0A = O$

(6) $A + O = O + A = A, \quad A + (-A) = O$

1.3.3 行列の演算 2 - 積

本節では行列の積について述べる．初めに，$m \times n$ 行列 $A = (a_{ij})$ と n 次元列ベクトル $\boldsymbol{x} = {}^t(x_1 \ x_2 \ \cdots \ x_n)$ の積 $A\boldsymbol{x}$ を次式で定義する：

$$\begin{pmatrix} a_{11} & a_{12} & \cdots & a_{1n} \\ \vdots & \vdots & & \vdots \\ a_{i1} & a_{i2} & \cdots & a_{in} \\ \vdots & \vdots & & \vdots \\ a_{m1} & a_{m2} & \cdots & a_{mn} \end{pmatrix} \begin{pmatrix} x_1 \\ x_2 \\ \vdots \\ x_n \end{pmatrix} = \begin{pmatrix} a_{11}x_1 + a_{12}x_2 + \cdots + a_{1n}x_n \\ \vdots \\ a_{i1}x_1 + a_{i2}x_2 + \cdots + a_{in}x_n \\ \vdots \\ a_{m1}x_1 + a_{m2}x_2 + \cdots + a_{mn}x_n \end{pmatrix}.$$

A の第 i 行と $\boldsymbol{x}$ とを，成分ごとに掛けたものの和が $A\boldsymbol{x}$ の第 i 成分である.

例題 1.9

次の行列と列ベクトルの積を求めよ.

(a) $\begin{pmatrix} 2 & 1 & -3 \\ 7 & 0 & 4 \\ -1 & 2 & 1 \end{pmatrix} \begin{pmatrix} 1 \\ 3 \\ 2 \end{pmatrix}$ (b) $\begin{pmatrix} 1 & 2 & -1 & -2 \\ 2 & 0 & 5 & 3 \end{pmatrix} \begin{pmatrix} 1 \\ 5 \\ -4 \\ 7 \end{pmatrix}$

(c) $(1 \ \sqrt{2} \ \sqrt{3}) \begin{pmatrix} \sqrt{6} \\ -2\sqrt{3} \\ \sqrt{2} \end{pmatrix}$

【解】 定義に従って計算する.

(a) $$\begin{pmatrix} 2 & 1 & -3 \\ 7 & 0 & 4 \\ -1 & 2 & 1 \end{pmatrix}\begin{pmatrix} 1 \\ 3 \\ 2 \end{pmatrix} = \begin{pmatrix} 2+3-6 \\ 7+0+8 \\ -1+6+2 \end{pmatrix} = \begin{pmatrix} -1 \\ 15 \\ 7 \end{pmatrix}.$$

(b) $$\begin{pmatrix} 1 & 2 & -1 & -2 \\ 2 & 0 & 5 & 3 \end{pmatrix}\begin{pmatrix} 1 \\ 5 \\ -4 \\ 7 \end{pmatrix} = \begin{pmatrix} 1+10+4-14 \\ 2+0-20+21 \end{pmatrix} = \begin{pmatrix} 1 \\ 3 \end{pmatrix}.$$

(c) $$(1 \ \ \sqrt{2} \ \ \sqrt{3})\begin{pmatrix} \sqrt{6} \\ -2\sqrt{3} \\ \sqrt{2} \end{pmatrix} = \sqrt{6} - 2\sqrt{6} + \sqrt{6} = 0. \quad \square$$

ここで，どのような行列とベクトルについても積を計算できるわけではないことに注意しよう．例を挙げると次の積は計算できない：

$$\begin{pmatrix} 2 & 1 & -3 \\ 7 & 0 & 4 \\ -1 & 2 & 1 \end{pmatrix}\begin{pmatrix} 1 \\ 3 \end{pmatrix}, \qquad \begin{pmatrix} 1 & 2 & -1 & -2 \\ 2 & 0 & 5 & 3 \end{pmatrix}\begin{pmatrix} 1 \\ 5 \end{pmatrix}.$$

上の例からもわかるとおり，A の各行の大きさ（つまり A の列数）と $\boldsymbol{x}$ の成分の個数が等しくなければ成分ごとの積は計算できない．

次に，$m \times n$ 行列 $A = (a_{ij})$ と $n \times l$ 行列 $B = (b_{ij})$ の積 $C = AB$ を定義しよう．B を

$$B = (\boldsymbol{b}_1 \ \ \boldsymbol{b}_2 \ \ \cdots \ \ \boldsymbol{b}_l), \qquad \boldsymbol{b}_j = \begin{pmatrix} b_{1j} \\ b_{2j} \\ \vdots \\ b_{nj} \end{pmatrix}$$

のように列ベクトルを用いて表そう．このとき積 AB は次式で定義される：

$$AB = (A\boldsymbol{b}_1 \ \ A\boldsymbol{b}_2 \ \ \cdots \ \ A\boldsymbol{b}_l).$$

次に，積 AB を成分で考えよう．AB の (i, j) 成分は，A の第 i 行と B の第 j 列を成分ごとに掛けて和をとったものである．$m \times n$ 行列 A と $n \times l$ 行列 B の積 $C = AB$ は $m \times l$ 行列になる：

$$
\begin{array}{c}
\\
m\text{行}\ \updownarrow
\end{array}
\overset{\longleftarrow\ n\text{列}\ \longrightarrow}{
\begin{pmatrix}
a_{11} & a_{12} & \cdots & a_{1n} \\
\vdots & \vdots & & \vdots \\
a_{i1} & a_{i2} & \cdots & a_{in} \\
\vdots & \vdots & & \vdots \\
a_{m1} & a_{m2} & \cdots & a_{mn}
\end{pmatrix}}
\begin{matrix} \\ \\ i) \end{matrix}
\overset{\longleftarrow\ l\text{列}\ \longrightarrow}{\overset{j}{}
\begin{pmatrix}
b_{11} & \cdots & b_{1j} & \cdots & b_{1l} \\
b_{21} & \cdots & b_{2j} & \cdots & b_{2l} \\
\vdots & & \vdots & & \vdots \\
b_{n1} & \cdots & b_{nj} & \cdots & b_{nl}
\end{pmatrix}}
\ \updownarrow n\text{行}
$$

$$
= \begin{pmatrix}
c_{11} & \cdots & c_{1j} & \cdots & c_{1l} \\
\vdots & & \vdots & & \vdots \\
c_{i1} & \cdots & c_{ij} & \cdots & c_{il} \\
\vdots & & \vdots & & \vdots \\
c_{m1} & \cdots & c_{mj} & \cdots & c_{ml}
\end{pmatrix}, \qquad c_{ij} = a_{i1}b_{1j} + a_{i2}b_{2j} + \cdots + a_{in}b_{nj}.
$$

ここで，A の行ベクトルと B の列ベクトルのサイズが異なるとき，言い換えると A の列数と B の行数が異なるとき，積 AB は定義できない．

例題 1.10

$A = \begin{pmatrix} -2 & 3 \\ 1 & 5 \end{pmatrix}$, $B = \begin{pmatrix} 4 & 3 & -5 \\ 1 & 2 & 0 \end{pmatrix}$ について，AB, BA が計算できる場合はそれを求めよ．

【解】 A は 2×2，B は 2×3 行列であるから AB は計算できる：

$$
\begin{aligned}
AB &= \begin{pmatrix} -2 & 3 \\ 1 & 5 \end{pmatrix}\begin{pmatrix} 4 & 3 & -5 \\ 1 & 2 & 0 \end{pmatrix} \\
&= \begin{pmatrix} -2\times4+3\times1 & -2\times3+3\times2 & -2\times(-5)+3\times0 \\ 1\times4+5\times1 & 1\times3+5\times2 & 1\times(-5)+5\times0 \end{pmatrix} \\
&= \begin{pmatrix} -5 & 0 & 10 \\ 9 & 13 & -5 \end{pmatrix}.
\end{aligned}
$$

BA は B の列数 $(=3)$ と A の行数 $(=2)$ が異なるので計算不可能である．□

3つ以上の行列の積も同様に考えることができる．また，AA や AAA などのように，同じ行列の積を指数を用いて $A^n\ (= \overbrace{A \cdots A}^{n\text{個}})$ のように表す．

定理 1.5 行列の積について次の性質が成立する．

（1） $(AB)C = A(BC)$ （結合則）

（2） $A(B+C) = AB + AC, \quad (A+B)C = AC + BC$

（分配則）

（3） $(pA)B = A(pB) = p(AB)$ （p：スカラー）

ここで注意すべきこととして，通常の数の積と違って，行列の積では交換則が成り立つとは限らない．次の例題でこのことを確かめよう．

例題 1.11

$A = \begin{pmatrix} 7 & -2 \\ 2 & 5 \end{pmatrix}$, $B = \begin{pmatrix} -2 & 3 \\ 1 & -4 \end{pmatrix}$, $C = \begin{pmatrix} 4 & -1 \\ 1 & 3 \end{pmatrix}$ について，

（a） AB と BA は等しいか？ （b） AC と CA は等しいか？

【解】 定義に従って計算する．一般には交換則が成り立たないが，まれには成り立つことがある．

（a）
$$AB = \begin{pmatrix} 7 & -2 \\ 2 & 5 \end{pmatrix}\begin{pmatrix} -2 & 3 \\ 1 & -4 \end{pmatrix}$$
$$= \begin{pmatrix} 7\times(-2)+(-2)\times 1 & 7\times 3+(-2)\times(-4) \\ 2\times(-2)+5\times 1 & 2\times 3+5\times(-4) \end{pmatrix}$$
$$= \begin{pmatrix} -16 & 29 \\ 1 & -14 \end{pmatrix},$$

$$BA = \begin{pmatrix} -2 & 3 \\ 1 & -4 \end{pmatrix}\begin{pmatrix} 7 & -2 \\ 2 & 5 \end{pmatrix} = \begin{pmatrix} (-2)\times 7+3\times 2 & (-2)\times(-2)+3\times 5 \\ 1\times 7+(-4)\times 2 & 1\times(-2)+(-4)\times 5 \end{pmatrix}$$
$$= \begin{pmatrix} -8 & 19 \\ -1 & -22 \end{pmatrix}.$$

よって $AB \neq BA$ である．

（b）
$$AC = \begin{pmatrix} 7 & -2 \\ 2 & 5 \end{pmatrix}\begin{pmatrix} 4 & -1 \\ 1 & 3 \end{pmatrix} = \begin{pmatrix} 26 & -13 \\ 13 & 13 \end{pmatrix},$$
$$CA = \begin{pmatrix} 4 & -1 \\ 1 & 3 \end{pmatrix}\begin{pmatrix} 7 & -2 \\ 2 & 5 \end{pmatrix} = \begin{pmatrix} 26 & -13 \\ 13 & 13 \end{pmatrix}.$$

よって $AC = CA$ である． □

問題 1 次の行列の具体形を求めよ．ただし $\min(x, y)$ は，x, y のうちの大きくない方を表す記号である．例えば，$\min(3, 1) = 1$，$\min(4, 4) = 4$.

(a) $A = (\min(i, j)) \quad (1 \leq i \leq 4,\ 1 \leq j \leq 3)$

(b) $A = ((-2)^{\delta_{ij}}) \quad (1 \leq i, j \leq 3)$

(c) $A = (x^{i-1}y^{j-1}) \quad (1 \leq i, j \leq 4)$

(d) $A = \left(\cos(i-j)\dfrac{\pi}{2}\right) \quad (1 \leq i, j \leq 4)$

問題 2 行列 $A = \begin{pmatrix} 0 & -4 & 6 & 1 \\ 8 & 3 & 2 & -2 \end{pmatrix}$, $B = \begin{pmatrix} 6 & 8 & -2 & 4 \\ 0 & 0 & 6 & 2 \end{pmatrix}$ について次の行列を計算せよ．

(a) $-5A + 3B$ (b) $\dfrac{4A - B}{3} - \dfrac{5A - B}{6}$

(c) $5(X + 2A) - 3(X - B) = O$ を満たす行列 X

問題 3 行列 $A = \begin{pmatrix} 1 & -3 \\ -1 & 2 \end{pmatrix}$, $B = \begin{pmatrix} 2 & 2 & -1 \\ 4 & 0 & -3 \end{pmatrix}$, $C = \begin{pmatrix} -1 & 2 \\ -3 & 5 \\ -1 & 0 \end{pmatrix}$ について次の積は定義できるか？ 定義できるものについては計算せよ．

(a) AB (b) BA (c) AC (d) CA

(e) BC (f) CB (g) ABC (h) BCA

1.4 さまざまな行列

1.4.1 対角行列

n 次正方行列で非対角成分がすべて 0 の行列

$$(\lambda_i \delta_{ij}) = \begin{pmatrix} \lambda_1 & 0 & \cdots & 0 \\ 0 & \lambda_2 & \ddots & \vdots \\ \vdots & \ddots & \ddots & 0 \\ 0 & \cdots & 0 & \lambda_n \end{pmatrix}$$

を**対角行列**という．対角行列は $\mathrm{diag}[\lambda_1, \lambda_2, \cdots, \lambda_n]$ と表すこともある．

例題 1.12

3次正方行列 $A = \begin{pmatrix} a_{11} & a_{12} & a_{13} \\ a_{21} & a_{22} & a_{23} \\ a_{31} & a_{32} & a_{33} \end{pmatrix}$, $P = \begin{pmatrix} \lambda_1 & 0 & 0 \\ 0 & \lambda_2 & 0 \\ 0 & 0 & \lambda_3 \end{pmatrix}$ に対して，行列 PA, AP を計算せよ．

【解】 行列の積を定義どおり計算すると

$$PA = \begin{pmatrix} \lambda_1 & 0 & 0 \\ 0 & \lambda_2 & 0 \\ 0 & 0 & \lambda_3 \end{pmatrix}\begin{pmatrix} a_{11} & a_{12} & a_{13} \\ a_{21} & a_{22} & a_{23} \\ a_{31} & a_{32} & a_{33} \end{pmatrix} = \begin{pmatrix} \lambda_1 a_{11} & \lambda_1 a_{12} & \lambda_1 a_{13} \\ \lambda_2 a_{21} & \lambda_2 a_{22} & \lambda_2 a_{23} \\ \lambda_3 a_{31} & \lambda_3 a_{32} & \lambda_3 a_{33} \end{pmatrix},$$

$$AP = \begin{pmatrix} a_{11} & a_{12} & a_{13} \\ a_{21} & a_{22} & a_{23} \\ a_{31} & a_{32} & a_{33} \end{pmatrix}\begin{pmatrix} \lambda_1 & 0 & 0 \\ 0 & \lambda_2 & 0 \\ 0 & 0 & \lambda_3 \end{pmatrix} = \begin{pmatrix} \lambda_1 a_{11} & \lambda_2 a_{12} & \lambda_3 a_{13} \\ \lambda_1 a_{21} & \lambda_2 a_{22} & \lambda_3 a_{23} \\ \lambda_1 a_{31} & \lambda_2 a_{32} & \lambda_3 a_{33} \end{pmatrix}$$

となる． □

この結果を見るとわかるとおり，対角行列 P を A の左側から掛けると A の第1行が λ_1 倍，第2行が λ_2 倍，第3行が λ_3 倍される．また P を A の右側から掛けると A の第1列が λ_1 倍，第2列が λ_2 倍，第3列が λ_3 倍される．これは n 次正方行列についても同じことがいえる．式で書くと

$$(\lambda_i \delta_{ij})(a_{ij}) = (\lambda_i a_{ij}), \qquad (a_{ij})(\lambda_i \delta_{ij}) = (\lambda_j a_{ij}).$$

すなわち，与えられた行列に対角行列 $\mathrm{diag}[\lambda_1, \cdots, \lambda_n]$ を左側から掛けるともとの行列の<u>各行ごとに</u> λ_i $(1 \leq i \leq n)$ 倍される．逆に右側から掛けると<u>各列ごとに</u> λ_j $(1 \leq j \leq n)$ 倍される．

特に，$\lambda_1 = \cdots = \lambda_n = 1$ なる対角行列を**単位行列**と呼び，E または，n 次であることを明示した E_n で表す：

$$E = E_n = (\delta_{ij}) = \begin{pmatrix} 1 & 0 & \cdots & 0 \\ 0 & 1 & \ddots & \vdots \\ \vdots & \ddots & \ddots & 0 \\ 0 & \cdots & 0 & 1 \end{pmatrix}.$$

A を $m \times n$ 行列とするとき，次の関係式が成立する：

$$E_m A = A E_n = A.$$

1.4.2 転置行列

$m \times n$ 行列 $A = (a_{ij})$ に対して，行と列の役割を入れかえたもの，つまり A の $(j,\ i)$ 成分 a_{ji} を $(i,\ j)$ 成分にもつ $n \times m$ 行列を A の**転置行列**と呼び，${}^tA,\ A^T,\ A'$ などと表す．本書では ${}^tA$ の記法を用いる．

行列 A からその転置行列 ${}^tA$ を求める操作を**転置をとる**ともいう．成分を用いて表せば

$$
{}^t\begin{pmatrix} a_{11} & a_{12} & \cdots & a_{1n} \\ a_{21} & a_{22} & \cdots & a_{2n} \\ \vdots & \vdots & & \vdots \\ a_{m1} & a_{m2} & \cdots & a_{mn} \end{pmatrix} = \begin{pmatrix} a_{11} & a_{21} & \cdots & a_{m1} \\ a_{12} & a_{22} & \cdots & a_{m2} \\ \vdots & \vdots & & \vdots \\ a_{1n} & a_{2n} & \cdots & a_{mn} \end{pmatrix}
$$

である．

例題 1.13

次の行列の転置行列を求めよ．

(a) $A = \begin{pmatrix} 1 & \sqrt{3} & -2 \\ 2 & 0 & 5 \end{pmatrix}$　　(b) $\boldsymbol{a} = (a_1\ \ a_2\ \ a_3\ \ a_4)$

(c) $B = \begin{pmatrix} 1 & -3 & 0 \\ -3 & 2 & 8 \\ 0 & 8 & -3 \end{pmatrix}$　　(d) $C = \begin{pmatrix} 0 & 1 & -2 \\ -1 & 0 & 3 \\ 2 & -3 & 0 \end{pmatrix}$

【解】 (a) ${}^tA = \begin{pmatrix} 1 & 2 \\ \sqrt{3} & 0 \\ -2 & 5 \end{pmatrix}$　　(b) ${}^t\boldsymbol{a} = \begin{pmatrix} a_1 \\ a_2 \\ a_3 \\ a_4 \end{pmatrix}$

(c) ${}^tB = \begin{pmatrix} 1 & -3 & 0 \\ -3 & 2 & 8 \\ 0 & 8 & -3 \end{pmatrix}$　　(d) ${}^tC = \begin{pmatrix} 0 & -1 & 2 \\ 1 & 0 & -3 \\ -2 & 3 & 0 \end{pmatrix}$

(b) からわかるように，n 次行ベクトルの転置は n 次列ベクトルである． □

転置をとる操作に関して次の定理が成り立つ.

定理 1.6 A, B を行列, p をスカラーとして, 以下が成り立つ.

(1) ${}^t({}^tA) = A$

(2) ${}^t(pA) = p\,{}^tA$

(3) ${}^t(A+B) = {}^tA + {}^tB$

(4) ${}^t(AB) = {}^tB\,{}^tA$ (積の順序が転置で入れ替わることに注意)

また, 例題 1.13 で行列 B のように転置しても不変な正方行列を**対称行列**, 行列 C のように転置すると元の行列の -1 倍になる正方行列を**交代行列**と呼ぶ:

$$A = (\,a_{ij}\,) \text{ が対称行列} \quad \Leftrightarrow \quad a_{ji} = a_{ij} \quad (1 \le i, j \le n),$$

$$A = (\,a_{ij}\,) \text{ が交代行列} \quad \Leftrightarrow \quad a_{ji} = -a_{ij} \quad (1 \le i, j \le n).$$

A が交代行列のとき, 上の定義で $j = i$ とおいて $a_{ii} = -a_{ii}$ より $a_{ii} = 0$, つまり交代行列の対角成分は 0 である.

1.4.3 逆行列

n 次正方行列 A が与えられたとき,

$$XA = AX = E \tag{1.7}$$

を満たす[1] n 次正方行列 X が存在するとき, X を A の**逆行列**と呼ぶ. また, 逆行列をもつ行列を**正則行列**という.

逆行列は存在すれば一意である. なぜなら, Y を X と別な逆行列 $(YA = AY = E)$ とすると,

$$Y = YE = Y(AX) = (YA)X = EX = X$$

によって $Y = X$ となるからである.

A が正則行列のとき, その逆行列を A^{-1} と書く.

---

1) (1.7) は, $XA = E$ と $AX = E$ の 2 つの式を満たすことを求めている. しかし実際には, 一方の式が満たされていれば, 他方の式も満たされることが知られている.

例題 1.14

零行列でない行列 $A=\begin{pmatrix} a & b \\ c & d \end{pmatrix}$ の逆行列 X を求めよ．

【解】 $X=\begin{pmatrix} x & y \\ z & w \end{pmatrix}$ とおいて，$AX=\begin{pmatrix} ax+bz & ay+bw \\ cx+dz & cy+dw \end{pmatrix}=\begin{pmatrix} 1 & 0 \\ 0 & 1 \end{pmatrix}$ が成り立つように x, y, z, w を求めればよい．各成分を比較して，(x, y, z, w) についての連立方程式

$$\begin{cases} ax+bz=1 & \cdots(1) \\ cx+dz=0 & \cdots(2) \end{cases} \qquad \begin{cases} ay+bw=0 & \cdots(3) \\ cy+dw=1 & \cdots(4) \end{cases}$$

を得る．$(1)\times d-(2)\times b$，$(2)\times a-(1)\times c$ を計算して，

$$(ad-bc)x=d, \quad (ad-bc)z=-c.$$

(3)，(4) についても同様に計算すると，

$$(ad-bc)y=-b, \quad (ad-bc)w=a$$

を得る．ここで $ad-bc=0$ のとき，$a=b=c=d=0$ となり，A が零行列でないことに反するので，上の4式を同時に満たす (x, y, z, w) は存在しない．つまり逆行列は存在しない．

$ad-bc\neq 0$ の場合は，$X=\dfrac{1}{ad-bc}\begin{pmatrix} d & -b \\ -c & a \end{pmatrix}$ を得る．またこのとき，$XA=E$ も簡単に確かめられる．　□

$n\geq 3$ の場合の逆行列については，連立方程式の第2章と行列式の第3章で2通りの求め方を紹介するが，前節で扱った対角行列については，対角成分がどれも0でないときにだけ逆行列が存在し，次のように与えられることが簡単にわかる：

$$\begin{pmatrix} a_1 & 0 & \cdots & 0 \\ 0 & a_2 & \ddots & \vdots \\ \vdots & \ddots & \ddots & 0 \\ 0 & \cdots & 0 & a_n \end{pmatrix}^{-1}=\begin{pmatrix} \frac{1}{a_1} & 0 & \cdots & 0 \\ 0 & \frac{1}{a_2} & \ddots & \vdots \\ \vdots & \ddots & \ddots & 0 \\ 0 & \cdots & 0 & \frac{1}{a_n} \end{pmatrix}.$$

n 次正方行列 A, B が正則行列ならば

$$(AB)(B^{-1}A^{-1}) = A(BB^{-1})A^{-1} = AEA^{-1} = AA^{-1} = E$$

で，また同様にして $(B^{-1}A^{-1})(AB) = E$ なので次の定理を得る．

定理 1.7　n 次正方行列 A, B が正則行列ならば，AB も正則行列で

$$(AB)^{-1} = B^{-1}A^{-1}.$$

1.4.4 下三角行列，上三角行列

n 次正方行列 $A = (a_{ij})$ において，対角成分より左下の成分がすべて 0 に等しい，つまり

$$i > j \text{ ならば } a_{ij} = 0 \quad \Leftrightarrow \quad A = \begin{pmatrix} a_{11} & a_{12} & \cdots & a_{1n} \\ 0 & a_{22} & \cdots & a_{2n} \\ \vdots & \ddots & \ddots & \vdots \\ 0 & \cdots & 0 & a_{nn} \end{pmatrix}$$

であるとき，A を**上三角行列**（または**右上三角行列**）という．また逆に対角成分より右上の成分が 0 の行列を**下三角行列**（または**左下三角行列**）と呼ぶ．

例題 1.15

$A = \begin{pmatrix} 1 & 3 & -2 \\ 0 & 2 & 1 \\ 0 & 0 & 3 \end{pmatrix}$, $X = \begin{pmatrix} u & v & w \\ 0 & x & y \\ 0 & 0 & z \end{pmatrix}$ について，次の問に答えよ．

（a）AX, XA を求めよ．

（b）$AX = E$ となる X を求め，$XA = E$ であることを確認せよ．

【解】（a）

$$AX = \begin{pmatrix} 1 & 3 & -2 \\ 0 & 2 & 1 \\ 0 & 0 & 3 \end{pmatrix}\begin{pmatrix} u & v & w \\ 0 & x & y \\ 0 & 0 & z \end{pmatrix} = \begin{pmatrix} u & v+3x & w+3y-2z \\ 0 & 2x & 2y+z \\ 0 & 0 & 3z \end{pmatrix},$$

$$XA = \begin{pmatrix} u & v & w \\ 0 & x & y \\ 0 & 0 & z \end{pmatrix} \begin{pmatrix} 1 & 3 & -2 \\ 0 & 2 & 1 \\ 0 & 0 & 3 \end{pmatrix} = \begin{pmatrix} u & 3u+2v & -2u+v+3w \\ 0 & 2x & x+3y \\ 0 & 0 & 3z \end{pmatrix}.$$

(b) $AX = E$ より，行列の各成分を比較して，

$$u = 2x = 3z = 1, \quad v + 3x = w + 3y - 2z = 2y + z = 0.$$

これを解いて，

$$u = 1, \quad v = -\frac{3}{2}, \quad w = \frac{7}{6}, \quad x = \frac{1}{2}, \quad y = -\frac{1}{6}, \quad z = \frac{1}{3}.$$

したがって

$$X = \begin{pmatrix} 1 & -\frac{3}{2} & \frac{7}{6} \\ 0 & \frac{1}{2} & -\frac{1}{6} \\ 0 & 0 & \frac{1}{3} \end{pmatrix}.$$

$XA = E$ であることも簡単な計算で確かめられる． □

コメント 上の例題からわかるとおり，上三角行列と上三角行列の積は上三角行列になる．また，上三角行列の逆行列が存在すれば上三角行列である．下三角行列についても同様である．

問題1 4次正方行列

$$Q = \begin{pmatrix} 1 & 0 & 0 & 0 \\ 0 & 1 & 0 & p \\ 0 & 0 & 1 & 0 \\ 0 & 0 & 0 & 1 \end{pmatrix}, \quad R = \begin{pmatrix} 1 & 0 & 0 & 0 \\ 0 & 0 & 0 & 1 \\ 0 & 0 & 1 & 0 \\ 0 & 1 & 0 & 0 \end{pmatrix}, \quad A = \begin{pmatrix} a_{11} & a_{12} & a_{13} & a_{14} \\ a_{21} & a_{22} & a_{23} & a_{24} \\ a_{31} & a_{32} & a_{33} & a_{34} \\ a_{41} & a_{42} & a_{43} & a_{44} \end{pmatrix}$$

について，以下の行列を計算せよ．

(a) QA (b) AQ (c) RA (d) AR

問題2 A, B をそれぞれ n 次対角行列

$$A = \begin{pmatrix} a_1 & 0 & \cdots & 0 \\ 0 & a_2 & \ddots & \vdots \\ \vdots & \ddots & \ddots & 0 \\ 0 & \cdots & 0 & a_n \end{pmatrix}, \quad B = \begin{pmatrix} b_1 & 0 & \cdots & 0 \\ 0 & b_2 & \ddots & \vdots \\ \vdots & \ddots & \ddots & 0 \\ 0 & \cdots & 0 & b_n \end{pmatrix}$$

とする．次を求めよ．

（a） AB　（b） BA　（c） A^2　（d） A^k （k は正の整数）

問題 3 列ベクトル $\boldsymbol{a} = \begin{pmatrix} a_1 \\ \vdots \\ a_n \end{pmatrix}$, $\boldsymbol{b} = \begin{pmatrix} b_1 \\ \vdots \\ b_n \end{pmatrix}$ について次を計算せよ．

（a） ${}^t\boldsymbol{a}\boldsymbol{b}$　（b） $\boldsymbol{a}\,{}^t\boldsymbol{b}$

問題 4 n 次正方行列 $A = (\,a_{ij}\,)$ に対して，対角成分の和を A の**トレース**といい $\operatorname{tr} A$ と表す．つまり

$$\operatorname{tr} A = a_{11} + a_{22} + \cdots + a_{nn} \tag{1.8}$$

である．このとき $\operatorname{tr}({}^tAA)$ はどうなるか？

ヒント わかりにくければ $n = 2, 3$ のときについて計算して予想を立てよ．

問題 5 次の行列の逆行列が存在すれば求めよ．

（a） $\begin{pmatrix} 1 & 3 \\ 2 & 5 \end{pmatrix}$　（b） $\begin{pmatrix} \sqrt{2} & -2\sqrt{3} \\ -\sqrt{3} & 4\sqrt{2} \end{pmatrix}$　（c） $\begin{pmatrix} 1 & -3 \\ -2 & 6 \end{pmatrix}$

問題 6 $A = \begin{pmatrix} -2 & 0 & 0 \\ -4 & -1 & 0 \\ 1 & -2 & 1 \end{pmatrix}$, $X = \begin{pmatrix} u & 0 & 0 \\ v & w & 0 \\ x & y & z \end{pmatrix}$ について，次の問に答えよ．

（a） AX, XA を求めよ．　（b） A^{-1} が存在すれば求めよ．

1.5 複素ベクトルと複素行列

いままではベクトルを成分表示した場合，各成分は実数値をとる実ベクトルに限ってきた．ここでは各成分が複素数値をとる場合について考える．

1.5.1 複素数と複素平面

$i = \sqrt{-1}$ を虚数単位として，**複素数**全体の集合を $\mathbf{C}$ で表し，

$$\mathbf{C} = \{z = a + ib \mid a,\, b \in \mathbf{R}\}$$

で定義する．

$z \in \mathbf{C}$ が $z = a + ib$ $(a, b \in \mathbf{R})$ と表されるとき，a, b をそれぞれ z の**実部**，**虚部**と呼んで，

$$a = \mathrm{Re}\, z, \qquad b = \mathrm{Im}\, z$$

と表す．例えば，

$$\mathrm{Re}(5+4i) = 5, \quad \mathrm{Im}(5+4i) = 4, \quad \mathrm{Re}(\sqrt{2} - i) = \sqrt{2},$$
$$\mathrm{Im}(\sqrt{2} - i) = -1$$

である．$\mathrm{Re}\, z = 0$ を満たす複素数 $z = ib$ を**純虚数**と呼ぶ．

次に，複素数 z に対して，虚部の符号を変えたものを z の**複素共役**と呼び，記号 $\bar{z}$ で表す．例えば，$z = a + ib$ の複素共役 $\bar{z}$ は次式で与えられる：

$$\bar{z} = a - ib. \qquad (1.9)$$

次に複素平面を定義しよう．複素数 $z = a + ib$ に xy 平面上の点 (a, b) を対応させるとき，この平面を**複素平面**と呼ぶ．複素平面の横軸を**実軸**，縦軸を**虚軸**と呼ぶ．また z の絶対値 $|z|$ を次式で定義する：

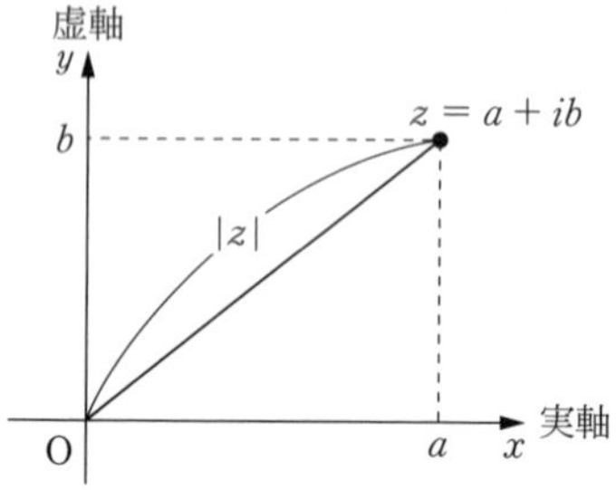

$$|z| = \sqrt{z\bar{z}} = \sqrt{a^2 + b^2}. \qquad (1.10)$$

これは複素平面において原点Oから z の表す座標 (a, b) までの距離に等しい．

例題 1.16

複素数 $a = 2 + 3i$，$b = -3 - 5i$ およびその複素共役 $\bar{a}$，$\bar{b}$ を複素平面上に図示して，次の値を計算せよ．

(a) $3a + 2b$　　(b) $-\bar{a} + 2ib$　　(c) a^2　　(d) $\dfrac{b}{a}$

(e) $|a|$　　(f) $|b|$

【解】 $i^2 = -1$ に注意して，通常の文字式と同様に計算する．

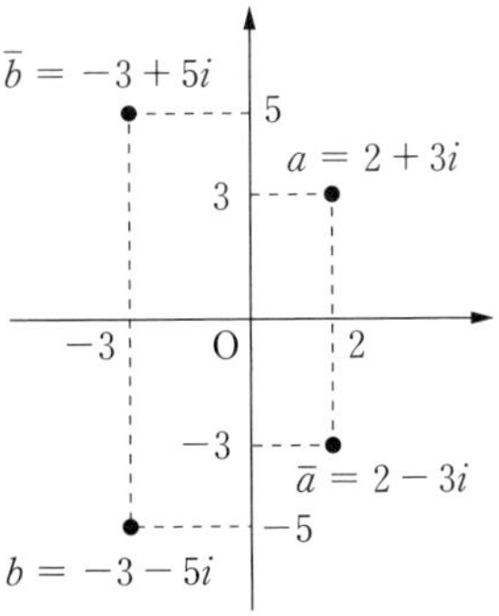

(a) $3a + 2b = 3(2 + 3i) + 2(-3 - 5i)$

$= 6 + 9i - 6 - 10i = -i.$

(b) $-\bar{a} + 2ib$

$= -(2 - 3i) + 2i(-3 - 5i)$

$= -2 + 3i - 6i + 10 = 8 - 3i.$

(c) $a^2 = (2 + 3i)^2 = 4 + 12i + (3i)^2$

$= -5 + 12i.$

(d) $\dfrac{b}{a} = \dfrac{-3 - 5i}{2 + 3i} = \dfrac{(-3 - 5i)(2 - 3i)}{(2 + 3i)(2 - 3i)}$

$= \dfrac{-6 + 9i - 10i - 15}{4 + 9} = \dfrac{-21 - i}{13}.$

(e) $|a| = \sqrt{2^2 + 3^2} = \sqrt{13}.$ (f) $|b| = \sqrt{(-3)^2 + (-5)^2} = \sqrt{34}.$ □

1.5.2 複素ベクトルの計算

成分が複素数で与えられる n 次元ベクトル全体の集合を $\mathbf{C}^n$ で表す：

$$\mathbf{C}^n = \left\{ \boldsymbol{a} = \begin{pmatrix} a_1 \\ \vdots \\ a_n \end{pmatrix} \middle| \, a_1, \cdots, a_n \in \mathbf{C} \right\}.$$

さて，複素ベクトル $\boldsymbol{a} = \begin{pmatrix} a_1 \\ \vdots \\ a_n \end{pmatrix}$, $\boldsymbol{b} = \begin{pmatrix} b_1 \\ \vdots \\ b_n \end{pmatrix} \in \mathbf{C}^n$ に対して，和とスカラー倍は実数のときと同様に次式で定義できる：

$$\boldsymbol{a} + \boldsymbol{b} = \begin{pmatrix} a_1 + b_1 \\ \vdots \\ a_n + b_n \end{pmatrix}, \quad p\boldsymbol{a} = \begin{pmatrix} pa_1 \\ \vdots \\ pa_n \end{pmatrix} \quad (p \in \mathbf{C}).$$

また，$\boldsymbol{a}$ の複素共役 $\bar{\boldsymbol{a}}$ は $\boldsymbol{a}$ の各成分の複素共役をとったものとする：

$$\bar{\boldsymbol{a}} = \begin{pmatrix} \overline{a_1} \\ \vdots \\ \overline{a_n} \end{pmatrix}.$$

次に，複素ベクトルの内積と大きさを次式で定義する（複素共役に注意）：

$$(\boldsymbol{a},\ \boldsymbol{b}) = a_1\overline{b_1} + a_2\overline{b_2} + \cdots + a_n\overline{b_n}, \tag{1.11}$$

$$\|\boldsymbol{a}\| = \sqrt{(\boldsymbol{a},\ \boldsymbol{a})} = \sqrt{|a_1|^2 + |a_2|^2 + \cdots + |a_n|^2}. \tag{1.12}$$

コメント　実ベクトルの内積からの類推で，複素ベクトルの内積と大きさを

$$(\boldsymbol{a},\ \boldsymbol{b}) \overset{?}{=} a_1b_1 + a_2b_2 + \cdots + a_nb_n, \qquad \|\boldsymbol{a}\| \overset{?}{=} \sqrt{(\boldsymbol{a},\ \boldsymbol{a})} = \sqrt{a_1{}^2 + a_2{}^2 + \cdots + a_n{}^2}$$

と定義したくなる．しかし，この定義だと内積の非負性

(I 4)：$(\boldsymbol{a},\ \boldsymbol{a}) \geq 0$ かつ $(\boldsymbol{a},\ \boldsymbol{a}) = 0$ となるのは $\boldsymbol{a} = \boldsymbol{0}$ であるときに限る．

が破れる．例えば $\boldsymbol{a} = {}^t(1 \quad i) \in \mathbf{C}^2$ とおくと，$\boldsymbol{a} \neq \boldsymbol{0}$ にも関わらず，$(\boldsymbol{a},\ \boldsymbol{a}) = 0$ である．さらに $\boldsymbol{a} = {}^t(1 \quad 2i) \in \mathbf{C}^2$ とおくと $(\boldsymbol{a},\ \boldsymbol{a}) = 1^2 + (2i)^2 = 1 + (-4) = -3 < 0$．代わりに，複素ベクトルの内積の定義として (1.11) を採用すれば，(1.10) から

$$(\boldsymbol{a},\ \boldsymbol{a}) = |a_1|^2 + |a_2|^2 + \cdots + |a_n|^2 \geq 0$$

であり，上式より $(\boldsymbol{a},\ \boldsymbol{a}) = 0$ になるのは $a_1 = a_2 = \cdots = a_n = 0$，つまり $\boldsymbol{a} = \boldsymbol{0}$ のときに限られることがわかる．

$\mathbf{C}^n$ における内積について次の定理が成り立つ．

定理 1.8　$\boldsymbol{a},\ \boldsymbol{b},\ \boldsymbol{c} \in \mathbf{C}^n$，$p \in \mathbf{C}$ とする．$\mathbf{C}^n$ における内積 (1.11) は次を満たす．

(I 1)　$(\boldsymbol{a},\ \boldsymbol{b}) = \overline{(\boldsymbol{b},\ \boldsymbol{a})}$

(I 2)　$(\boldsymbol{a} + \boldsymbol{b},\ \boldsymbol{c}) = (\boldsymbol{a},\ \boldsymbol{c}) + (\boldsymbol{b},\ \boldsymbol{c})$

(I 3)　$(p\boldsymbol{a},\ \boldsymbol{b}) = p(\boldsymbol{a},\ \boldsymbol{b}), \qquad (\boldsymbol{a},\ p\boldsymbol{b}) = \overline{p}(\boldsymbol{a},\ \boldsymbol{b})$

(I 4)　$(\boldsymbol{a},\ \boldsymbol{a}) \geq 0$．等号が成立するのは $\boldsymbol{a} = \boldsymbol{0}$ の場合に限る．

例題 1.17

$\mathbf{C}^2$ のベクトル $\boldsymbol{a} = \begin{pmatrix} 1+i \\ 1-i \end{pmatrix}$，$\boldsymbol{b} = \begin{pmatrix} 1+2i \\ 2+i \end{pmatrix}$ について以下を求めよ．

(a)　$(1+i)\boldsymbol{a} - 2i\overline{\boldsymbol{b}}$　　(b)　$(\boldsymbol{a},\ \boldsymbol{b})$　　(c)　$\|\boldsymbol{a}\|$, $\|\boldsymbol{b}\|$

(d)　$(\boldsymbol{a} + i\boldsymbol{b},\ \boldsymbol{a} - i\boldsymbol{b})$

【解】　内積は複素共役に注意しながら，定義どおりに計算する．なお (a) において，$\overline{\boldsymbol{b}}$ は $\boldsymbol{b}$ の各成分ごとに複素共役をとればよい．

（a） $\begin{pmatrix} (1+i)(1+i)-2i\overline{(1+2i)} \\ (1+i)(1-i)-2i\overline{(2+i)} \end{pmatrix} = \begin{pmatrix} 2i-2i(1-2i) \\ 2-2i(2-i) \end{pmatrix} = \begin{pmatrix} -4 \\ -4i \end{pmatrix}.$

（b） $(\boldsymbol{a},\ \boldsymbol{b}) = (1+i)\overline{(1+2i)} + (1-i)\overline{(2+i)}$

$= (1+i)(1-2i) + (1-i)(2-i) = 3-i+1-3i = 4-4i.$

（c） $\|\boldsymbol{a}\| = \sqrt{(\boldsymbol{a},\ \boldsymbol{a})} = \sqrt{(1+i)(1-i)+(1-i)(1+i)} = 2,$

$\|\boldsymbol{b}\| = \sqrt{(\boldsymbol{b},\ \boldsymbol{b})} = \sqrt{(1+2i)(1-2i)+(2+i)(2-i)} = \sqrt{10}.$

（d） $(\boldsymbol{a}+i\boldsymbol{b},\ \boldsymbol{a}-i\boldsymbol{b}) = (\boldsymbol{a},\ \boldsymbol{a}) - (\boldsymbol{a},\ i\boldsymbol{b}) + (i\boldsymbol{b},\ \boldsymbol{a}) - (i\boldsymbol{b},\ i\boldsymbol{b})$

$= \|\boldsymbol{a}\|^2 - (-i)(\boldsymbol{a},\ \boldsymbol{b}) + i(\boldsymbol{b},\ \boldsymbol{a}) - i(-i)\|\boldsymbol{b}\|^2$

$= \|\boldsymbol{a}\|^2 + i(\boldsymbol{a},\ \boldsymbol{b}) + i\overline{(\boldsymbol{a},\ \boldsymbol{b})} - \|\boldsymbol{b}\|^2$

$= 4 + i(4-4i) + i(4+4i) - 10$

$= 4+4i+4+4i-4-10 = -6+8i.$ □

1.5.3 複素行列

複素数を成分にもつ行列を**複素行列**と呼ぶ．成分がすべて実数である行列を区別して**実行列**と呼ぶこともある．複素行列の各種演算は実行列の場合と同様であるが，複素行列 A の各成分の共役複素数を成分とする行列を**共役行列**と呼んで $\overline{A}$ で表す．

例題 1.18

複素行列 $A = \begin{pmatrix} 2+i & -1 \\ 1-i & 3+2i \end{pmatrix}$, $B = \begin{pmatrix} 3-2i & -i \\ 2+i & 0 \end{pmatrix}$ について次の行列を計算せよ．

（a） $A+B$　（b） $A-\overline{B}$　（c） $(1+i)A$　（d） $iA+3B$

【解】 成分ごとに計算する．

（a） $A+B = \begin{pmatrix} 2+i+3-2i & -1-i \\ 1-i+2+i & 3+2i+0 \end{pmatrix} = \begin{pmatrix} 5-i & -1-i \\ 3 & 3+2i \end{pmatrix}.$

（b） $A-\overline{B} = \begin{pmatrix} 2+i & -1 \\ 1-i & 3+2i \end{pmatrix} - \begin{pmatrix} 3+2i & i \\ 2-i & 0 \end{pmatrix} = \begin{pmatrix} -1-i & -1-i \\ -1 & 3+2i \end{pmatrix}.$

（c） $(1+i)A = \begin{pmatrix} (1+i)(2+i) & (1+i)(-1) \\ (1+i)(1-i) & (1+i)(3+2i) \end{pmatrix} = \begin{pmatrix} 1+3i & -1-i \\ 2 & 1+5i \end{pmatrix}.$

(d) $iA+3B=\begin{pmatrix} i(2+i)+3(3-2i) & i(-1)+3(-i) \\ i(1-i)+3(2+i) & i(3+2i)+3\times 0 \end{pmatrix}$

$$=\begin{pmatrix} 8-4i & -4i \\ 7+4i & -2+3i \end{pmatrix}. \quad \square$$

複素行列 A に対して，転置する操作と同時に複素共役をとる（どちらの操作が先でも同じ）行列を A^* と書いて A の**随伴行列**と呼ぶ：

$$A^* = \overline{{}^tA} = {}^t(\overline{A}) = (\,\overline{a_{ji}}\,) = \begin{pmatrix} \overline{a_{11}} & \overline{a_{21}} & \cdots & \overline{a_{m1}} \\ \overline{a_{12}} & \overline{a_{22}} & \cdots & \overline{a_{m2}} \\ \vdots & \vdots & & \vdots \\ \overline{a_{1n}} & \overline{a_{2n}} & \cdots & \overline{a_{mn}} \end{pmatrix}$$

また，正方行列 A が $A^*=A$（成分では $a_{ji}=\overline{a_{ij}}$）を満たすとき，A は**エルミート行列**であるといい，$A^*=-A$（成分では $a_{ji}=-\overline{a_{ij}}$）を満たすとき，$A$ は**歪（わい）エルミート行列**であるという．$j=i$ とおくとわかるように，エルミート行列の対角成分は実数，歪エルミート行列の対角成分は純虚数または 0 である．

コメント A の成分が実数の場合は，$\overline{A}=A$ なので，$A^*={}^t(\overline{A})={}^tA$ となる．したがってエルミート行列は対称行列，歪エルミート行列は交代行列になる．

例題 1.19

次の行列の随伴行列を求めよ．エルミート行列，歪エルミート行列はどれか？

(a) $A_1=\begin{pmatrix} 1 & 2+i \\ 2+i & -3 \end{pmatrix}$ (b) $A_2=\begin{pmatrix} 1 & 2+i \\ 2-i & -3 \end{pmatrix}$

(c) $A_3=\begin{pmatrix} 0 & 1+i & -1-2i \\ -1+i & 5i & 1-\sqrt{2}\,i \\ 1-2i & -1-\sqrt{2}\,i & -3i \end{pmatrix}$

(d) $A_4=\begin{pmatrix} \sqrt{3} & 3+2i & 4-i \\ 3-2i & -5 & \sqrt{5}\,i \\ 4+i & -\sqrt{5}\,i & 0 \end{pmatrix}$

【解】 定義に従って随伴行列を求める.

（a） $A_1{}^* = {}^t(\overline{A_1}) = {}^t\begin{pmatrix} 1 & 2-i \\ 2-i & -3 \end{pmatrix} = \begin{pmatrix} 1 & 2-i \\ 2-i & -3 \end{pmatrix}.$

（b） $A_2{}^* = {}^t(\overline{A_2}) = {}^t\begin{pmatrix} 1 & 2-i \\ 2+i & -3 \end{pmatrix} = \begin{pmatrix} 1 & 2+i \\ 2-i & -3 \end{pmatrix}.$

（c） $$A_3{}^* = {}^t(\overline{A_3}) = {}^t\begin{pmatrix} 0 & 1-i & -1+2i \\ -1-i & -5i & 1+\sqrt{2}\,i \\ 1+2i & -1+\sqrt{2}\,i & 3i \end{pmatrix}$$
$$= \begin{pmatrix} 0 & -1-i & 1+2i \\ 1-i & -5i & -1+\sqrt{2}\,i \\ -1+2i & 1+\sqrt{2}\,i & 3i \end{pmatrix}.$$

（d） $$A_4{}^* = {}^t(\overline{A_4}) = {}^t\begin{pmatrix} \sqrt{3} & 3-2i & 4+i \\ 3+2i & -5 & -\sqrt{5}\,i \\ 4-i & \sqrt{5}\,i & 0 \end{pmatrix}$$
$$= \begin{pmatrix} \sqrt{3} & 3+2i & 4-i \\ 3-2i & -5 & \sqrt{5}\,i \\ 4+i & -\sqrt{5}\,i & 0 \end{pmatrix}.$$

したがって，エルミート行列は A_2, A_4，歪エルミート行列は A_3 である. □

随伴行列について次の定理が成立する.

定理 1.9 A, B を（複素）行列，p, $q \in \mathbf{C}$ として，以下の性質が成り立つ.

（1） $(A^*)^* = A$

（2） $(pA)^* = \bar{p}A^*$

（3） $(A+B)^* = A^* + B^*$

（4） $(AB)^* = B^*A^*$

問題 1 ベクトル $\boldsymbol{x} = \begin{pmatrix} 3+i \\ 2-i \\ 1 \end{pmatrix}$, $\boldsymbol{y} = \begin{pmatrix} 2i \\ 1+i \\ -i \end{pmatrix}$ について以下を求めよ.

（a） $(2-i)\,\bar{\boldsymbol{x}} + i\boldsymbol{y}$ （b） $(\boldsymbol{x}, \boldsymbol{y})$ （c） $\|\boldsymbol{x}\|$, $\|\boldsymbol{y}\|$

（d） $(\boldsymbol{x} - 2\boldsymbol{y}, \boldsymbol{x} + 2\boldsymbol{y})$ （e） $((1-i)\,\boldsymbol{x} + i\boldsymbol{y}, i\boldsymbol{x} + (1+i)\,\boldsymbol{y})$

問題2 $A = \begin{pmatrix} 3+2i & -2+i & 3i \\ -1-i & 0 & 4+i \end{pmatrix}$, $B = \begin{pmatrix} 2+i & 2-i & 1 \\ 2i & -i & 1-3i \end{pmatrix}$ について次の行列を計算せよ．

(a) $A+B$ (b) $A-\overline{B}$ (c) $(1+i)\overline{A}-(1-i)B$

問題3 複素行列 $\begin{pmatrix} p_1+ip_2 & q_1+iq_2 \\ r_1+ir_2 & s_1+is_2 \end{pmatrix}$ が次の行列であるための実数 p_i, q_i, r_i, s_i $(i=1, 2)$ についての必要十分条件を求めよ．

(a) 対称行列 (b) 交代行列 (c) エルミート行列

(d) 歪エルミート行列

第1章 練習問題

1. ある大学では3つの演習室 A, B, C に新しいパソコン (PC)，プリンター (PRN)，スキャナー (SCN) を新規に左表の台数分設置することにした．一方，商店1と商店2では右表の価格 (単位：万円) でこれらを売っている．このとき以下の問に答えよ．

	A	B	C
PC	30	20	10
PRN	6	3	2
SCN	4	2	1

	PC	PRN	SCN
商店1	20	30	20
商店2	15	50	30

(a) 商店1, 2を利用した場合について，各演習室ごとに必要な金額を，行列を用いて求めよ．

(b) 別の大学には A, B, C と同じ規模の演習室がそれぞれ3, 1, 2室あり，各演習室に上の表と同じ台数の機器を設置したい．このとき商店1, 2を利用した場合について，必要な金額を，行列を用いて求めよ．

2. 行列 $A = \begin{pmatrix} a_1 & a_2 & a_3 & a_4 \\ b_1 & b_2 & b_3 & b_4 \end{pmatrix}$, $B = \begin{pmatrix} 1 & p \\ 0 & 1 \end{pmatrix}$, $C = \begin{pmatrix} 0 & 1 & 0 & 0 \\ 0 & 0 & 1 & 0 \\ 0 & 0 & 0 & 1 \\ 1 & 0 & 0 & 0 \end{pmatrix}$ について次の積は定義できるか？ 定義できる場合は計算せよ．

(a) AB (b) BA (c) AC (d) CA (e) B^3

3. 行列の積と数の積の違いの1つに零因子の存在が挙げられる．数の積では「$ab = 0$ ならば a または b の少なくとも一方は0に等しい」が，行列の積の場合では「$A \neq O$ かつ $B \neq O$ であるが $AB = O$」が成立するような行列 A, B が存在する．このような関係にある行列の組を**零因子**と呼ぶ．

$A = \begin{pmatrix} 2 & -3 \\ -4 & 6 \end{pmatrix}$ のとき，$AB = O$ を満たす零行列でない2次正方行列 B を1つ求めよ．

4. $\boldsymbol{a} = \begin{pmatrix} 1 \\ 1 \\ 1 \end{pmatrix}$, $\boldsymbol{b} = \begin{pmatrix} -1 \\ x \\ 0 \end{pmatrix}$, $\boldsymbol{c} = \begin{pmatrix} 1 \\ y \\ z \end{pmatrix}$ が互いに直交していると仮定する．以下の問に答えよ．

（a） x, y, z の値を求めよ．

（b） A を，$\boldsymbol{a}, \boldsymbol{b}, \boldsymbol{c}$ を並べた3次正方行列 $A = (\boldsymbol{a}\ \ \boldsymbol{b}\ \ \boldsymbol{c})$ とする．${}^t\!AA$ を計算せよ．

（c）* A の逆行列 A^{-1} を求めよ．

5. $A = \begin{pmatrix} 1+i & -1+i & 2 \\ 3-2i & 0 & -2+i \\ -1 & 3-i & i \end{pmatrix}$ について，次を求めよ．

（a） $A + {}^t\!A$　　（b） $A - {}^t\!A$　　（c） $A + A^*$

（d） $A - A^*$

また，次の事実を証明せよ．

（e） 任意の正方行列 X は対称行列と交代行列の和に書ける．

（f） 任意の正方行列 X はエルミート行列と歪エルミート行列の和に書ける．

6.* 4次元ベクトル

$$\boldsymbol{w}_1 = \begin{pmatrix} 1 \\ 1 \\ 1 \\ 1 \end{pmatrix}, \quad \boldsymbol{w}_2 = \begin{pmatrix} 1 \\ i \\ -1 \\ -i \end{pmatrix}, \quad \boldsymbol{w}_3 = \begin{pmatrix} 1 \\ -1 \\ 1 \\ -1 \end{pmatrix}, \quad \boldsymbol{w}_4 = \begin{pmatrix} 1 \\ -i \\ -1 \\ i \end{pmatrix}$$

について以下の問に答えよ．

（a）$\boldsymbol{w}_i{}^*\boldsymbol{w}_j$ $(1 \leq i,\, j \leq 4)$ を求めよ．

（b）$P_i = \dfrac{1}{\|\boldsymbol{w}_i\|^2}\boldsymbol{w}_i\boldsymbol{w}_i{}^*$ $(1 \leq i \leq 4)$ を求めよ．

（c）$P_iP_j = \begin{cases} P_i\ (i = j \text{ のとき}) \\ O\ (i \neq j \text{ のとき}) \end{cases}$ $(1 \leq i,\, j \leq 4)$ であることを示せ．

ヒント　（c）で $4 \times 4 = 16$ 通りの行列計算をするのは大変である．ここはまず（b）の定義式を代入してみよう．

7.* n 次正方行列 $A = (\, a_{ij}\,)$ が与えられたとする．

$$A = LU, \qquad L = \begin{pmatrix} 1 & 0 & \cdots & 0 \\ l_{21} & 1 & \ddots & \vdots \\ \vdots & \ddots & \ddots & 0 \\ l_{n1} & \cdots & l_{n,n-1} & 1 \end{pmatrix}, \qquad U = \begin{pmatrix} u_{11} & u_{12} & \cdots & u_{1n} \\ 0 & u_{22} & \cdots & u_{2n} \\ \vdots & \ddots & \ddots & \vdots \\ 0 & \cdots & 0 & u_{nn} \end{pmatrix}$$

を満たす対角成分がすべて1の下三角行列 L および上三角行列 U を求めることを，行列 A を **LU 分解**するという．以下の問に答えよ．

（a）以下の行列を LU 分解せよ．

（i）$A = \begin{pmatrix} 3 & -2 \\ 4 & -5 \end{pmatrix}$　（ii）$B = \begin{pmatrix} -1 & 2 & -3 \\ 2 & -3 & 1 \\ 1 & -2 & 0 \end{pmatrix}$

(iii)　$C = \begin{pmatrix} 1 & 1 & 1 & 1 \\ 1 & 0 & 1 & 1 \\ 1 & 1 & 0 & 1 \\ 1 & 1 & 1 & 0 \end{pmatrix}$

（b）LU 分解を利用して B および C の逆行列を求めよ．

ヒント　（b）：次の事実を利用してよい．

(1)　上三角（下三角）行列の逆行列が存在すれば，それは上三角（下三角）行列である．

(2)　また，対角成分がすべて1の上三角（下三角）行列に対して，その逆行列の対角成分もすべて1である．

第2章

連立1次方程式

中学生の頃からお馴染みの内容である連立1次方程式を行列の形に書き直し，「行列の行基本変形」という視点から連立方程式の解を求める．連立方程式によっては解が存在しなかったり，無数にあったりする場合もあるが，これらを行基本変形の立場から統一的に議論するのが本章の目的である．

本章においては未知数が3個の連立方程式（3元連立方程式という）を中心に扱っているが，これらがわかれば未知数が4個以上の場合についても自然に理解できるであろう．最後に行基本変形を用いた逆行列の計算を学ぶ．行基本変形は本書全体にわたってさまざまな場面で用いるので，例題を通して確実にマスターしてほしい．

2.1 行基本変形と連立1次方程式[1)]

まず次の例題から始める．

例題 2.1

次の連立1次方程式を解け．

$$\begin{cases} x + y - 3z = 7 & \cdots ① \\ 3x + y + 3z = -1 & \cdots ② \\ -2x + 3y - z = -5 & \cdots ③ \end{cases}$$

〔準備〕 この方程式は次のように，ベクトル(成分)の等式として表せる：

$$A\boldsymbol{x} = \boldsymbol{b}, \quad A = \begin{pmatrix} 1 & 1 & -3 \\ 3 & 1 & 3 \\ -2 & 3 & -1 \end{pmatrix}, \ \boldsymbol{x} = \begin{pmatrix} x \\ y \\ z \end{pmatrix}, \ \boldsymbol{b} = \begin{pmatrix} 7 \\ -1 \\ -5 \end{pmatrix}. \tag{2.1}$$

ここで行列 A を**係数行列**と呼ぶ．また A の右側に $\boldsymbol{b}$ を付け加えてできる行列，言い換えれば連立方程式の左辺の係数と右辺だけ取り出してできる行列

$$\begin{pmatrix} 1 & 1 & -3 & 7 \\ 3 & 1 & 3 & -1 \\ -2 & 3 & -1 & -5 \end{pmatrix}$$

を**拡大係数行列**と呼ぶ．拡大係数行列は以後，係数行列 A と $\boldsymbol{b}$ を区別するために

$$(A \mid \boldsymbol{b}) := \left(\begin{array}{ccc|c} 1 & 1 & -3 & 7 \\ 3 & 1 & 3 & -1 \\ -2 & 3 & -1 & -5 \end{array}\right)$$

と書くことにする．

【解】 上の連立方程式を加減法で解く．同時に，変形された連立方程式に対応する拡大係数行列がどのように変化するか右側に並べて記述する．

---

1) 本章で「方程式」というとき「連立1次方程式」を表すので，誤解を生じない限り，「連立1次方程式」を単に「連立方程式」または「方程式」と略記することが多い．

(i) $\begin{cases} x+y-3z=7 & \cdots ① \\ 3x+y+3z=-1 & \cdots ② \\ -2x+3y-z=-5 & \cdots ③ \end{cases}$ $\left(\begin{array}{ccc|c} 1 & 1 & -3 & 7 \\ 3 & 1 & 3 & -1 \\ -2 & 3 & -1 & -5 \end{array}\right)$

$\Downarrow$ ② − 3 × ①, ③ + 2 × ① $\Downarrow$ 第2行から第1行の3倍を引く．第3行に第1行の2倍を加える．

(ii) $\begin{cases} x+y-3z=7 & \cdots ① \\ -2y+12z=-22 & \cdots ② \\ 5y-7z=9 & \cdots ③ \end{cases}$ $\left(\begin{array}{ccc|c} 1 & 1 & -3 & 7 \\ 0 & -2 & 12 & -22 \\ 0 & 5 & -7 & 9 \end{array}\right)$

$\Downarrow$ ② ÷ (−2) $\Downarrow$ 第2行を −2 で割る．

(iii) $\begin{cases} x+y-3z=7 & \cdots ① \\ y-6z=11 & \cdots ② \\ 5y-7z=9 & \cdots ③ \end{cases}$ $\left(\begin{array}{ccc|c} 1 & 1 & -3 & 7 \\ 0 & 1 & -6 & 11 \\ 0 & 5 & -7 & 9 \end{array}\right)$

$\Downarrow$ ③ − 5 × ② $\Downarrow$ 第3行から第2行の5倍を引く．

(iv) $\begin{cases} x+y-3z=7 & \cdots ① \\ y-6z=11 & \cdots ② \\ 23z=-46 & \cdots ③ \end{cases}$ $\left(\begin{array}{ccc|c} 1 & 1 & -3 & 7 \\ 0 & 1 & -6 & 11 \\ 0 & 0 & 23 & -46 \end{array}\right)$

$\Downarrow$ ③ ÷ 23 $\Downarrow$ 第3行を23で割る．

(v) $\begin{cases} x+y-3z=7 & \cdots ① \\ y-6z=11 & \cdots ② \\ z=-2 & \cdots ③ \end{cases}$ $\left(\begin{array}{ccc|c} 1 & 1 & -3 & 7 \\ 0 & 1 & -6 & 11 \\ 0 & 0 & 1 & -2 \end{array}\right)$

$\Downarrow$ ① + 3 × ③, ② + 6 × ③ $\Downarrow$ 第1行に第3行の3倍を加える．第2行に第3行の6倍を加える．

(vi) $\begin{cases} x+y=1 & \cdots ① \\ y=-1 & \cdots ② \\ z=-2 & \cdots ③ \end{cases}$ $\left(\begin{array}{ccc|c} 1 & 1 & 0 & 1 \\ 0 & 1 & 0 & -1 \\ 0 & 0 & 1 & -2 \end{array}\right)$

$\Downarrow$ ① − ② $\Downarrow$ 第1行から第2行を引く．

(vii) $\begin{cases} x=2 & \cdots ① \\ y=-1 & \cdots ② \\ z=-2 & \cdots ③ \end{cases}$ $\left(\begin{array}{ccc|c} 1 & 0 & 0 & 2 \\ 0 & 1 & 0 & -1 \\ 0 & 0 & 1 & -2 \end{array}\right)$

したがって $(x, y, z) = (2, -1, -2)$ である． □

コメント 例題2.1の操作(i)⇒(ii)および(v)⇒(vi)における変形は，どちらを先に行っても問題ない．しかし，一般には，いくつかの変形をまとめて行う場合，単純な順序変更は変形内容に影響を与えることがあるので注意がいる．以後，「$\underrightarrow{\text{操作A，操作B}}$」のように，同じ矢印上の操作はどの順序で行ってもよい．一方，「$\underrightarrow{\text{操作A}}\ \underrightarrow{\text{操作B}}$」のように，異なる矢印上の操作では，操作Aを行った後にBを行うと約束する

一般に n 個の未知数 $(x_1, x_2, \cdots, x_n)$ についての連立1次方程式

$$\begin{cases} a_{11}x_1 + a_{12}x_2 + \cdots + a_{1n}x_n = b_1 \\ a_{21}x_1 + a_{22}x_2 + \cdots + a_{2n}x_n = b_2 \\ \qquad \vdots \\ a_{n1}x_1 + a_{n2}x_2 + \cdots + a_{nn}x_n = b_n \end{cases}$$

$$\Leftrightarrow \quad A\boldsymbol{x} = \boldsymbol{b}, \quad A = \begin{pmatrix} a_{11} & a_{12} & \cdots & a_{1n} \\ a_{21} & a_{22} & \cdots & a_{2n} \\ \vdots & \vdots & & \vdots \\ a_{n1} & a_{n2} & \cdots & a_{nn} \end{pmatrix}, \ \boldsymbol{x} = \begin{pmatrix} x_1 \\ x_2 \\ \vdots \\ x_n \end{pmatrix}, \ \boldsymbol{b} = \begin{pmatrix} b_1 \\ b_2 \\ \vdots \\ b_n \end{pmatrix}$$

を解くには次のようにすればよい．拡大係数行列

$$(A \mid \boldsymbol{b}) = \left(\begin{array}{ccc|c} a_{11} & \cdots & a_{1n} & b_1 \\ \vdots & & \vdots & \vdots \\ a_{n1} & \cdots & a_{nn} & b_n \end{array}\right) \tag{2.2}$$

に次の3つの変形（**行基本変形**という）を組み合わせて適用する．

1. ⓘ$\leftrightarrow$ⓙ：第 i 行と第 j 行を入れ替える（方程式の順序を入れ替える）．
2. ⓘ$\times p$：第 i 行に0でない定数 p を掛ける（方程式の両辺に0でない定数を掛ける）．
3. ⓘ$+ p \times$ⓙ：第 i 行に第 j 行の p 倍を加える（ある方程式に他の方程式を定数倍したものを加える）．

その結果，

$$(A \mid \boldsymbol{b}) \longrightarrow (E \mid \tilde{\boldsymbol{b}}) = \left(\begin{array}{cccc|c} 1 & 0 & \cdots & 0 & \tilde{b}_1 \\ 0 & 1 & \ddots & \vdots & \tilde{b}_2 \\ \vdots & \ddots & \ddots & 0 & \vdots \\ 0 & \cdots & 0 & 1 & \tilde{b}_n \end{array}\right) \tag{2.3}$$

の形に変形できれば，最終列 $\begin{pmatrix} \tilde{b}_1 \\ \vdots \\ \tilde{b}_n \end{pmatrix}$ が方程式の解 $\begin{pmatrix} x_1 \\ \vdots \\ x_n \end{pmatrix} = \begin{pmatrix} \tilde{b}_1 \\ \vdots \\ \tilde{b}_n \end{pmatrix}$ になる．上のように拡大係数行列に行基本変形を行って連立方程式を解く操作を**掃き出し法**と呼ぶ．

拡大係数行列の左側部分が単位行列になったら，解がわかると述べたが，係数行列の対角成分より左下がすべて0（上三角行列）になった段階で掃き出し法を終了して，方程式の形に戻して計算してもよい．例題2.1を例にとると，(iv) の段階で方程式の形に戻すと，

$$\begin{cases} x + y - 3z = 7 \\ \qquad y - 6z = 11 \\ \qquad\quad 23z = -46 \end{cases} \Leftrightarrow \left(\begin{array}{ccc|c} 1 & 1 & -3 & 7 \\ 0 & 1 & -6 & 11 \\ 0 & 0 & 23 & -46 \end{array}\right)$$

第3式から z が，第2式から y が，第1式から x が順々に求まる．紙面の節約のために，以後はこの解法を用いることもある．

3種類の行基本変形のうち，行の入れ替え，つまり方程式の順序の入れ替えは当たり前すぎてあまり用いられないだろうと思われる読者も少なからずいるであろう．しかし，次の例題のように行の入れ替えをしないと掃き出し法が先に進まなかったり，計算が面倒になったりする例もある．

例題 2.2

次の連立方程式を掃き出し法で解け．

(a) $\begin{cases} 3x - 7y + 5z = 0 \\ x + y - z = 6 \\ 2x + 3y - 4z = 9 \end{cases}$ (b) $\begin{cases} x - 3y + z = 0 \\ 2x - 6y + 3z = -2 \\ 3x - 8y - z = 9 \end{cases}$

(c) $\begin{cases} x + y + z + w = 2 \\ 3x + y + 2z + 4w = 7 \\ x - 2y + 2z + 2w = 1 \\ -2x - 5y + 4z = 10 \end{cases}$

【解】 (a) 初めに第1行と第2行を入れ替えて，分数計算を避ける．

$$\left(\begin{array}{ccc|c} 3 & -7 & 5 & 0\\ 1 & 1 & -1 & 6\\ 2 & 3 & -4 & 9\end{array}\right) \xrightarrow{\text{①}\leftrightarrow\text{②}} \left(\begin{array}{ccc|c} 1 & 1 & -1 & 6\\ 3 & -7 & 5 & 0\\ 2 & 3 & -4 & 9\end{array}\right)$$

$$\xrightarrow[\text{③}-3\times\text{①}]{\text{②}-3\times\text{①}} \left(\begin{array}{ccc|c} 1 & 1 & -1 & 6\\ 0 & -10 & 8 & -18\\ 0 & 1 & -2 & -3\end{array}\right) \xrightarrow{\text{②}\leftrightarrow\text{③}} \left(\begin{array}{ccc|c} 1 & 1 & -1 & 6\\ 0 & 1 & -2 & -3\\ 0 & -10 & 8 & -18\end{array}\right)$$

$$\xrightarrow{\text{③}+10\times\text{②}} \left(\begin{array}{ccc|c} 1 & 1 & -1 & 6\\ 0 & 1 & -2 & -3\\ 0 & 0 & -12 & -48\end{array}\right) \xrightarrow{\text{③}\div(-12)} \left(\begin{array}{ccc|c} 1 & 1 & -1 & 6\\ 0 & 1 & -2 & -3\\ 0 & 0 & 1 & 4\end{array}\right)$$

$$\xrightarrow{\text{①}-\text{②}} \left(\begin{array}{ccc|c} 1 & 0 & 1 & 9\\ 0 & 1 & -2 & -3\\ 0 & 0 & 1 & 4\end{array}\right) \xrightarrow[\text{②}+2\times\text{③}]{\text{①}-\text{③}} \left(\begin{array}{ccc|c} 1 & 0 & 0 & 5\\ 0 & 1 & 0 & 5\\ 0 & 0 & 1 & 4\end{array}\right)$$

したがって $(x, y, z) = (5, 5, 4)$．

注 行変形の操作を示す式は，先頭に書いた行について考えている．例えば，「② − 3 × ①」は「② に対して，① 行の 3 倍を引く」という操作である．

(b) 最初の変形で (2, 2) 成分が 0 となるため，行の交換を行わないと掃き出し法が進まない，すなわち，対角線上に 1 が並ぶ形にすることができない．

$$\left(\begin{array}{ccc|c} 1 & -3 & 1 & 0\\ 2 & -6 & 3 & -2\\ 3 & -8 & -1 & 9\end{array}\right) \xrightarrow[\text{③}-3\times\text{①}]{\text{②}-2\times\text{①}} \left(\begin{array}{ccc|c} 1 & -3 & 1 & 0\\ 0 & 0 & 1 & -2\\ 0 & 1 & -4 & 9\end{array}\right)$$

$$\xrightarrow{\text{②}\leftrightarrow\text{③}} \left(\begin{array}{ccc|c} 1 & -3 & 1 & 0\\ 0 & 1 & -4 & 9\\ 0 & 0 & 1 & -2\end{array}\right) \xrightarrow{\text{①}+3\times\text{②}} \left(\begin{array}{ccc|c} 1 & 0 & -11 & 27\\ 0 & 1 & -4 & 9\\ 0 & 0 & 1 & -2\end{array}\right)$$

$$\xrightarrow[\text{②}+4\times\text{③}]{\text{①}+11\times\text{③}} \left(\begin{array}{ccc|c} 1 & 0 & 0 & 5\\ 0 & 1 & 0 & 1\\ 0 & 0 & 1 & -2\end{array}\right)$$

したがって $(x, y, z) = (5, 1, -2)$．

(c) 4 元連立方程式でも計算の手続きは同様である．

$$\left(\begin{array}{cccc|c} 1 & 1 & 1 & 1 & 2\\ 3 & 1 & 2 & 4 & 7\\ 1 & -2 & 2 & 2 & 1\\ -2 & -5 & 4 & 0 & 10\end{array}\right) \xrightarrow[\text{③}-\text{①},\ \text{④}+2\times\text{①}]{\text{②}-3\times\text{①}} \left(\begin{array}{cccc|c} 1 & 1 & 1 & 1 & 2\\ 0 & -2 & -1 & 1 & 1\\ 0 & -3 & 1 & 1 & -1\\ 0 & -3 & 6 & 2 & 14\end{array}\right)$$

$$\xrightarrow{②-③}\left(\begin{array}{cccc|c} 1 & 1 & 1 & 1 & 2 \\ 0 & 1 & -2 & 0 & 2 \\ 0 & -3 & 1 & 1 & -1 \\ 0 & -3 & 6 & 2 & 14 \end{array}\right) \xrightarrow[④+3\times②]{③+3\times②} \left(\begin{array}{cccc|c} 1 & 1 & 1 & 1 & 2 \\ 0 & 1 & -2 & 0 & 2 \\ 0 & 0 & -5 & 1 & 5 \\ 0 & 0 & 0 & 2 & 20 \end{array}\right)$$

$$\Leftrightarrow \begin{cases} x+y+z+w=2 \\ y-2z=2 \\ -5z+w=5 \\ 2w=20 \end{cases}$$

下から順に解いて，$w=10$，$z=(-w+5)\div(-5)=1$，$y=2z+2=4$，$x=-y-z-w+2=-13$．したがって $(x, y, z, w)=(-13, 4, 1, 10)$．

□

コメント　例題(c)の2つ目の行基本変形において，②から③を引いたのは，(2, 2)成分を1とする際，②÷(−2) だと分数計算になってしまうことを避けるためである．

このことからもわかるように，掃き出し法の手順は，連立方程式の解き方同様，1通りとは限らない．

問題1　掃き出し法によって次の連立方程式を解け．

(a) $\begin{cases} x+y+z=1 \\ x+2y+2z=3 \\ x+3y+5z=1 \end{cases}$　　(b) $\begin{cases} 2x+y+3z=7 \\ x-2y+z=7 \\ 5x+y+2z=4 \end{cases}$

(c) $\begin{cases} x+y+5z+3w=1 \\ x+5y+3z+w=-9 \\ 3x+y+3z+5w=1 \\ 5x+3y+7w=0 \end{cases}$

2.2　解が存在しない場合，一意でない場合

連立方程式を解いていったら，「解なし」になったり，「解が無数」になったりしたことはないだろうか？　本節では，そのような場合を掃き出し法の立場から議論する．

2.2.1　未知数と方程式の個数が等しい場合

例題 2.3

掃き出し法を用いて次の連立方程式を解け．

(a) $\begin{cases} x+2y-5z=5 \\ 2x+y-z=4 \\ 4x-y+7z=1 \end{cases}$　　(b) $\begin{cases} x+2y-5z=5 \\ 2x+y-z=4 \\ 4x-y+7z=2 \end{cases}$

(c) $\begin{cases} x+2y+3z+4w=1 \\ 2x+3y+4z+5w=1 \\ 3x+4y+5z+6w=1 \\ 4x+5y+6z+7w=1 \end{cases}$

【解】　前節同様，拡大係数行列を作って掃き出し法を行う．

(a) $$\left(\begin{array}{ccc|c} 1 & 2 & -5 & 5 \\ 2 & 1 & -1 & 4 \\ 4 & -1 & 7 & 1 \end{array}\right) \xrightarrow[③-4\times①]{②-2\times①} \left(\begin{array}{ccc|c} 1 & 2 & -5 & 5 \\ 0 & -3 & 9 & -6 \\ 0 & -9 & 27 & -19 \end{array}\right)$$

$$\xrightarrow{③-3\times②} \xrightarrow{②\div(-3)} \left(\begin{array}{ccc|c} 1 & 2 & -5 & 5 \\ 0 & 1 & -3 & 2 \\ 0 & 0 & 0 & -1 \end{array}\right) \Leftrightarrow \begin{cases} x+2y-5z=5 \\ y-3z=2 \\ 0x+0y+0z=-1 \end{cases}$$

第3式は x, y, z にどんな数を代入しても成立しない．よって解は存在しない．

(b)　3番目の式の右辺が1から2に変わった以外は (a) と同じ方程式である．

$$\left(\begin{array}{ccc|c} 1 & 2 & -5 & 5 \\ 2 & 1 & -1 & 4 \\ 4 & -1 & 7 & 2 \end{array}\right) \xrightarrow[③-4\times①]{②-2\times①} \left(\begin{array}{ccc|c} 1 & 2 & -5 & 5 \\ 0 & -3 & 9 & -6 \\ 0 & -9 & 27 & -18 \end{array}\right)$$

$$\xrightarrow{③-3\times②} \xrightarrow{②\div(-3)} \left(\begin{array}{ccc|c} 1 & 2 & -5 & 5 \\ 0 & 1 & -3 & 2 \\ 0 & 0 & 0 & 0 \end{array}\right) \xrightarrow{①-2\times②} \left(\begin{array}{ccc|c} 1 & 0 & 1 & 1 \\ 0 & 1 & -3 & 2 \\ 0 & 0 & 0 & 0 \end{array}\right)$$

$$\Leftrightarrow \begin{cases} x+z=1 \\ y-3z=2 \\ 0=0 \end{cases}$$

であり，3番目の式は常に成り立つ．この場合 $z=k$ とおくと，

$$(x,\ y,\ z)=(-k+1,\ 3k+2,\ k) \qquad (k\ は任意定数)$$

または縦に並べて，列ベクトル表示によって次のようにも書く：

$$\begin{pmatrix} x \\ y \\ z \end{pmatrix} = \begin{pmatrix} 1 \\ 2 \\ 0 \end{pmatrix} + k \begin{pmatrix} -1 \\ 3 \\ 1 \end{pmatrix} \qquad (k \text{ は任意定数}).$$

（c）
$$\left(\begin{array}{cccc|c} 1 & 2 & 3 & 4 & 1 \\ 2 & 3 & 4 & 5 & 1 \\ 3 & 4 & 5 & 6 & 1 \\ 4 & 5 & 6 & 7 & 1 \end{array}\right)$$

$$\xrightarrow[\text{④}-4\times\text{①}]{\text{②}-2\times\text{①},\ \text{③}-3\times\text{①}} \left(\begin{array}{cccc|c} 1 & 2 & 3 & 4 & 1 \\ 0 & -1 & -2 & -3 & -1 \\ 0 & -2 & -4 & -6 & -2 \\ 0 & -3 & -6 & -9 & -3 \end{array}\right)$$

$$\xrightarrow[\text{④}-3\times\text{②}]{\text{③}-2\times\text{②}} \xrightarrow{(-1)\times\text{②}} \left(\begin{array}{cccc|c} 1 & 2 & 3 & 4 & 1 \\ 0 & 1 & 2 & 3 & 1 \\ 0 & 0 & 0 & 0 & 0 \\ 0 & 0 & 0 & 0 & 0 \end{array}\right)$$

$$\xrightarrow{\text{①}-2\times\text{②}} \left(\begin{array}{cccc|c} 1 & 0 & -1 & -2 & -1 \\ 0 & 1 & 2 & 3 & 1 \\ 0 & 0 & 0 & 0 & 0 \\ 0 & 0 & 0 & 0 & 0 \end{array}\right) \Leftrightarrow \left\{\begin{aligned} x - z - 2w &= -1 \\ y + 2z + 3w &= 1 \\ 0 &= 0 \\ 0 &= 0 \end{aligned}\right.$$

$z = k_1$，$w = k_2$ とおくと，$x = k_1 + 2k_2 - 1$，$y = -2k_1 - 3k_2 + 1$．したがって

$$\begin{pmatrix} x \\ y \\ z \\ w \end{pmatrix} = \begin{pmatrix} -1 \\ 1 \\ 0 \\ 0 \end{pmatrix} + k_1 \begin{pmatrix} 1 \\ -2 \\ 1 \\ 0 \end{pmatrix} + k_2 \begin{pmatrix} 2 \\ -3 \\ 0 \\ 1 \end{pmatrix} \qquad (k_1,\ k_2 \text{ は任意定数}). \qquad \square$$

コメント　連立方程式の解が任意定数を含む場合，どの変数を任意定数にとればよいか？（b），（c）の掃き出し法後の方程式を縦にそろえた後，次のように折れ線を書き加える．

（b）$\left\{\begin{aligned} x \quad + z &= 1 \\ y - 3z &= 2 \end{aligned}\right.$　　（c）$\left\{\begin{aligned} x \quad - z - 2w &= -1 \\ y + 2z + 3w &= 1 \end{aligned}\right.$

ここで折れ線の曲がったところに**ない**変数を任意定数にとるのが通常である．つまり（b）の場合は z を，（c）の場合は z, w を任意定数にとればよい．任意定数にする変数が 2 つ（以上）ある場合，それらを 1 つの任意定数（k）だけで表してはいけない．例えば，（c）ならば，$z = w$ という等式を加えることになってしまうからである．

コメント 3元連立方程式

$$\begin{cases} a_1x + b_1y + c_1z = d_1 \\ a_2x + b_2y + c_2z = d_2 \\ a_3x + b_3y + c_3z = d_3 \end{cases}$$

を例にとり，解の存在や一意性の図形的意味を以下に述べる．3つの未知数がそれぞれ1次の形で与えられる方程式は3次元空間内で平面を表すことが知られている．したがって，3つの平面の共通部分が連立方程式の解に対応する．(i) 解がただ1つ存在する場合；(ii) 解が存在しない場合；(iii) 解が無数に存在する場合，の一例を図示すると次のように描くことができる．

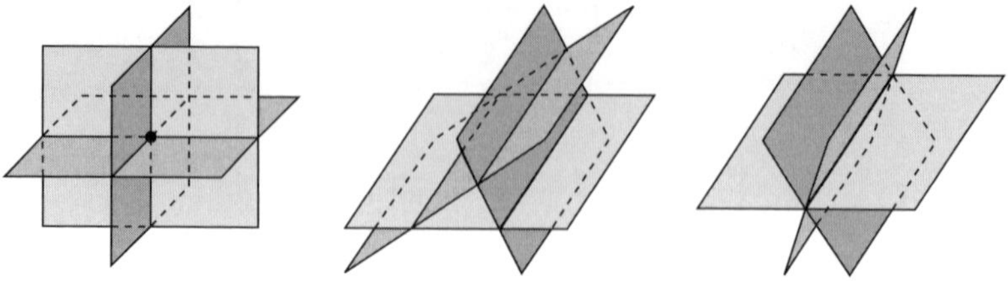

解がただ1つ存在する場合　解が存在しない場合　無数に解が存在する場合

2.2.2 未知数と方程式の個数が等しくない場合

これまで未知数と方程式の個数が等しい場合を扱ったが，掃き出し法はこれらが等しくない場合にも適用可能である．

例題 2.4

掃き出し法を用いて次の連立方程式を解け．

(a) $\begin{cases} x - 3y + z = 1 \\ 2x - 4y - z = 8 \end{cases}$　　(b) $\begin{cases} x - y + z + w = 2 \\ 3x - 2y + 4z + w = 1 \\ 2x + y + 5z - w = -2 \end{cases}$

【解】 (a) $\left(\begin{array}{ccc|c} 1 & -3 & 1 & 1 \\ 2 & -4 & -1 & 8 \end{array}\right) \xrightarrow{②-2\times①} \left(\begin{array}{ccc|c} 1 & -3 & 1 & 1 \\ 0 & 2 & -3 & 6 \end{array}\right)$

$$\xrightarrow{②\div 2} \left(\begin{array}{ccc|c} 1 & -3 & 1 & 1 \\ 0 & 1 & -\frac{3}{2} & 3 \end{array}\right) \xrightarrow{①+3\times②} \left(\begin{array}{ccc|c} 1 & 0 & -\frac{7}{2} & 10 \\ 0 & 1 & -\frac{3}{2} & 3 \end{array}\right)$$

$$\Leftrightarrow \begin{cases} x - \dfrac{7}{2}z = 10 \\ y - \dfrac{3}{2}z = 3 \end{cases}$$

$z = k$ とおいて[1]，$x = \dfrac{7}{2}k + 10$，$y = \dfrac{3}{2}k + 3$. したがって，

$$\begin{pmatrix} x \\ y \\ z \end{pmatrix} = \begin{pmatrix} 10 \\ 3 \\ 0 \end{pmatrix} + k \begin{pmatrix} \dfrac{7}{2} \\ \dfrac{3}{2} \\ 1 \end{pmatrix} \qquad (k \text{ は任意定数}).$$

(b) $$\left(\begin{array}{cccc|c} 1 & -1 & 1 & 1 & 2 \\ 3 & -2 & 4 & 1 & 1 \\ 2 & 1 & 5 & -1 & -2 \end{array}\right) \xrightarrow[③ - 2 \times ①]{② - 3 \times ①} \left(\begin{array}{cccc|c} 1 & -1 & 1 & 1 & 2 \\ 0 & 1 & 1 & -2 & -5 \\ 0 & 3 & 3 & -3 & -6 \end{array}\right)$$

$$\xrightarrow{③ \div 3} \left(\begin{array}{cccc|c} 1 & -1 & 1 & 1 & 2 \\ 0 & 1 & 1 & -2 & -5 \\ 0 & 1 & 1 & -1 & -2 \end{array}\right) \xrightarrow{③ - ②} \left(\begin{array}{cccc|c} 1 & -1 & 1 & 1 & 2 \\ 0 & 1 & 1 & -2 & -5 \\ 0 & 0 & 0 & 1 & 3 \end{array}\right)$$

$$\xrightarrow{① + ②} \left(\begin{array}{cccc|c} 1 & 0 & 2 & -1 & -3 \\ 0 & 1 & 1 & -2 & -5 \\ 0 & 0 & 0 & 1 & 3 \end{array}\right) \xrightarrow[② + 2 \times ③]{① + ③} \left(\begin{array}{cccc|c} 1 & 0 & 2 & 0 & 0 \\ 0 & 1 & 1 & 0 & 1 \\ 0 & 0 & 0 & 1 & 3 \end{array}\right)$$

$$\Leftrightarrow \begin{cases} x + 2z = 0 \\ y + z = 1 \\ w = 3 \end{cases}$$

3 番目の式から $w = 3$. $z = k$ とおくと $x = -2k$，$y = -k + 1$. したがって，

$$\begin{pmatrix} x \\ y \\ z \\ w \end{pmatrix} = \begin{pmatrix} 0 \\ 1 \\ 0 \\ 3 \end{pmatrix} + k \begin{pmatrix} -2 \\ -1 \\ 1 \\ 0 \end{pmatrix} \qquad (k \text{ は任意定数}). \qquad \square$$

---

1) $z = 2k$ とおいて分数が現れないようにしてもよい．この場合，

$$\begin{pmatrix} x \\ y \\ z \end{pmatrix} = \begin{pmatrix} 10 \\ 3 \\ 0 \end{pmatrix} + k \begin{pmatrix} 7 \\ 3 \\ 2 \end{pmatrix}$$

となる．

問題 1 掃き出し法を用いて，次の連立方程式を解け．

(a) $\begin{cases} x+y-z=2 \\ 3x-y+4z=-1 \\ x+5y-8z=9 \end{cases}$ (b) $\begin{cases} x+y-z=2 \\ 3x-y+4z=-1 \\ x+5y-8z=2 \end{cases}$

(c) $\begin{cases} x-2y+3z=1 \\ -3x+6y-9z=-3 \\ -2x+4y-6z=-2 \end{cases}$

(d) $\begin{cases} x+y-3z+w=3 \\ 2x-3y-2z+w=1 \\ 4x-y-8z+3w=7 \\ 5x-5y-7z+3w=5 \end{cases}$ (e) $\begin{cases} x+y+z+w=5 \\ x+2y+2z-w=7 \\ 2x+5y-z=4 \\ x-y+5z+w=13 \end{cases}$

問題 2 連立方程式 $\begin{cases} x+3y-4z=1 \\ -2x-y+3z=-2 \\ 7x-4y+pz=q \end{cases}$ を掃き出し法で解け．

問題 3 掃き出し法を用いて，次の連立方程式を解け．

(a) $\begin{cases} 2x+3y+4z=1 \\ 3x+4y+5z=1 \end{cases}$ (b) $\begin{cases} x+y+z+2w=1 \\ 2x+3y+5w=6 \\ 4x+5y+2z+9w=8 \end{cases}$

(c) $\begin{cases} -3x+8y-7w=5 \\ 4x-7y+5z+3w=2 \\ x-2y+z+w=0 \end{cases}$ (d) $\begin{cases} x+y+z=2 \\ -x+y+7z=8 \\ 2x+3y+6z=9 \\ x-3z=-3 \end{cases}$

(e) $\begin{cases} x_1-x_2-2x_3+x_4+x_5=0 \\ 3x_1-3x_2-5x_3+6x_4+x_5=1 \\ 2x_1-2x_2-6x_3-3x_4+4x_5=3 \\ 5x_1-5x_2-6x_3+17x_4-2x_5=2 \end{cases}$

(f) $\begin{cases} x_1-3x_2+x_3+3x_4+2x_5=0 \\ 2x_1-5x_2+7x_3+8x_4+6x_5=3 \\ -3x_1+9x_2-2x_3-8x_4-9x_5=0 \\ 3x_1-8x_2+4x_3+7x_4+20x_5=4 \end{cases}$

2.3 同次連立方程式

2.3.1 同次連立方程式と非自明解

連立方程式の定数項がすべて0であるものを**同次**連立方程式，または単に同次方程式という．本節では，

$$\begin{cases} a_{11}x_1 + a_{12}x_2 + \cdots + a_{1n}x_n = 0 \\ a_{21}x_1 + a_{22}x_2 + \cdots + a_{2n}x_n = 0 \\ \qquad\qquad \vdots \\ a_{m1}x_1 + a_{m2}x_2 + \cdots + a_{mn}x_n = 0 \end{cases} \tag{2.4}$$

について議論する(一般には，$m \neq n$)．これに対してこれまで扱ってきた

$$\begin{cases} a_{11}x_1 + a_{12}x_2 + \cdots + a_{1n}x_n = b_1 \\ a_{21}x_1 + a_{22}x_2 + \cdots + a_{2n}x_n = b_2 \\ \qquad\qquad \vdots \\ a_{m1}x_1 + a_{m2}x_2 + \cdots + a_{mn}x_n = b_m \end{cases} \quad \begin{pmatrix} b_1 \\ b_2 \\ \vdots \\ b_m \end{pmatrix} \neq \begin{pmatrix} 0 \\ 0 \\ \vdots \\ 0 \end{pmatrix} \tag{2.5}$$

のタイプの方程式を**非同次**連立方程式，または単に非同次方程式と呼ぶ．

例題 2.5

掃き出し法を用いて，次の同次連立方程式を解け．

$$\begin{cases} -2x + y + z = 0 \\ x - 2y + z = 0 \\ x + y - 2z = 0 \end{cases}$$

これを見た瞬間，ほとんどの読者は $x = y = z = 0$ とおけば，方程式が満たされることに気付くであろう．しかしここで安直に「解は $x = y = z = 0$」としてはいけない．方程式をもう少しよく観察すると，$x = y = z = 1$ とおいても連立方程式が満たされる．さらにもう少し考えれば，$x = y = z = k$ (k は任意定数)とおいても連立方程式が満たされることに気付くであろう．$x = y = z = 0$ は明らかな解であり，**自明解**と呼ばれる．それに対して，$x = y = z = k$ のような解のことを**非自明解**と呼ぶ．

(2.4) のような同次連立方程式を解けという問題は，$x_1 = x_2 = \cdots = x_n = 0$ という自明解以外に解があるのか，つまり**非自明解があるか**どうかを問うているのである．

【解】 掃き出し法によって解く．

$$\left(\begin{array}{ccc|c} -2 & 1 & 1 & 0 \\ 1 & -2 & 1 & 0 \\ 1 & 1 & -2 & 0 \end{array}\right) \xrightarrow{①\leftrightarrow②} \left(\begin{array}{ccc|c} 1 & -2 & 1 & 0 \\ -2 & 1 & 1 & 0 \\ 1 & 1 & -2 & 0 \end{array}\right)$$

$$\xrightarrow[③-①]{②+2\times①} \left(\begin{array}{ccc|c} 1 & -2 & 1 & 0 \\ 0 & -3 & 3 & 0 \\ 0 & 3 & -3 & 0 \end{array}\right) \xrightarrow{③+②} \xrightarrow{②\div(-3)} \left(\begin{array}{ccc|c} 1 & -2 & 1 & 0 \\ 0 & 1 & -1 & 0 \\ 0 & 0 & 0 & 0 \end{array}\right)$$

$$\xrightarrow{①+2\times②} \left(\begin{array}{ccc|c} 1 & 0 & -1 & 0 \\ 0 & 1 & -1 & 0 \\ 0 & 0 & 0 & 0 \end{array}\right) \Leftrightarrow \begin{cases} x - z = 0 \\ y - z = 0 \end{cases}$$

$z = k$ (k は任意定数) とおくと，$x = y = k$. よって，$(x,\ y,\ z) = (k,\ k,\ k)$.

□

コメント　同次方程式を掃き出し法で解く場合，右辺の 0 は行基本変形によって不変である．今後，同次方程式の場合に最右列は省略することにする．

例題 2.6

掃き出し法を用いて，次の同次連立方程式を解け．

(a) $\begin{cases} 4x + 3y + 7z = 0 \\ 3x + 5y + 8z = 0 \\ 5x + y + 6z = 0 \end{cases}$　　(b) $\begin{cases} x + 2y - 3z = 0 \\ x - y - 6z = 0 \\ 2x + 3y - 4z = 0 \end{cases}$

(c) $\begin{cases} 2x + y - 4z - 5w = 0 \\ 4x + 3y - 5z - 6w = 0 \\ 6x + 8y + 3z = 0 \end{cases}$

【解】 方程式の右辺の 0 に対する列は省略する．

(a) $$\begin{pmatrix} 4 & 3 & 7 \\ 3 & 5 & 8 \\ 5 & 1 & 6 \end{pmatrix} \xrightarrow{①-②} \begin{pmatrix} 1 & -2 & -1 \\ 3 & 5 & 8 \\ 5 & 1 & 6 \end{pmatrix} \xrightarrow[③-5\times①]{②-3\times①} \begin{pmatrix} 1 & -2 & -1 \\ 0 & 11 & 11 \\ 0 & 11 & 11 \end{pmatrix}$$

$$\xrightarrow{③-②}\begin{pmatrix}1&-2&-1\\0&11&11\\0&0&0\end{pmatrix}\xrightarrow{②\div 11}\begin{pmatrix}1&-2&-1\\0&1&1\\0&0&0\end{pmatrix}$$

$$\xrightarrow{①+2\times②}\begin{pmatrix}1&0&1\\0&1&1\\0&0&0\end{pmatrix}\quad\Leftrightarrow\quad\begin{cases}x+z=0\\y+z=0\end{cases}$$

$z=k$ (k は任意定数)とおくと，$x=y=-k$. したがって，$(x,y,z)=(-k,-k,k)$.

(b) $$\begin{pmatrix}1&2&-3\\1&-1&-6\\2&3&-4\end{pmatrix}\xrightarrow[③-2\times①]{②-①}\begin{pmatrix}1&2&-3\\0&-3&-3\\0&-1&2\end{pmatrix}$$

$$\xrightarrow{②\div(-3)}\begin{pmatrix}1&2&-3\\0&1&1\\0&-1&2\end{pmatrix}\xrightarrow{③+②}\xrightarrow{③\div 3}\begin{pmatrix}1&2&-3\\0&1&1\\0&0&1\end{pmatrix}$$

$$\Leftrightarrow\begin{cases}x+2y-3z=0\\y+z=0\\z=0\end{cases}$$

したがって，自明解 $(x,y,z)=(0,0,0)$ に限られる.

(c) $$\begin{pmatrix}2&1&-4&-5\\4&3&-5&-6\\6&8&3&0\end{pmatrix}\xrightarrow[③-3\times①]{②-2\times①}\begin{pmatrix}2&1&-4&-5\\0&1&3&4\\0&5&15&15\end{pmatrix}$$

$$\xrightarrow{③\div 5}\begin{pmatrix}2&1&-4&-5\\0&1&3&4\\0&1&3&3\end{pmatrix}\xrightarrow{③-②}\xrightarrow{(-1)\times③}\begin{pmatrix}2&1&-4&-5\\0&1&3&4\\0&0&0&1\end{pmatrix}$$

$$\xrightarrow{①-②}\begin{pmatrix}2&0&-7&-9\\0&1&3&4\\0&0&0&1\end{pmatrix}\xrightarrow[②-4\times③]{①+9\times③}\begin{pmatrix}2&0&-7&0\\0&1&3&0\\0&0&0&1\end{pmatrix}$$

$$\Leftrightarrow\begin{cases}2x-7z=0\\y+3z=0\\w=0\end{cases}$$

$w=0$. $z=k$ (k は任意定数)とおくと，$x=\frac{7}{2}k$，$y=-3k$. したがって，

$(x,y,z,w)=\left(\frac{7}{2}k,-3k,k,0\right)$. □

2.3.2 非同次連立方程式再考

例題 2.7

掃き出し法を用いて，次の連立方程式を解け．

(a) $\begin{cases} x_1 + x_2 + 2x_3 + x_4 = 0 \\ 3x_1 + x_2 + 3x_4 = 0 \\ 2x_1 + 3x_2 + 7x_3 + 2x_4 = 0 \end{cases}$

(b) $\begin{cases} x_1 + x_2 + 2x_3 + x_4 = -2 \\ 3x_1 + x_2 + 3x_4 = -10 \\ 2x_1 + 3x_2 + 7x_3 + 2x_4 = -2 \end{cases}$

【解】 係数行列が同じ同次方程式と非同次方程式である．

(a)
$$\begin{pmatrix} 1 & 1 & 2 & 1 \\ 3 & 1 & 0 & 3 \\ 2 & 3 & 7 & 2 \end{pmatrix} \xrightarrow[③-2\times①]{②-3\times①} \begin{pmatrix} 1 & 1 & 2 & 1 \\ 0 & -2 & -6 & 0 \\ 0 & 1 & 3 & 0 \end{pmatrix}$$

$$\xrightarrow{②\leftrightarrow③} \begin{pmatrix} 1 & 1 & 2 & 1 \\ 0 & 1 & 3 & 0 \\ 0 & -2 & -6 & 0 \end{pmatrix} \xrightarrow{③+2\times②} \begin{pmatrix} 1 & 1 & 2 & 1 \\ 0 & 1 & 3 & 0 \\ 0 & 0 & 0 & 0 \end{pmatrix}$$

$$\xrightarrow{①-②} \begin{pmatrix} 1 & 0 & -1 & 1 \\ 0 & 1 & 3 & 0 \\ 0 & 0 & 0 & 0 \end{pmatrix} \Leftrightarrow \begin{cases} x_1 - x_3 + x_4 = 0 \\ x_2 + 3x_3 = 0 \end{cases}$$

$x_3 = k_1$，$x_4 = k_2$ (k_1, k_2 は任意定数)とおくと，

$$\begin{pmatrix} x_1 \\ x_2 \\ x_3 \\ x_4 \end{pmatrix} = k_1 \begin{pmatrix} 1 \\ -3 \\ 1 \\ 0 \end{pmatrix} + k_2 \begin{pmatrix} -1 \\ 0 \\ 0 \\ 1 \end{pmatrix} \quad \cdots (\clubsuit)$$

(b)
$$\left(\begin{array}{cccc|c} 1 & 1 & 2 & 1 & -2 \\ 3 & 1 & 0 & 3 & -10 \\ 2 & 3 & 7 & 2 & -2 \end{array}\right) \xrightarrow[③-2\times①]{②-3\times①} \left(\begin{array}{cccc|c} 1 & 1 & 2 & 1 & -2 \\ 0 & -2 & -6 & 0 & -4 \\ 0 & 1 & 3 & 0 & 2 \end{array}\right)$$

$$\xrightarrow{②\leftrightarrow③} \left(\begin{array}{cccc|c} 1 & 1 & 2 & 1 & -2 \\ 0 & 1 & 3 & 0 & 2 \\ 0 & -2 & -6 & 0 & -4 \end{array}\right) \xrightarrow{③+2\times②} \left(\begin{array}{cccc|c} 1 & 1 & 2 & 1 & -2 \\ 0 & 1 & 3 & 0 & 2 \\ 0 & 0 & 0 & 0 & 0 \end{array}\right)$$

$$\xrightarrow{①-②}\left(\begin{array}{cccc|c} 1 & 0 & -1 & 1 & -4 \\ 0 & 1 & 3 & 0 & 2 \\ 0 & 0 & 0 & 0 & 0 \end{array}\right) \Leftrightarrow \begin{cases} x_1 - x_3 + x_4 = -4 \\ x_2 + 3x_3 = 2 \end{cases}$$

$x_3 = k_1$, $x_4 = k_2$（k_1, k_2 は任意定数）とおくと

$$\begin{pmatrix} x_1 \\ x_2 \\ x_3 \\ x_4 \end{pmatrix} = \begin{pmatrix} -4 \\ 2 \\ 0 \\ 0 \end{pmatrix} + k_1 \begin{pmatrix} 1 \\ -3 \\ 1 \\ 0 \end{pmatrix} + k_2 \begin{pmatrix} -1 \\ 0 \\ 0 \\ 1 \end{pmatrix} \quad \cdots (\diamondsuit) \qquad \square$$

さて，例題 2.7(a), (b) の解を比較してみよう．非同次方程式の解 (◇) において，右辺第 2, 3 項は (♣)，言い換えれば同次方程式 (a) の解に一致している．一方，(◇) 右辺第 1 項は何を意味しているのだろうか？　非同次方程式 (b) に $(x_1, x_2, x_3, x_4) = (-4, 2, 0, 0)$ を代入するとわかるとおり，これは非同次方程式 (b) の 1 つの解を与える．

(♣) および (◇) で表される解はそれぞれ連立方程式 (a) および (b) のすべての解を与え，**一般解**と呼ばれる．それに対して一般解の任意定数 k_1, k_2 にある値を代入するとこれは連立方程式の 1 つの解を与える．これを連立方程式の**特解**と呼ぶ．例えば，(◇) において $k_1 = k_2 = 0$ とおいた $(x_1, x_2, x_3, x_4) = (-4, 2, 0, 0)$ も，$k_1 = 1$, $k_2 = -3$ とおいた $(x_1, x_2, x_3, x_4) = (0, -1, 1, -3)$ も，それぞれ連立方程式 (b) の特解である．

非同次方程式 $A\boldsymbol{x} = \boldsymbol{b}$ に対して特解 $\boldsymbol{x} = \boldsymbol{x}_0$ が 1 つ見つかったとすると，次の関係式が成り立つ．

(非同次方程式 $A\boldsymbol{x} = \boldsymbol{b}$ の一般解)
　= (非同次方程式 $A\boldsymbol{x} = \boldsymbol{b}$ の特解 $\boldsymbol{x}_0$)
　　+ (同次方程式 $A\boldsymbol{x} = \boldsymbol{0}$ の一般解)　　(2.6)

コメント　連立方程式を解いた後，解答を見ると自分のだした解答と違う結果がでていた… このようなことはしばしば起こる．簡単な例を挙げると，連立方程式

$$\begin{cases} x + y + z = 1 \\ 2x + 2y + 2z = 2 \\ 3x + 3y + 3z = 3 \end{cases}$$

において，次は見かけは異なるが，すべて一般解である：

$$\begin{pmatrix} x \\ y \\ z \end{pmatrix} = \begin{pmatrix} 1 \\ 0 \\ 0 \end{pmatrix} + k_1 \begin{pmatrix} 1 \\ -1 \\ 0 \end{pmatrix} + k_2 \begin{pmatrix} 1 \\ 0 \\ -1 \end{pmatrix},$$

$$\begin{pmatrix} x \\ y \\ z \end{pmatrix} = \begin{pmatrix} 2 \\ -1 \\ 0 \end{pmatrix} + k_1 \begin{pmatrix} 2 \\ -1 \\ -1 \end{pmatrix} + k_2 \begin{pmatrix} -1 \\ 2 \\ -1 \end{pmatrix},$$

$$\begin{pmatrix} x \\ y \\ z \end{pmatrix} = \begin{pmatrix} 3 \\ 3 \\ -5 \end{pmatrix} + k_1 \begin{pmatrix} 4 \\ -3 \\ -1 \end{pmatrix} + k_2 \begin{pmatrix} -1 \\ 5 \\ -4 \end{pmatrix}.$$

第1式で (k_1, k_2) を $(k_1 - 2k_2 + 1, k_1 + k_2)$ に置き換えれば第2式が得られ，(k_1, k_2) を $(3k_1 - 5k_2 - 3, k_1 + 4k_2 + 5)$ に置き換えれば第3式が得られる．連立方程式 $A\boldsymbol{x} = \boldsymbol{b}$ で自分のだした答えと本書の解答の答えが一見違うとき，自分のだした答え $\boldsymbol{x} = \boldsymbol{x}_0 + k_1\boldsymbol{u}_1 + k_2\boldsymbol{u}_2 + \cdots + k_s\boldsymbol{u}_s$ ($k_1, \cdots, k_s$ は任意定数)が合っているかどうか確かめるには，次を調べればよい．

1. 任意定数の個数が解答と同じかどうか？
2. $\boldsymbol{x} = \boldsymbol{x}_0$ が特解になっているかどうか，つまり $A\boldsymbol{x}_0 = \boldsymbol{b}$ を満たすかどうか？
3. $\boldsymbol{u}_1, \boldsymbol{u}_2, \cdots, \boldsymbol{u}_s$ が1次独立（4.1節参照）で，$A\boldsymbol{u}_j = \boldsymbol{0}$ $(j = 1, 2, \cdots, s)$ が成り立つかどうか？

問題1 次の同次連立方程式を解け．

(a) $\begin{cases} x + 9y - z = 0 \\ 5x - 4y + 2z = 0 \\ 2x - 3y + z = 0 \end{cases}$　　(b) $\begin{cases} x + 3y - z = 0 \\ 2x + 5y = 0 \\ x + 4y - 3z = 0 \\ 3x + 7y + z = 0 \end{cases}$

(c) $\begin{cases} x + y + 3z + w = 0 \\ 2x + 2z - w = 0 \\ x + 3y + 7z + 4w = 0 \\ 3x - y + z - 3w = 0 \end{cases}$

問題2 (a) 次の同次連立方程式を解け．

$$\begin{cases} x_1 - 3x_2 - 5x_3 + 8x_4 + x_5 = 0 \\ x_1 - 2x_2 - x_3 + 7x_4 - 6x_5 = 0 \\ 2x_1 - 4x_2 - 2x_3 + 7x_4 + 16x_5 = 0 \\ 3x_1 - 5x_2 + x_3 + 13x_4 + 3x_5 = 0 \end{cases}$$

（b）　公式 (2.6) を用いて，次の非同次連立方程式を解け．

（i）
$$\begin{cases} x_1 - 3x_2 - 5x_3 + 8x_4 + x_5 = 3 \\ x_1 - 2x_2 - x_3 + 7x_4 - 6x_5 = 2 \\ 2x_1 - 4x_2 - 2x_3 + 7x_4 + 16x_5 = 4 \\ 3x_1 - 5x_2 + x_3 + 13x_4 + 3x_5 = 5 \end{cases}$$

（ii）
$$\begin{cases} x_1 - 3x_2 - 5x_3 + 8x_4 + x_5 = \sqrt{2} + 8\sqrt{3} \\ x_1 - 2x_2 - x_3 + 7x_4 - 6x_5 = \sqrt{2} + 7\sqrt{3} \\ 2x_1 - 4x_2 - 2x_3 + 7x_4 + 16x_5 = 2\sqrt{2} + 7\sqrt{3} \\ 3x_1 - 5x_2 + x_3 + 13x_4 + 3x_5 = 3\sqrt{2} + 13\sqrt{3} \end{cases}$$

2.4　行列のランク

連立方程式の解の表示に現れる任意定数の個数は 1 個のこともあれば 2 個以上のこともあり，1 つもないこともある．では任意定数の個数はどのように決まるのか．これは本節のタイトルである係数行列の「ランク」と呼ばれる量によって決定される．

2.4.1　階段行列と行列のランク

本節では行列のランクという概念について解説する．$m \times n$ 行列 A に対して，行基本変形を繰り返し行うと，次の形の**階段行列**に変形できる：

$$A \xrightarrow[\text{行基本変形}]{} \begin{pmatrix} \tilde{a}_{11} & \cdots & \cdots & \cdots & \cdots & \cdots & \tilde{a}_{1n} \\ 0 & \cdots & \tilde{a}_{2j_2} & \cdots & \cdots & \cdots & \tilde{a}_{2n} \\ \vdots & & & \ddots & & & \vdots \\ 0 & \cdots & \cdots & 0 & \tilde{a}_{rj_r} & \cdots & \tilde{a}_{rn} \\ 0 & \cdots & \cdots & \cdots & \cdots & \cdots & 0 \\ \vdots & & & & & & \vdots \\ 0 & \cdots & \cdots & \cdots & \cdots & \cdots & 0 \end{pmatrix} \tag{2.7}$$

ただし，

$$\tilde{a}_{11},\ \tilde{a}_{2j_2},\ \cdots,\ \tilde{a}_{rj_r} \neq 0, \qquad 1 < j_2 < \cdots < j_r \leq n \tag{2.8}$$

とする．このとき r の値，言い換えれば行基本変形を行って階段行列にしたとき，非零成分をもつ行の個数を，行列 A の**ランク**または**階数**といって $\mathrm{rank}\,A$ と表す．行基本変形のやり方はいろいろであっても，階段行列の形は一意であり，ランクは行列に固有なものである．

注意 1 階段行列の定義で，(2.8) の2つ目の条件(階段を1行下がる際，必ず右側に1列以上進む)を見落とさないように注意してほしい．例えば，行列

$$\begin{pmatrix} 1 & 1 & 2 & -1 & 0 \\ 0 & 0 & 0 & 3 & 3 \\ 0 & 0 & 0 & 2 & 2 \\ 0 & 0 & 0 & 0 & 1 \end{pmatrix}$$

は階段状になっているので階段行列と間違いやすい．しかし，この行列は2行目，3行目ともに4列目から非零成分に切り替わっている．つまり $j_2 = j_3\ (= 4)$ となり，条件 (2.8) において $j_2 < j_3$ が成立しないため，階段行列ではない．

例題 2.8

次の行列のランクを求めよ．

(a) $\begin{pmatrix} 8 & 6 & 14 \\ 7 & 5 & 13 \\ 10 & 7 & 19 \end{pmatrix}$　(b) $\begin{pmatrix} 1 & 2 & 3 \\ 1 & 1 & -2 \\ 3 & 5 & 9 \end{pmatrix}$

(c) $\begin{pmatrix} 1 & 1 & 4 & -4 \\ 1 & -2 & -1 & 2 \\ -2 & 4 & 6 & 1 \\ 3 & 6 & 21 & -13 \end{pmatrix}$　(d) $\begin{pmatrix} -1 & 2 & -4 \\ 2 & -3 & 6 \\ -2 & 3 & -6 \\ 3 & -4 & 8 \end{pmatrix}$

【解】 行基本変形を行って階段行列に変形する．

(a) $$\begin{pmatrix} 8 & 6 & 14 \\ 7 & 5 & 13 \\ 10 & 7 & 19 \end{pmatrix} \xrightarrow{①-②} \begin{pmatrix} 1 & 1 & 1 \\ 7 & 5 & 13 \\ 10 & 7 & 19 \end{pmatrix} \xrightarrow[③-10\times①]{②-7\times①} \begin{pmatrix} 1 & 1 & 1 \\ 0 & -2 & 6 \\ 0 & -3 & 9 \end{pmatrix}$$

$$\xrightarrow{③-\frac{3}{2}\times②} \begin{pmatrix} 1 & 1 & 1 \\ 0 & -2 & 6 \\ 0 & 0 & 0 \end{pmatrix}$$

よって，ランクは2.

(b) $\begin{pmatrix} 1 & 2 & 3 \\ 1 & 1 & -2 \\ 3 & 5 & 9 \end{pmatrix} \xrightarrow[③-3\times①]{②-①} \begin{pmatrix} 1 & 2 & 3 \\ 0 & -1 & -5 \\ 0 & -1 & 0 \end{pmatrix}$

$$\xrightarrow{③-②} \begin{pmatrix} 1 & 2 & 3 \\ 0 & -1 & -5 \\ 0 & 0 & 5 \end{pmatrix}$$

よって，ランクは 3.

(c) $\begin{pmatrix} 1 & 1 & 4 & -4 \\ 1 & -2 & -1 & 2 \\ -2 & 4 & 6 & 1 \\ 3 & 6 & 21 & -13 \end{pmatrix} \xrightarrow[④-3\times①]{②-①,\ ③+2\times①} \begin{pmatrix} 1 & 1 & 4 & -4 \\ 0 & -3 & -5 & 6 \\ 0 & 6 & 14 & -7 \\ 0 & 3 & 9 & -1 \end{pmatrix}$

$$\xrightarrow[④+②]{③+2\times②} \begin{pmatrix} 1 & 1 & 4 & -4 \\ 0 & -3 & -5 & 6 \\ 0 & 0 & 4 & 5 \\ 0 & 0 & 4 & 5 \end{pmatrix} \xrightarrow{④-③} \begin{pmatrix} 1 & 1 & 4 & -4 \\ 0 & -3 & -5 & 6 \\ 0 & 0 & 4 & 5 \\ 0 & 0 & 0 & 0 \end{pmatrix}$$

よって，ランクは 3.

(d) $\begin{pmatrix} -1 & 2 & -4 \\ 2 & -3 & 6 \\ -2 & 3 & -6 \\ 3 & -4 & 8 \end{pmatrix} \xrightarrow{③+②} \xrightarrow[④+3\times①]{②+2\times①} \begin{pmatrix} -1 & 2 & -4 \\ 0 & 1 & -2 \\ 0 & 0 & 0 \\ 0 & 2 & -4 \end{pmatrix}$

$$\xrightarrow{④-2\times②} \begin{pmatrix} -1 & 2 & -4 \\ 0 & 1 & -2 \\ 0 & 0 & 0 \\ 0 & 0 & 0 \end{pmatrix}$$

よって，ランクは 2. □

2.4.2 同次連立方程式と行列のランク

$\boldsymbol{x} = {}^t(x_1\ \ x_2\ \ \cdots\ \ x_n)$ に関する同次方程式

$$A\boldsymbol{x} = \boldsymbol{0}, \quad A = (\ a_{ij}\ ) \quad (1 \leq i \leq m,\ 1 \leq j \leq n)$$

の解について考える．行基本変形によって，係数行列 A が

$$A \to \tilde{A} = \begin{pmatrix} \tilde{a}_{11} & \cdots & \cdots & \cdots & \cdots & \cdots & \tilde{a}_{1n} \\ 0 & \cdots & \tilde{a}_{2j_2} & \cdots & \cdots & \cdots & \tilde{a}_{2n} \\ \vdots & & & \ddots & & & \vdots \\ 0 & \cdots & \cdots & 0 & \tilde{a}_{rj_r} & \cdots & \tilde{a}_{rn} \\ 0 & \cdots & \cdots & \cdots & \cdots & \cdots & 0 \\ \vdots & & & & & & \vdots \\ 0 & \cdots & \cdots & \cdots & \cdots & \cdots & 0 \end{pmatrix}$$

$$\tilde{a}_{11},\ \tilde{a}_{2j_2},\ \cdots,\ \tilde{a}_{rj_r} \neq 0, \qquad 1 < j_2 < \cdots < j_r \leq n$$

と変形できたとする．すなわち A のランクは r である．この階段行列に対応する連立方程式は

$$\begin{cases} \boxed{\tilde{a}_{11}x_1} + \tilde{a}_{12}x_2 + \cdots\cdots\cdots\cdots\cdots\cdots\cdots + \tilde{a}_{1n}x_n = 0 \\ \qquad \boxed{\tilde{a}_{2j_2}x_{j_2}} + \tilde{a}_{2j_2+1}x_{j_2+1} + \cdots\cdots\cdots + \tilde{a}_{2n}x_n = 0 \\ \qquad\qquad \vdots \\ \qquad\qquad \boxed{\tilde{a}_{rj_r}x_{j_r}} + \tilde{a}_{rj_r+1}x_{j_r+1} + \cdots + \tilde{a}_{rn}x_n = 0 \end{cases}$$

である．このような方程式の解の定め方は，2.2 節や 2.3 節での取り扱い方とまったく同じである(階段行列という言葉を使っていないだけ)．ここで上の□部分を除く $n-r$ 個の変数

$$x_2,\ \cdots,\ x_{j_2-1},\ x_{j_2+1},\ \cdots\cdots,\ x_{j_r-1},\ x_{j_r+1},\ \cdots,\ x_n$$

を任意定数 $k_1, k_2, \cdots, k_{n-r}$ に置き換えると，$x_1, x_{j_2}, \cdots, x_{j_r}$ は $k_1, \cdots, k_{n-r}$ を用いて表せて，同次方程式の解が求まる．つまり次の関係式が成り立つ：

> (同次方程式の解に現れる任意定数の個数)
> ＝(未知数の個数)－(係数行列のランク)．

2.4.3 非同次連立方程式と行列のランク

$\boldsymbol{b} = {}^t(b_1\ \ b_2\ \ \cdots\ \ b_m)$ を与えられた m 次元列ベクトルとする．n 次元列ベクトル $\boldsymbol{x} = {}^t(x_1\ \ x_2\ \ \cdots\ \ x_n)$ に関する非同次方程式

$$A\boldsymbol{x} = \boldsymbol{b}, \qquad A = (\,a_{ij}\,) \quad (1 \leq i \leq m,\ 1 \leq j \leq n)$$

の解について考える．行基本変形によって，次の階段行列に変形できたとする．すなわち，

$$(A \mid \boldsymbol{b}) \to (\widetilde{A} \mid \widetilde{\boldsymbol{b}}) = \left(\begin{array}{ccccccc|c} \widetilde{a}_{11} & \cdots & \cdots & \cdots & \cdots & \cdots & \widetilde{a}_{1n} & \widetilde{b}_1 \\ 0 & \cdots & \widetilde{a}_{2j_2} & \cdots & \cdots & \cdots & \widetilde{a}_{2n} & \widetilde{b}_2 \\ \vdots & & & \ddots & & & \vdots & \vdots \\ 0 & \cdots & \cdots & 0 & \widetilde{a}_{rj_r} & \cdots & \widetilde{a}_{rn} & \widetilde{b}_r \\ 0 & \cdots & \cdots & \cdots & \cdots & \cdots & 0 & \widetilde{b}_{r+1} \\ \vdots & & & & & & \vdots & \vdots \\ 0 & \cdots & \cdots & \cdots & \cdots & \cdots & 0 & \widetilde{b}_m \end{array}\right)$$

$$\Leftrightarrow \left\{\begin{aligned} \widetilde{a}_{11}x_1 + \cdots\cdots\cdots\cdots\cdots\cdots + \widetilde{a}_{1n}x_n &= \widetilde{b}_1 \\ \widetilde{a}_{2j_2}x_{j_2} + \cdots\cdots\cdots + \widetilde{a}_{2n}x_n &= \widetilde{b}_2 \\ &\ \vdots \\ \widetilde{a}_{rj_r}x_{j_r} + \cdots + \widetilde{a}_{rn}x_n &= \widetilde{b}_r \\ 0 &= \widetilde{b}_{r+1} \\ &\ \vdots \\ 0 &= \widetilde{b}_m \end{aligned}\right.$$

である．このとき

$$(*): \quad \widetilde{b}_{r+1} = \cdots = \widetilde{b}_m = 0$$

が成立すれば，連立方程式 $A\boldsymbol{x} = \boldsymbol{b}$ は解をもち，$(*)$ が成立しないとき解をもたない．条件 $(*)$ は係数行列のランク $\operatorname{rank} A$ と拡大係数行列のランク $\operatorname{rank}(A \mid \boldsymbol{b})$ が等しいことと等価であることに注意すると，以下の事実が成り立つ．

定理 2.1 $\boldsymbol{x} = {}^t(x_1 \ \cdots \ x_n)$ に関する非同次方程式 $A\boldsymbol{x} = \boldsymbol{b}$ が解をもつための必要十分条件は

$$\operatorname{rank} A = \operatorname{rank}(A \mid \boldsymbol{b})$$

であり，解に含まれる任意定数の個数は $n - \operatorname{rank} A$ 個である．

問題 1　次の行列のランクを求めよ．(c) において α は定数とする．

(a) $\begin{pmatrix} 2 & 1 & 0 & 0 & -1 \\ 6 & 3 & 6 & -6 & 3 \\ 2 & 2 & 5 & -3 & 1 \\ 2 & 4 & 5 & 1 & -5 \end{pmatrix}$　(b) $\begin{pmatrix} 3 & 4 & -2 \\ 2 & 26 & -6 \\ -2 & -1 & 1 \\ 5 & 5 & -3 \end{pmatrix}$

(c) $\begin{pmatrix} -1 & 1 & -1 & 1 \\ 2 & -3 & 2 & -1 \\ 3 & -5 & 6 & -3 \\ 1 & 1 & 4 & \alpha \end{pmatrix}$

問題 2　零ベクトル $\mathbf{0}$ とは異なる n 次元列ベクトル $\boldsymbol{a} = \begin{pmatrix} a_1 \\ \vdots \\ a_n \end{pmatrix}$, $\boldsymbol{b} = \begin{pmatrix} b_1 \\ \vdots \\ b_n \end{pmatrix}$ に対して，行列 $\boldsymbol{a}\,{}^t\boldsymbol{b}$ のランクはどうなるか？

2.5　掃き出し法による逆行列計算

本節では掃き出し法を用いた n 次正方行列の逆行列計算について述べる．初めに $n = 2$ の場合について掃き出し法の立場から再考する．

例題 2.9

行列 $A = \begin{pmatrix} 1 & 5 \\ 2 & 7 \end{pmatrix}$ の逆行列を求めよ．

【解】　逆行列の存在を仮定して，$A^{-1} = \begin{pmatrix} x_1 & x_2 \\ y_1 & y_2 \end{pmatrix}$ とおく．このとき，$AA^{-1} = E$ であるから，

$$\begin{pmatrix} 1 & 5 \\ 2 & 7 \end{pmatrix}\begin{pmatrix} x_1 & x_2 \\ y_1 & y_2 \end{pmatrix} = \begin{pmatrix} x_1 + 5y_1 & x_2 + 5y_2 \\ 2x_1 + 7y_1 & 2x_2 + 7y_2 \end{pmatrix} = \begin{pmatrix} 1 & 0 \\ 0 & 1 \end{pmatrix}.$$

つまり，次の $(x_i,\, y_i)$ $(i = 1,2)$ に関する2組の連立方程式を解けばよい．

$$\text{(i)}\quad \begin{cases} x_1 + 5y_1 = 1 \\ 2x_1 + 7y_1 = 0 \end{cases} \qquad \text{(ii)}\quad \begin{cases} x_2 + 5y_2 = 0 \\ 2x_2 + 7y_2 = 1 \end{cases}$$

(i) を掃き出し法で解くと，

$$\left(\begin{array}{cc|c}1 & 5 & 1\\ 2 & 7 & 0\end{array}\right)\xrightarrow{②-2\times①}\left(\begin{array}{cc|c}1 & 5 & 1\\ 0 & -3 & -2\end{array}\right)$$

$$\xrightarrow{②\div(-3)}\left(\begin{array}{cc|c}1 & 5 & 1\\ 0 & 1 & \frac{2}{3}\end{array}\right)\xrightarrow{①-5\times②}\left(\begin{array}{cc|c}1 & 0 & -\frac{7}{3}\\ 0 & 1 & \frac{2}{3}\end{array}\right).$$

したがって $x_1 = -\dfrac{7}{3}$, $y_1 = \dfrac{2}{3}$.

次に，(ii) も同様にして

$$\left(\begin{array}{cc|c}1 & 5 & 0\\ 2 & 7 & 1\end{array}\right)\xrightarrow{②-2\times①}\left(\begin{array}{cc|c}1 & 5 & 0\\ 0 & -3 & 1\end{array}\right)$$

$$\xrightarrow{②\div(-3)}\left(\begin{array}{cc|c}1 & 5 & 0\\ 0 & 1 & -\frac{1}{3}\end{array}\right)\xrightarrow{①-5\times②}\left(\begin{array}{cc|c}1 & 0 & \frac{5}{3}\\ 0 & 1 & -\frac{1}{3}\end{array}\right).$$

したがって $x_2 = \dfrac{5}{3}$, $y_2 = -\dfrac{1}{3}$. よって逆行列は $A^{-1} = \begin{pmatrix}-\frac{7}{3} & \frac{5}{3}\\ \frac{2}{3} & -\frac{1}{3}\end{pmatrix}$.　□

ここで重要なのは，答よりも途中の計算過程である．連立方程式 (i)，(ii) の係数はまったく同じであるから，掃き出し法で解く手順も同じにしてよいことに注意して，(i)，(ii) の掃き出し法はまとめて次のように書くことができる：

$$\left(\begin{array}{cc|cc}1 & 5 & 1 & 0\\ 2 & 7 & 0 & 1\end{array}\right)\xrightarrow{②-2\times①}\left(\begin{array}{cc|cc}1 & 5 & 1 & 0\\ 0 & -3 & -2 & 1\end{array}\right)$$

$$\xrightarrow{②\div(-3)}\left(\begin{array}{cc|cc}1 & 5 & 1 & 0\\ 0 & 1 & \frac{2}{3} & -\frac{1}{3}\end{array}\right)\xrightarrow{①-5\times②}\left(\begin{array}{cc|cc}1 & 0 & -\frac{7}{3} & \frac{5}{3}\\ 0 & 1 & \frac{2}{3} & -\frac{1}{3}\end{array}\right).$$

つまり正方行列 A の逆行列 A^{-1} を求めるには次のようにすればよい：

$$(A \mid E) \xrightarrow{\text{行基本変形}} (E \mid X) \quad \text{ならば} \quad X = A^{-1}$$

例題 2.10

掃き出し法を用いて，次の行列の逆行列を求めよ．

（a） $\begin{pmatrix} -2 & 3 & 1 \\ 1 & -1 & 2 \\ -3 & 4 & -2 \end{pmatrix}$ （b） $\begin{pmatrix} 1 & -1 & 3 \\ -3 & 4 & -1 \\ 5 & -6 & 7 \end{pmatrix}$

（c） $\begin{pmatrix} 1 & -1 & 1 & 1 \\ 1 & -2 & 1 & 3 \\ -1 & 0 & -2 & 5 \\ -2 & 1 & -2 & 1 \end{pmatrix}$

【解】 （a） $\left(\begin{array}{ccc|ccc} -2 & 3 & 1 & 1 & 0 & 0 \\ 1 & -1 & 2 & 0 & 1 & 0 \\ -3 & 4 & -2 & 0 & 0 & 1 \end{array}\right) \xrightarrow{①\leftrightarrow②} \left(\begin{array}{ccc|ccc} 1 & -1 & 2 & 0 & 1 & 0 \\ -2 & 3 & 1 & 1 & 0 & 0 \\ -3 & 4 & -2 & 0 & 0 & 1 \end{array}\right)$

$\xrightarrow[③+3\times①]{②+2\times①} \left(\begin{array}{ccc|ccc} 1 & -1 & 2 & 0 & 1 & 0 \\ 0 & 1 & 5 & 1 & 2 & 0 \\ 0 & 1 & 4 & 0 & 3 & 1 \end{array}\right) \xrightarrow{③-②} \left(\begin{array}{ccc|ccc} 1 & -1 & 2 & 0 & 1 & 0 \\ 0 & 1 & 5 & 1 & 2 & 0 \\ 0 & 0 & -1 & -1 & 1 & 1 \end{array}\right)$

$\xrightarrow{(-1)\times③} \left(\begin{array}{ccc|ccc} 1 & -1 & 2 & 0 & 1 & 0 \\ 0 & 1 & 5 & 1 & 2 & 0 \\ 0 & 0 & 1 & 1 & -1 & -1 \end{array}\right) \xrightarrow{①+②} \left(\begin{array}{ccc|ccc} 1 & 0 & 7 & 1 & 3 & 0 \\ 0 & 1 & 5 & 1 & 2 & 0 \\ 0 & 0 & 1 & 1 & -1 & -1 \end{array}\right)$

$\xrightarrow[②-5\times③]{①-7\times③} \left(\begin{array}{ccc|ccc} 1 & 0 & 0 & -6 & 10 & 7 \\ 0 & 1 & 0 & -4 & 7 & 5 \\ 0 & 0 & 1 & 1 & -1 & -1 \end{array}\right).$

したがって，$\begin{pmatrix} -2 & 3 & 1 \\ 1 & -1 & 2 \\ -3 & 4 & -2 \end{pmatrix}^{-1} = \begin{pmatrix} -6 & 10 & 7 \\ -4 & 7 & 5 \\ 1 & -1 & -1 \end{pmatrix}.$

（b） $\left(\begin{array}{ccc|ccc} 1 & -1 & 3 & 1 & 0 & 0 \\ -3 & 4 & -1 & 0 & 1 & 0 \\ 5 & -6 & 7 & 0 & 0 & 1 \end{array}\right) \xrightarrow[③-5\times①]{②+3\times①} \left(\begin{array}{ccc|ccc} 1 & -1 & 3 & 1 & 0 & 0 \\ 0 & 1 & 8 & 3 & 1 & 0 \\ 0 & -1 & -8 & -5 & 0 & 1 \end{array}\right)$

$\xrightarrow{③+②} \left(\begin{array}{ccc|ccc} 1 & -1 & 3 & 1 & 0 & 0 \\ 0 & 1 & 8 & 3 & 1 & 0 \\ 0 & 0 & 0 & -2 & 1 & 1 \end{array}\right).$

左側の第 3 行がすべて 0 になったので，これ以降は左側の行列を単位行列に行基本変形することはできない．この場合，逆行列は存在しない．

コメント 方程式の立場からも，左側のある行がすべて0になっても右側の対応する行は決してすべて0にならないので，方程式は意味をもたないため，逆行列が存在しない．

(c)
$$\left(\begin{array}{cccc|cccc} 1 & -1 & 1 & 1 & 1 & 0 & 0 & 0 \\ 1 & -2 & 1 & 3 & 0 & 1 & 0 & 0 \\ -1 & 0 & -2 & 5 & 0 & 0 & 1 & 0 \\ -2 & 1 & -2 & 1 & 0 & 0 & 0 & 1 \end{array}\right)$$

$$\xrightarrow[④+2\times①]{②-①,\ ③+①} \left(\begin{array}{cccc|cccc} 1 & -1 & 1 & 1 & 1 & 0 & 0 & 0 \\ 0 & -1 & 0 & 2 & -1 & 1 & 0 & 0 \\ 0 & -1 & -1 & 6 & 1 & 0 & 1 & 0 \\ 0 & -1 & 0 & 3 & 2 & 0 & 0 & 1 \end{array}\right)$$

$$\xrightarrow[④-②]{③-②} \xrightarrow{②\times(-1)} \left(\begin{array}{cccc|cccc} 1 & -1 & 1 & 1 & 1 & 0 & 0 & 0 \\ 0 & 1 & 0 & -2 & 1 & -1 & 0 & 0 \\ 0 & 0 & -1 & 4 & 2 & -1 & 1 & 0 \\ 0 & 0 & 0 & 1 & 3 & -1 & 0 & 1 \end{array}\right)$$

$$\xrightarrow{③\times(-1)} \left(\begin{array}{cccc|cccc} 1 & -1 & 1 & 1 & 1 & 0 & 0 & 0 \\ 0 & 1 & 0 & -2 & 1 & -1 & 0 & 0 \\ 0 & 0 & 1 & -4 & -2 & 1 & -1 & 0 \\ 0 & 0 & 0 & 1 & 3 & -1 & 0 & 1 \end{array}\right)$$

$$\xrightarrow{①+②} \left(\begin{array}{cccc|cccc} 1 & 0 & 1 & -1 & 2 & -1 & 0 & 0 \\ 0 & 1 & 0 & -2 & 1 & -1 & 0 & 0 \\ 0 & 0 & 1 & -4 & -2 & 1 & -1 & 0 \\ 0 & 0 & 0 & 1 & 3 & -1 & 0 & 1 \end{array}\right)$$

$$\xrightarrow{①-③} \left(\begin{array}{cccc|cccc} 1 & 0 & 0 & 3 & 4 & -2 & 1 & 0 \\ 0 & 1 & 0 & -2 & 1 & -1 & 0 & 0 \\ 0 & 0 & 1 & -4 & -2 & 1 & -1 & 0 \\ 0 & 0 & 0 & 1 & 3 & -1 & 0 & 1 \end{array}\right)$$

$$\xrightarrow[③+4\times④]{①-3\times④,\ ②+2\times④} \left(\begin{array}{cccc|cccc} 1 & 0 & 0 & 0 & -5 & 1 & 1 & -3 \\ 0 & 1 & 0 & 0 & 7 & -3 & 0 & 2 \\ 0 & 0 & 1 & 0 & 10 & -3 & -1 & 4 \\ 0 & 0 & 0 & 1 & 3 & -1 & 0 & 1 \end{array}\right).$$

したがって，

$$\begin{pmatrix} 1 & -1 & 1 & 1 \\ 1 & -2 & 1 & 3 \\ -1 & 0 & -2 & 5 \\ -2 & 1 & -2 & 1 \end{pmatrix}^{-1} = \begin{pmatrix} -5 & 1 & 1 & -3 \\ 7 & -3 & 0 & 2 \\ 10 & -3 & -1 & 4 \\ 3 & -1 & 0 & 1 \end{pmatrix}. \quad \square$$

問題1 次の行列に逆行列が存在すれば求めよ.

(a) $\begin{pmatrix} 1 & 3 & 2 \\ 4 & 8 & 5 \\ 2 & 3 & 2 \end{pmatrix}$ (b) $\begin{pmatrix} 2 & 3 & -2 \\ 1 & 2 & -1 \\ 2 & -1 & 0 \end{pmatrix}$

(c) $\begin{pmatrix} 1 & 2 & 3 & 4 \\ 2 & 3 & 4 & 5 \\ 1 & 0 & 1 & 3 \\ 1 & 2 & 1 & -1 \end{pmatrix}$

第2章 練習問題

1. 次の連立方程式を解け.

(a) $\begin{cases} x - 2y + z = 3 \\ 3x - 5y - z = 2 \\ 2x - 3y + 2z = 5 \end{cases}$ (b) $\begin{cases} x + 2y + 3z = 7 \\ 3x + 6y + 13z = 13 \\ 2x + 7y + 12z = 17 \end{cases}$

(c) $\begin{cases} 3x + 4y + z = 4 \\ 2x + 5y + 3z = 5 \\ 6x + 7y + z = 7 \end{cases}$ (d) $\begin{cases} 3x + 4y + z = 4 \\ 2x + 5y + 3z = 5 \\ 6x + 7y + z = 6 \end{cases}$

(e) $\begin{cases} x_1 + x_2 + 3x_4 = 2 \\ 3x_1 + x_2 - 9x_3 - 4x_4 = 1 \\ -x_1 + x_2 + 5x_3 + 2x_4 = 7 \\ 3x_1 + 2x_2 - x_3 + 8x_4 = 3 \end{cases}$ (f) $\begin{cases} x_1 + x_2 + x_3 - x_4 = 5 \\ -x_1 + x_3 + x_4 = 0 \\ 2x_1 + x_2 - x_3 + 2x_4 = 3 \\ 3x_1 + x_2 - x_3 - 3x_4 = 5 \end{cases}$

(g) $\begin{cases} 2x_1 + x_2 + 4x_3 + 3x_4 = 0 \\ x_1 + 5x_3 + 5x_4 = 0 \\ 5x_1 + 4x_2 + x_3 - 3x_4 = 0 \end{cases}$ (h) $\begin{cases} 2x_1 + x_2 + 4x_3 + 3x_4 = \dfrac{4}{9} \\ x_1 + 5x_3 + 5x_4 = \dfrac{5}{9} \\ 5x_1 + 4x_2 + x_3 - 3x_4 = \dfrac{1}{9} \end{cases}$

(i) $\begin{cases} x_1 + 2x_2 + 3x_3 + 4x_4 - x_5 = 2 \\ 2x_1 + 4x_2 + 3x_3 + 5x_4 + x_5 = 4 \\ 3x_1 + 5x_2 + x_3 + 3x_4 + 2x_5 = 7 \end{cases}$

2.　次の同次連立方程式が非自明解をもつときの a の値を求め，このときの解を求めよ．

（a）$\begin{cases} x + 2y - 3z = 0 \\ 3x - 3y + z = 0 \\ -3x + 12y + az = 0 \end{cases}$　　（b）$\begin{cases} x + 2y + z + w = 0 \\ x + 3y + 3z + w = 0 \\ 3x + 5y + 2z = 0 \\ 5x + 9y + az + 2w = 0 \end{cases}$

3.* 　a を定数，$n \geqq 2$ とする．n 次正方行列

$$A = (\,a_{ij}\,), \qquad a_{ij} = \begin{cases} a & (i = j), \\ 1 & (i \neq j) \end{cases}$$

のランクを求めよ．

4.* 　$n \geqq 2$ とする．n 次正方行列

$$A = \begin{pmatrix} 1 & -1 & 0 & \cdots & 0 \\ -1 & 2 & -1 & \ddots & \vdots \\ 0 & \ddots & \ddots & \ddots & 0 \\ \vdots & \ddots & -1 & 2 & -1 \\ 0 & \cdots & 0 & -1 & 2 \end{pmatrix}$$

の逆行列を掃き出し法によって求めよ．

5.　3 次正方行列 P, Q, R を次で定める：

$$P = \begin{pmatrix} 0 & 1 & 0 \\ 1 & 0 & 0 \\ 0 & 0 & 1 \end{pmatrix}, \quad Q = \begin{pmatrix} 1 & 0 & 0 \\ 0 & p & 0 \\ 0 & 0 & 1 \end{pmatrix}, \quad R = \begin{pmatrix} 1 & p & 0 \\ 0 & 1 & 0 \\ 0 & 0 & 1 \end{pmatrix}.$$

3×4 行列 $A = (\,a_{ij}\,)$ に対して，PA, QA, RA は A の行基本変形(44 ページ)のどの種類に対応しているか答えよ．

6.　下図の回路において，電源電圧 V_1, V_2 および抵抗 R_1, R_2, R_3, R_4 が与えら

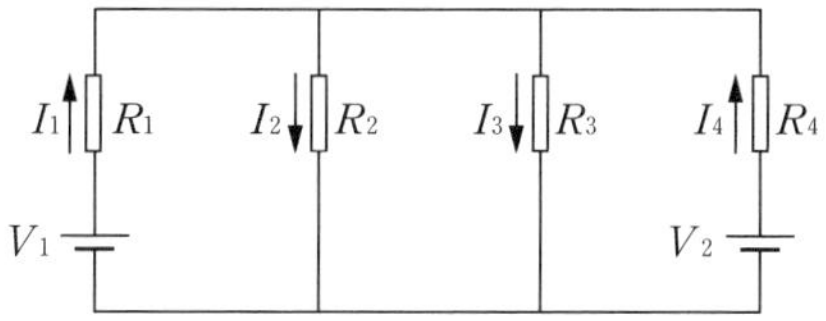

れているとき，以下の問に答えよ．

（a）　キルヒホッフの法則

（第1法則）　回路網上の任意の電流の分岐点(導線の分岐点)において電流の流入の和と流出の和は等しい．

（第2法則）　回路網上で任意の閉じた環状の電流が流れる路(電路)をたどるとき，電路中の「電源電圧の総和」と「電圧降下の総和」は等しい．

を用いて，電流 I_1, I_2, I_3, I_4（図の矢印の向きを正にとる[1]）に関する連立方程式をたてよ．なお，電流 I，電圧 V，抵抗 R の間には $I = \dfrac{V}{R}$ なる関係が成り立つ．

（b）　$V_1 = 8$，$V_2 = 5$，$R_1 = R_2 = R_3 = 1$，$R_4 = 2$ としたとき，I_1, I_2, I_3 の値を求めよ．

7.* 　0から8までの数を重複なく正方形に並べ，縦，横，対角線の数字の和がすべて等しく（= 12）なるようにしたものを魔方陣（3方陣）と呼ぶ．右図のように（1, 2）成分を0にとったとき，残りの8つの数を求めよ．

	1	2	3
1		0	
2			
3			

1)　正の向きが，実際の電流の向きとは限らない．

第3章

行　列　式

連立1次方程式の解がただ1つ存在するとき，解を行列式と呼ばれるスカラー量の比で書き下すことができる(クラメルの公式)．3.1節では，この事実を2元，3元連立方程式について説明することで2,3次行列式を定義し，その計算過程から基本的性質を理解する．

次に4次以上の行列式について，3.2節では順列を用いた定義，3.3節では余因子を用いた定義を与える．前者の順列による定義は初学者にはわかりにくいかもしれないので，まず計算法だけ知りたいという場合は，3.2節を飛ばして3.3節から読むことをおすすめする．

章の後半では，行列式を用いた逆行列の計算，n元連立方程式についてのクラメルの公式について述べる．

本章では n 次正方行列

$$A = \begin{pmatrix} a_{11} & a_{12} & \cdots & a_{1n} \\ a_{21} & a_{22} & \cdots & a_{2n} \\ \vdots & \vdots & \ddots & \vdots \\ a_{n1} & a_{n2} & \cdots & a_{nn} \end{pmatrix}$$

に対して定義される**行列式**と呼ばれるスカラー量を計算する．これは正方行列の性質を調べる上で重要な役割を果たす量である．行列 A の行列式を次のように書く[1)]：

$$|A|, \quad \det A, \quad \begin{vmatrix} a_{11} & a_{12} & \cdots & a_{1n} \\ a_{21} & a_{22} & \cdots & a_{2n} \\ \vdots & \vdots & \ddots & \vdots \\ a_{n1} & a_{n2} & \cdots & a_{nn} \end{vmatrix}, \quad \det \begin{pmatrix} a_{11} & a_{12} & \cdots & a_{1n} \\ a_{21} & a_{22} & \cdots & a_{2n} \\ \vdots & \vdots & \ddots & \vdots \\ a_{n1} & a_{n2} & \cdots & a_{nn} \end{pmatrix}$$

3.1 3次までの行列式とその性質

本節では n 次行列式に先立って3次までの行列式の定義と性質について述べる．

1次正方行列 $A = (\,a\,)$ の行列式を $|A| = a$ で定める．

3.1.1 2次行列式の定義と性質

2つの未知数 x, y に関する2元連立1次方程式

$$\begin{cases} a_{11}x + a_{12}y = b_1 & \cdots\cdots ① \\ a_{21}x + a_{22}y = b_2 & \cdots\cdots ② \end{cases} \qquad \text{行列表示：} \begin{pmatrix} a_{11} & a_{12} \\ a_{21} & a_{22} \end{pmatrix}\begin{pmatrix} x \\ y \end{pmatrix} = \begin{pmatrix} b_1 \\ b_2 \end{pmatrix}$$

を考える．y を消去し x を求めるために ①$\times a_{22}-$②$\times a_{12}$ とし，x を消去し y を求めるために ①$\times(-a_{21})+$②$\times a_{11}$ とすると

$$(a_{11}a_{22} - a_{12}a_{21})\,x = b_1a_{22} - b_2a_{12} \quad \cdots\cdots ③$$

$$(a_{11}a_{22} - a_{12}a_{21})\,y = b_2a_{11} - b_1a_{21} \quad \cdots\cdots ④$$

と求まる．③, ④ の x, y の係数は同じである．

1) 記号 $|A|$ を行列 A の絶対値と誤解してはいけない．絶対値は数(スカラー量)に対する概念で，行列やベクトルに対しては考えない．なお，スカラー量である行列式の絶対値は考えることができ，$|\det A|$ で表す(二重に縦線を書く $\|A\|$ などは使わない)．

2次正方行列 (a_{ij}) の行列式を ③, ④ における x, y の係数でもって

$$\begin{vmatrix} a_{11} & a_{12} \\ a_{21} & a_{22} \end{vmatrix} = a_{11}a_{22} - a_{12}a_{21} \tag{3.1}$$

で定義する.

2次行列式を用いると ③, ④ は次のように書き表せる：

$$\begin{vmatrix} a_{11} & a_{12} \\ a_{21} & a_{22} \end{vmatrix} x = \begin{vmatrix} b_1 & a_{12} \\ b_2 & a_{22} \end{vmatrix}, \qquad \begin{vmatrix} a_{11} & a_{12} \\ a_{21} & a_{22} \end{vmatrix} y = \begin{vmatrix} a_{11} & b_1 \\ a_{21} & b_2 \end{vmatrix}.$$

例題 3.1

次の行列式の値を求めよ.

(a) $\begin{vmatrix} 1 & -2 \\ 5 & -3 \end{vmatrix}$ 　　(b) $\begin{vmatrix} p & -2p \\ 5 & -3 \end{vmatrix}$

【解】 (a) $\begin{vmatrix} 1 & -2 \\ 5 & -3 \end{vmatrix} = 1 \times (-3) - (-2) \times 5 = -3 + 10 = 7.$

(b) $\begin{vmatrix} p & -2p \\ 5 & -3 \end{vmatrix} = p \times (-3) - (-2p) \times 5 = 7p.$ □

2次行列式の定義から直接計算することによって，次が導かれる.

定理 3.1 2次行列式について以下の性質が成立する.

(i) 行列式の和と定数倍について次が成立する（多重線形性）：

$$\begin{vmatrix} a_{11} + b_1 & a_{12} + b_2 \\ a_{21} & a_{22} \end{vmatrix} = \begin{vmatrix} a_{11} & a_{12} \\ a_{21} & a_{22} \end{vmatrix} + \begin{vmatrix} b_1 & b_2 \\ a_{21} & a_{22} \end{vmatrix}, \tag{3.2}$$

$$\begin{vmatrix} pa_{11} & pa_{12} \\ a_{21} & a_{22} \end{vmatrix} = p \begin{vmatrix} a_{11} & a_{12} \\ a_{21} & a_{22} \end{vmatrix}. \tag{3.3}$$

第2行についても同じことが成り立つ.

(ii) 行列式の2つの行を交換すると，行列式の値は -1 倍される（交代性）：

$$\begin{vmatrix} a_{11} & a_{12} \\ a_{21} & a_{22} \end{vmatrix} = -\begin{vmatrix} a_{21} & a_{22} \\ a_{11} & a_{12} \end{vmatrix}. \tag{3.4}$$

(iii) 行列式の2つの行が同じだと，その行列式の値は0である：

$$\begin{vmatrix} a_{11} & a_{12} \\ a_{11} & a_{12} \end{vmatrix} = 0. \tag{3.5}$$

(iv) 行列式のある行を何倍かして他の行に加えても行列式の値は変わらない：

$$\begin{vmatrix} a_{11} & a_{12} \\ a_{21} & a_{22} \end{vmatrix} = \begin{vmatrix} a_{11} & a_{12} \\ a_{21}+pa_{11} & a_{22}+pa_{12} \end{vmatrix}. \tag{3.6}$$

第2行についても同じことが成り立つ．

(v) 行列式の値は転置(行と列を交換)しても変わらない．

$$\begin{vmatrix} a_{11} & a_{12} \\ a_{21} & a_{22} \end{vmatrix} = \begin{vmatrix} a_{11} & a_{21} \\ a_{12} & a_{22} \end{vmatrix}. \tag{3.7}$$

コメント 上の定理の(i)～(iv)は行を列に置き換えても成り立つ．例えば，

$$\begin{vmatrix} a_{11}+b_1 & a_{12} \\ a_{21}+b_2 & a_{22} \end{vmatrix} = \begin{vmatrix} a_{11} & a_{12} \\ a_{21} & a_{22} \end{vmatrix} + \begin{vmatrix} b_1 & a_{12} \\ b_2 & a_{22} \end{vmatrix}, \quad \begin{vmatrix} pa_{11} & a_{12} \\ pa_{21} & a_{22} \end{vmatrix} = p\begin{vmatrix} a_{11} & a_{12} \\ a_{21} & a_{22} \end{vmatrix}.$$

例題 3.2

2次元行ベクトル $\boldsymbol{a} = (a_1 \ \ a_2)$，$\boldsymbol{b} = (b_1 \ \ b_2)$ の作る平行四辺形の面積を S とし，2次正方行列を $A = \begin{pmatrix} \boldsymbol{a} \\ \boldsymbol{b} \end{pmatrix}$ とすると次が成り立つことを示せ．

$$S = |\det A|.$$

【解】 $\boldsymbol{a}$, $\boldsymbol{b}$ のなす角を θ $(0 < \theta < \pi)$ とすると，

$$S = \|\boldsymbol{a}\|\,\|\boldsymbol{b}\|\sin\theta$$

だから

$$\begin{aligned} S^2 &= \|\boldsymbol{a}\|^2\|\boldsymbol{b}\|^2\sin^2\theta = \|\boldsymbol{a}\|^2\|\boldsymbol{b}\|^2(1-\cos^2\theta) \\ &= \|\boldsymbol{a}\|^2\|\boldsymbol{b}\|^2 - (\boldsymbol{a},\ \boldsymbol{b})^2 \\ &= (a_1^2+a_2^2)(b_1^2+b_2^2) - (a_1b_1+a_2b_2)^2 \\ &= (a_1b_2-a_2b_1)^2. \end{aligned}$$

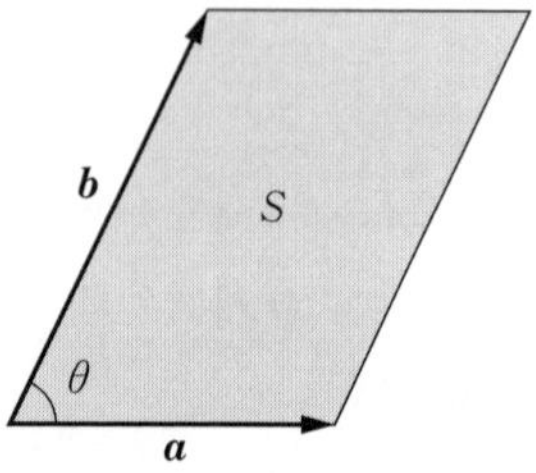

したがって

$$S = |a_1b_2 - a_2b_1| = |\det A|. \quad \square$$

コメント　上の定理における2次行列式の性質 (i), (iv) の図形的意味を簡単に説明する．以下のように行列および行ベクトルを定義する：

$$A = \begin{pmatrix} \boldsymbol{a}_1 \\ \boldsymbol{a}_2 \end{pmatrix}, \quad B = \begin{pmatrix} \boldsymbol{b} \\ \boldsymbol{a}_2 \end{pmatrix}, \quad X = \begin{pmatrix} \boldsymbol{a}_1 + \boldsymbol{b} \\ \boldsymbol{a}_2 \end{pmatrix}, \quad Y = \begin{pmatrix} p\boldsymbol{a}_1 \\ \boldsymbol{a}_2 \end{pmatrix},$$

$$\boldsymbol{a}_1 = (a_{11} \quad a_{12}), \quad \boldsymbol{a}_2 = (a_{21} \quad a_{22}), \quad \boldsymbol{b} = (b_1 \quad b_2).$$

簡単のため $|A|, |B| > 0$, $p > 0$ と仮定する．$|A|$ および $|B|$ はそれぞれ図 (a) の左側上部の2つの平行四辺形の面積に，$|X|$ は図 (a) 右上部の平行四辺形に等しい．これらの図から $|A| + |B| = |X|$ が成り立つことがわかる．

また行列式 $|Y|$ は平行四辺形の1組の辺を p 倍に拡大した平行四辺形の面積なので，もとの面積の p 倍になっていることがわかる (図 (a) の下の図参照)．

次に (iv) の性質を説明するために，$Z = \begin{pmatrix} \boldsymbol{a}_1 \\ \boldsymbol{a}_2 + p\boldsymbol{a}_1 \end{pmatrix}$ とおく．図 (b) を見れば $|Z|$ および $|A|$ の表す平行四辺形の面積が等しいことは明らかである．

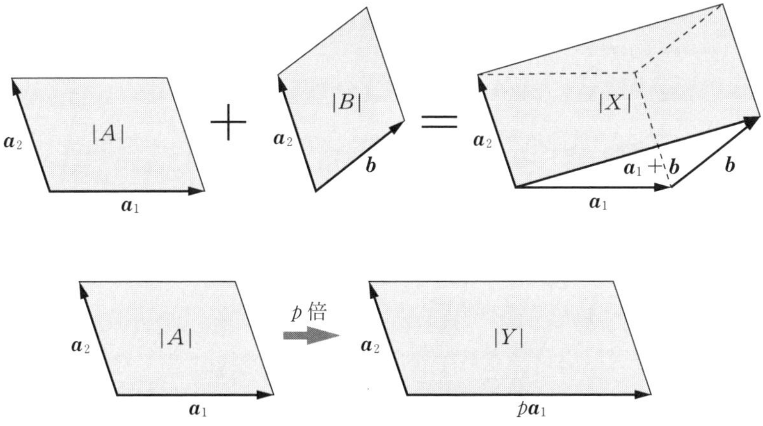

(a)　行基本変形の図形的意味 (性質 (i))

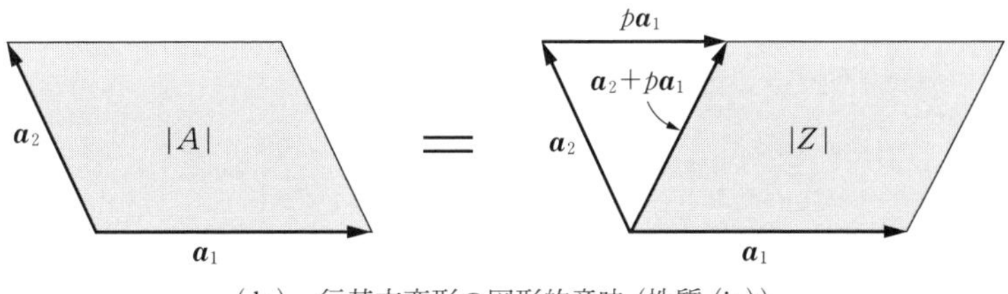

(b)　行基本変形の図形的意味 (性質 (iv))

3.1.2 3次行列式の定義

3つの未知数 x, y, z に関する3元連立1次方程式

$$\begin{cases} a_{11}x + a_{12}y + a_{13}z = b_1 & \cdots ① \\ a_{21}x + a_{22}y + a_{23}z = b_2 & \cdots ② \\ a_{31}x + a_{32}y + a_{33}z = b_3 & \cdots ③ \end{cases} \qquad \begin{pmatrix} a_{11} & a_{12} & a_{13} \\ a_{21} & a_{22} & a_{23} \\ a_{31} & a_{32} & a_{33} \end{pmatrix} \begin{pmatrix} x \\ y \\ z \end{pmatrix} = \begin{pmatrix} b_1 \\ b_2 \\ b_3 \end{pmatrix}$$

を考える．②, ③ を y, z について解き，2次行列式の性質を用いると

$$\begin{vmatrix} a_{22} & a_{23} \\ a_{32} & a_{33} \end{vmatrix} y = \begin{vmatrix} b_2 - a_{21}x & a_{23} \\ b_3 - a_{31}x & a_{33} \end{vmatrix} = \begin{vmatrix} b_2 & a_{23} \\ b_3 & a_{33} \end{vmatrix} - \begin{vmatrix} a_{21} & a_{23} \\ a_{31} & a_{33} \end{vmatrix} x,$$

$$\begin{vmatrix} a_{22} & a_{23} \\ a_{32} & a_{33} \end{vmatrix} z = \begin{vmatrix} a_{22} & b_2 - a_{21}x \\ a_{32} & b_3 - a_{31}x \end{vmatrix} = -\begin{vmatrix} b_2 & a_{22} \\ b_3 & a_{32} \end{vmatrix} + \begin{vmatrix} a_{21} & a_{22} \\ a_{31} & a_{32} \end{vmatrix} x$$

を得る．この関係式を ①$\times \begin{vmatrix} a_{22} & a_{23} \\ a_{32} & a_{33} \end{vmatrix}$ より得られる

$$a_{11}\begin{vmatrix} a_{22} & a_{23} \\ a_{32} & a_{33} \end{vmatrix} x + a_{12}\begin{vmatrix} a_{22} & a_{23} \\ a_{32} & a_{33} \end{vmatrix} y + a_{13}\begin{vmatrix} a_{22} & a_{23} \\ a_{32} & a_{33} \end{vmatrix} z = b_1\begin{vmatrix} a_{22} & a_{23} \\ a_{32} & a_{33} \end{vmatrix}$$

に代入し，x についてまとめると

$$\left(a_{11}\begin{vmatrix} a_{22} & a_{23} \\ a_{32} & a_{33} \end{vmatrix} - a_{12}\begin{vmatrix} a_{21} & a_{23} \\ a_{31} & a_{33} \end{vmatrix} + a_{13}\begin{vmatrix} a_{21} & a_{22} \\ a_{31} & a_{32} \end{vmatrix} \right) x$$
$$= b_1\begin{vmatrix} a_{22} & a_{23} \\ a_{32} & a_{33} \end{vmatrix} - a_{12}\begin{vmatrix} b_2 & a_{23} \\ b_3 & a_{33} \end{vmatrix} + a_{13}\begin{vmatrix} b_2 & a_{22} \\ b_3 & a_{32} \end{vmatrix} \qquad \cdots\cdots ④$$

を得る．次に，②, ③ を x, z について解き，

$$\begin{vmatrix} a_{21} & a_{23} \\ a_{31} & a_{33} \end{vmatrix} x = \begin{vmatrix} b_2 - a_{22}y & a_{23} \\ b_3 - a_{32}y & a_{33} \end{vmatrix} = \begin{vmatrix} b_2 & a_{23} \\ b_3 & a_{33} \end{vmatrix} - \begin{vmatrix} a_{22} & a_{23} \\ a_{32} & a_{33} \end{vmatrix} y,$$

$$\begin{vmatrix} a_{21} & a_{23} \\ a_{31} & a_{33} \end{vmatrix} z = \begin{vmatrix} a_{21} & b_2 - a_{22}y \\ a_{31} & b_3 - a_{32}y \end{vmatrix} = \begin{vmatrix} a_{21} & b_2 \\ a_{31} & b_3 \end{vmatrix} - \begin{vmatrix} a_{21} & a_{22} \\ a_{31} & a_{32} \end{vmatrix} y$$

を ①$\times \begin{vmatrix} a_{21} & a_{23} \\ a_{31} & a_{33} \end{vmatrix}$ より得られる式に代入し，y についてまとめると

$$\left(a_{11}\begin{vmatrix} a_{22} & a_{23} \\ a_{32} & a_{33} \end{vmatrix} - a_{12}\begin{vmatrix} a_{21} & a_{23} \\ a_{31} & a_{33} \end{vmatrix} + a_{13}\begin{vmatrix} a_{21} & a_{22} \\ a_{31} & a_{32} \end{vmatrix} \right) y$$
$$= a_{11}\begin{vmatrix} b_2 & a_{23} \\ b_3 & a_{33} \end{vmatrix} - b_1\begin{vmatrix} a_{21} & a_{23} \\ a_{31} & a_{33} \end{vmatrix} + a_{13}\begin{vmatrix} a_{21} & b_2 \\ a_{31} & b_3 \end{vmatrix} \qquad \cdots\cdots ⑤$$

を得る．最後に ②, ③ を x, y について解いて得られた関係式を，

①$\times\begin{vmatrix} a_{21} & a_{22} \\ a_{31} & a_{32} \end{vmatrix}$ より得られる式に代入して，z についてまとめると

$$\left(a_{11}\begin{vmatrix} a_{22} & a_{23} \\ a_{32} & a_{33} \end{vmatrix} - a_{12}\begin{vmatrix} a_{21} & a_{23} \\ a_{31} & a_{33} \end{vmatrix} + a_{13}\begin{vmatrix} a_{21} & a_{22} \\ a_{31} & a_{32} \end{vmatrix}\right)z$$
$$= a_{11}\begin{vmatrix} a_{22} & b_2 \\ a_{32} & b_3 \end{vmatrix} - a_{12}\begin{vmatrix} a_{21} & b_2 \\ a_{31} & b_3 \end{vmatrix} + b_1\begin{vmatrix} a_{21} & a_{22} \\ a_{31} & a_{32} \end{vmatrix} \quad \cdots\cdots ⑥$$

を得る．④ ~ ⑥ の x, y, z の係数は同じである．

3次正方行列 (a_{ij}) の行列式を ④ ~ ⑥ における x, y, z の係数でもって

$$\begin{vmatrix} a_{11} & a_{12} & a_{13} \\ a_{21} & a_{22} & a_{23} \\ a_{31} & a_{32} & a_{33} \end{vmatrix} = a_{11}\begin{vmatrix} a_{22} & a_{23} \\ a_{32} & a_{33} \end{vmatrix} - a_{12}\begin{vmatrix} a_{21} & a_{23} \\ a_{31} & a_{33} \end{vmatrix} + a_{13}\begin{vmatrix} a_{21} & a_{22} \\ a_{31} & a_{32} \end{vmatrix}$$
$$= a_{11}a_{22}a_{33} + a_{12}a_{23}a_{31} + a_{13}a_{21}a_{32}$$
$$- a_{11}a_{23}a_{32} - a_{12}a_{21}a_{33} - a_{13}a_{22}a_{31} \tag{3.8}$$

で定義する．

3次行列式を用いると ④ ~ ⑥ は次のように書ける：

$$\begin{vmatrix} a_{11} & a_{12} & a_{13} \\ a_{21} & a_{22} & a_{23} \\ a_{31} & a_{32} & a_{33} \end{vmatrix} x = \begin{vmatrix} b_1 & a_{12} & a_{13} \\ b_2 & a_{22} & a_{23} \\ b_3 & a_{32} & a_{33} \end{vmatrix},$$
$$\begin{vmatrix} a_{11} & a_{12} & a_{13} \\ a_{21} & a_{22} & a_{23} \\ a_{31} & a_{32} & a_{33} \end{vmatrix} y = \begin{vmatrix} a_{11} & b_1 & a_{13} \\ a_{21} & b_2 & a_{23} \\ a_{31} & b_3 & a_{33} \end{vmatrix},$$
$$\begin{vmatrix} a_{11} & a_{12} & a_{13} \\ a_{21} & a_{22} & a_{23} \\ a_{31} & a_{32} & a_{33} \end{vmatrix} z = \begin{vmatrix} a_{11} & a_{12} & b_1 \\ a_{21} & a_{22} & b_2 \\ a_{31} & a_{32} & b_3 \end{vmatrix}.$$

ここまででわかるように，非同次連立方程式の解は，掃き出し法とは別に，係数行列に対応する行列式を用いて表される．

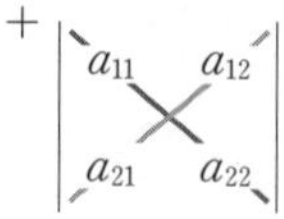

$$+\begin{vmatrix} a_{11} & a_{12} \\ a_{21} & a_{22} \end{vmatrix}- = a_{11}a_{22} - a_{12}a_{21}$$

$$\begin{vmatrix} a_{11} & a_{12} & a_{13} \\ a_{21} & a_{22} & a_{23} \\ a_{31} & a_{32} & a_{33} \end{vmatrix} = a_{11}a_{22}a_{33} + a_{12}a_{23}a_{31} + a_{13}a_{21}a_{32} \\ - a_{11}a_{23}a_{32} - a_{12}a_{21}a_{33} - a_{13}a_{22}a_{31}$$

2次と3次の行列式については,斜め方向に成分の積をとる**サラスの方法**という記憶法があるので,これを上に示す.

予め誤解のないよう釘をさしておくが,**サラスの方法が使えるのは3次の行列式までである**.4次以上の行列式については,次節以降で詳しく述べる.

例題 3.3

次の行列式の値を求めよ.

(a) $\begin{vmatrix} 1 & -2 & 5 \\ 6 & -3 & -1 \\ 0 & 1 & 4 \end{vmatrix}$　　(b) $\begin{vmatrix} 1 & 1 & 3 \\ 1 & -1 & -2 \\ 1 & -1 & -2 \end{vmatrix}$

【解】

(a) $\begin{vmatrix} 1 & -2 & 5 \\ 6 & -3 & -1 \\ 0 & 1 & 4 \end{vmatrix} = 1 \times (-3) \times 4 + (-2) \times (-1) \times 0 + 5 \times 6 \times 1$

$$- 1 \times (-1) \times 1 - (-2) \times 6 \times 4 - 5 \times (-3) \times 0$$

$$= -12 + 0 + 30 + 1 + 48 + 0 = 67.$$

(b) $\begin{vmatrix} 1 & 1 & 3 \\ 1 & -1 & -2 \\ 1 & -1 & -2 \end{vmatrix} = 1 \times (-1) \times (-2) + 1 \times (-2) \times 1 + 3 \times 1 \times (-1)$

$$- 1 \times (-2) \times (-1) - 1 \times 1 \times (-2) - 3 \times (-1) \times 1$$

$$= 2 - 2 - 3 - 2 + 2 + 3 = 0. \quad \square$$

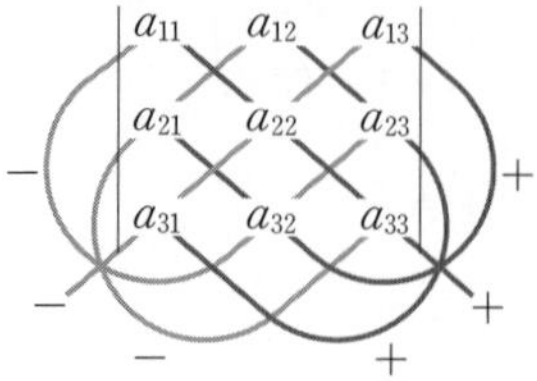

例題 3.4

列ベクトル $\boldsymbol{a} = {}^t(a_1 \ \ a_2 \ \ a_3)$，$\boldsymbol{b} = {}^t(b_1 \ \ b_2 \ \ b_3)$，$\boldsymbol{c} = {}^t(c_1 \ \ c_2 \ \ c_3)$ の作る平行六面体の体積を V とし，3 次正方行列を $A = (\boldsymbol{a} \ \ \boldsymbol{b} \ \ \boldsymbol{c})$ とすると

$$V = |\det A|$$

が成り立つことを示せ.

【解】 1.1.4 節より，3 重積 $(\boldsymbol{a}, \boldsymbol{b}, \boldsymbol{c})$ の絶対値は $\boldsymbol{a}, \boldsymbol{b}, \boldsymbol{c}$ の作る平行六面体の体積 V である．3 重積を成分で表すと

$$(\boldsymbol{a}, \boldsymbol{b}, \boldsymbol{c}) = a_1b_2c_3 + a_2b_3c_1 + a_3b_1c_2 - a_1b_3c_2 - a_2b_1c_3 - a_3b_2c_1$$

$$= \begin{vmatrix} a_1 & b_1 & c_1 \\ a_2 & b_2 & c_2 \\ a_3 & b_3 & c_3 \end{vmatrix} = \det A$$

なので，$V = |\det A|$ となる． □

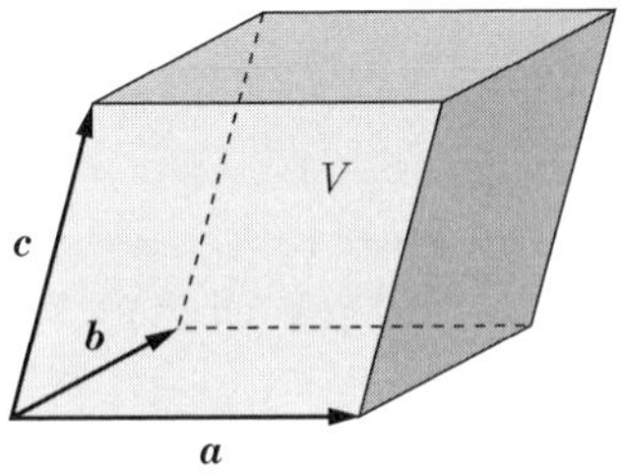

3.1.3 3次行列式の性質

さて 3 次正方行列の性質，特に前の第 2 章で述べた行基本変形を行列に施すと，対応する行列式がどのようにかわるか考えてみよう．

例題 3.5

$$A = \begin{pmatrix} 1 & 2 & -1 \\ 1 & -1 & 3 \\ -1 & 2 & 0 \end{pmatrix}, \quad B = \begin{pmatrix} 1 & 2 & -1 \\ 3 & 2 & -3 \\ -1 & 2 & 0 \end{pmatrix}$$ について，

（a） 行列式 $|A|, |B|$ の値を求めよ．

（b） 第 1, 3 行は A と同じで，第 2 行の各成分が A, B の第 2 行の各成分の和に等しい行列 $A_1 = \begin{pmatrix} 1 & 2 & -1 \\ 4 & 1 & 0 \\ -1 & 2 & 0 \end{pmatrix}$ の行列式 $|A_1|$ の値を求めよ．

（c） A の第2行を p 倍した行列 $A_2 = \begin{pmatrix} 1 & 2 & -1 \\ p & -p & 3p \\ -1 & 2 & 0 \end{pmatrix}$ の行列式 $|A_2|$ の値を求めよ．

（d） A の第1, 2行を交換した行列 $A_3 = \begin{pmatrix} 1 & -1 & 3 \\ 1 & 2 & -1 \\ -1 & 2 & 0 \end{pmatrix}$ の行列式 $|A_3|$ の値を求めよ．

（e） A の第2行の p 倍を第3行に加えてできる行列 $A_4 = \begin{pmatrix} 1 & 2 & -1 \\ 1 & -1 & 3 \\ -1+p & 2-p & 3p \end{pmatrix}$ の行列式 $|A_4|$ の値を求めよ．

（f） A の転置行列 ${}^tA = \begin{pmatrix} 1 & 1 & -1 \\ 2 & -1 & 2 \\ -1 & 3 & 0 \end{pmatrix}$ の行列式 $|{}^tA|$ の値を求めよ．

【解】 サラスの方法に従って計算する．

（a） $|A| = 0 - 6 - 2 - 6 - 0 - (-1) = -13,$
$|B| = 0 + 6 - 6 - (-6) - 0 - 2 = 4.$

（b） $|A_1| = 0 + 0 - 8 - 0 - 0 - 1 = -9.$ 〔$|A| + |B|$ に等しい〕

（c） $|A_2| = 0 - 6p - 2p - 6p - 0 - (-p) = -13p.$
〔第2行を p 倍すると行列式の値も p 倍〕

（d） $|A_3| = 0 - 1 + 6 - (-2) - 0 - (-6) = 13.$
〔第1行と第2行を入れ替えると正負が逆になる〕

（e） $|A_4| = -3p + 6(-1+p) + (-2+p) - 3(2-p) - 6p - (-1+p)$
$= -13.$
〔第2行の p 倍を第3行に加えても行列式の値は変わらない〕

（f） $|{}^tA| = 0 - 2 - 6 - 6 - 0 - (-1) = -13.$
〔転置しても行列式の値は変わらない〕 □

上の例題の解で示した〔 〕内の性質は，ある特定な行に対するものではなく，一般に成り立つものである．行列式について以下の定理が成立する．証明はサラスの方法によって直接計算すればよい．

定理 3.2 3次行列式について以下の性質が成立する．

(i) 行列式の和と定数倍について次が成り立つ(多重線形性)：

$$\begin{vmatrix} a_{11} & a_{12} & a_{13} \\ a_{21}+b_1 & a_{22}+b_2 & a_{23}+b_3 \\ a_{31} & a_{32} & a_{33} \end{vmatrix} = \begin{vmatrix} a_{11} & a_{12} & a_{13} \\ a_{21} & a_{22} & a_{23} \\ a_{31} & a_{32} & a_{33} \end{vmatrix} + \begin{vmatrix} a_{11} & a_{12} & a_{13} \\ b_1 & b_2 & b_3 \\ a_{31} & a_{32} & a_{33} \end{vmatrix}, \tag{3.9}$$

$$\begin{vmatrix} a_{11} & a_{12} & a_{13} \\ pa_{21} & pa_{22} & pa_{23} \\ a_{31} & a_{32} & a_{33} \end{vmatrix} = p\begin{vmatrix} a_{11} & a_{12} & a_{13} \\ a_{21} & a_{22} & a_{23} \\ a_{31} & a_{32} & a_{33} \end{vmatrix}. \tag{3.10}$$

第1, 3行についても同じことが成り立つ．

(ii) 行列式の2つの行を交換すると，行列式の値は -1 倍される(交代性)：

$$\begin{vmatrix} a_{11} & a_{12} & a_{13} \\ a_{21} & a_{22} & a_{23} \\ a_{31} & a_{32} & a_{33} \end{vmatrix} = -\begin{vmatrix} a_{31} & a_{32} & a_{33} \\ a_{21} & a_{22} & a_{23} \\ a_{11} & a_{12} & a_{13} \end{vmatrix}. \tag{3.11}$$

(iii) 行列式に同じ行がある場合，その行列式の値は0である：

$$\begin{vmatrix} a_{11} & a_{12} & a_{13} \\ a_{11} & a_{12} & a_{13} \\ a_{31} & a_{32} & a_{33} \end{vmatrix} = 0. \tag{3.12}$$

(iv) 行列式のある行を何倍かして他の行に加えても行列式の値は変わらない：

$$\begin{vmatrix} a_{11} & a_{12} & a_{13} \\ a_{21} & a_{22} & a_{23} \\ a_{31} & a_{32} & a_{33} \end{vmatrix} = \begin{vmatrix} a_{11} & a_{12} & a_{13} \\ a_{21}+pa_{11} & a_{22}+pa_{12} & a_{23}+pa_{13} \\ a_{31} & a_{32} & a_{33} \end{vmatrix}. \tag{3.13}$$

（v） 行列式の値は転置しても変わらない：

$$\begin{vmatrix} a_{11} & a_{12} & a_{13} \\ a_{21} & a_{22} & a_{23} \\ a_{31} & a_{32} & a_{33} \end{vmatrix} = \begin{vmatrix} a_{11} & a_{21} & a_{31} \\ a_{12} & a_{22} & a_{32} \\ a_{13} & a_{23} & a_{33} \end{vmatrix}. \qquad (3.14)$$

コメント 上の定理の性質のうち (iii) は (ii) から，(iv) は（i）と(iii) から導かれる．しかしながら，今後行列式の計算をする上で重要な性質であるので，蛇足ではあるのを承知の上で書いておいた．

(v) からわかるとおり，転置しても（つまり行と列の役割を入れ替えても）行列式の値は不変である．つまり（i）～ (iv) において，行に関する操作を，列に関する操作として置き換えても同様に成り立つ．例えば (ii) は次のように書き換えられる：

$$\begin{vmatrix} a_{11} & a_{12} & a_{13} \\ a_{21} & a_{22} & a_{23} \\ a_{31} & a_{32} & a_{33} \end{vmatrix} = -\begin{vmatrix} a_{13} & a_{12} & a_{11} \\ a_{23} & a_{22} & a_{21} \\ a_{33} & a_{32} & a_{31} \end{vmatrix}.$$

サラスの方法を最初から用いるより，定理 3.2 を用いて行列式を計算しやすくするように行や列を変形すれば，計算ミスの可能性が減る場合がある．次の例題でそのことを確認する．

例題 3.6

工夫して次の行列式の値を求めよ．(c) は因数分解した形で求めよ．

（a） $\begin{vmatrix} 991 & 992 & 993 \\ 994 & 995 & 996 \\ 997 & 998 & 999 \end{vmatrix}$ （b） $\begin{vmatrix} 4 & -2 & -2 \\ 20 & -4 & 1 \\ 68 & -17 & 68 \end{vmatrix}$

（c） $\begin{vmatrix} x & 1 & 1 \\ 1 & x & 1 \\ 1 & 1 & x \end{vmatrix}$

【解】 （a） サラスの方法を最初から用いると電卓でもない限り計算が大変である．ここでは行基本変形を用いる．

$$\begin{vmatrix} 991 & 992 & 993 \\ 994 & 995 & 996 \\ 997 & 998 & 999 \end{vmatrix} = \begin{vmatrix} 991 & 992 & 993 \\ 994 & 995 & 996 \\ 3 & 3 & 3 \end{vmatrix} \quad \text{（第 2 行の }-1\text{ 倍を第 3 行に加える）}$$

$$= \begin{vmatrix} 991 & 992 & 993 \\ 3 & 3 & 3 \\ 3 & 3 & 3 \end{vmatrix} \quad (\text{第1行の} -1 \text{倍を第2行に加える})$$

$$= 0 \quad (\text{第2,3行が同じなので行列式の値は} 0)$$

（b）　行や列の共通因数をくくり出す.

$$\begin{vmatrix} 4 & -2 & -2 \\ 20 & -4 & 1 \\ 68 & -17 & 68 \end{vmatrix} = \begin{vmatrix} 4 & -2 & -2 \\ 20 & -4 & 1 \\ 17\times 4 & 17\times(-1) & 17\times 4 \end{vmatrix} = 17 \times \begin{vmatrix} 4 & -2 & -2 \\ 20 & -4 & 1 \\ 4 & -1 & 4 \end{vmatrix}$$

$$= 17 \times \begin{vmatrix} 4\times 1 & -2 & -2 \\ 4\times 5 & -4 & 1 \\ 4\times 1 & -1 & 4 \end{vmatrix} = 17 \times 4 \times \begin{vmatrix} 1 & -2 & -2 \\ 5 & -4 & 1 \\ 1 & -1 & 4 \end{vmatrix}$$

$$= 17 \times 4 \times (-16 - 2 + 10 + 1 + 40 - 8) = 17 \times 4 \times 25 = 1700.$$

（c）　全部の行を加える.

$$\begin{vmatrix} x & 1 & 1 \\ 1 & x & 1 \\ 1 & 1 & x \end{vmatrix} = \begin{vmatrix} x+1 & x+1 & 2 \\ 1 & x & 1 \\ 1 & 1 & x \end{vmatrix} \quad (\text{第2行を第1行に加える})$$

$$= \begin{vmatrix} x+2 & x+2 & x+2 \\ 1 & x & 1 \\ 1 & 1 & x \end{vmatrix} \quad (\text{第3行を第1行に加える})$$

$$= (x+2) \begin{vmatrix} 1 & 1 & 1 \\ 1 & x & 1 \\ 1 & 1 & x \end{vmatrix} \quad (\text{第1行の共通因子 } x+2 \text{ を外に出す})$$

$$= (x+2) \begin{vmatrix} 1 & 1 & 1 \\ 0 & x-1 & 0 \\ 0 & 0 & x-1 \end{vmatrix} \quad (\text{第1行の} -1 \text{倍を第2,3行に加える})$$

$$= (x+2) \times 1 \times (x-1) \times (x-1) = (x+2)(x-1)^2. \qquad \square$$

参考　（c）からもわかるように，上三角（または下三角）行列の行列式は対角成分の積になることが知られている（3.2 節 問題 2 参照）.

問題 1　次の行列式の値を求めよ.

（a）$\begin{vmatrix} 3 & 5 \\ -2 & -4 \end{vmatrix}$　　（b）$\begin{vmatrix} 2 & -1 & 5 \\ 1 & 7 & -6 \\ -2 & 3 & -7 \end{vmatrix}$　　（c）$\begin{vmatrix} -3 & 4 & 1 \\ 1 & -1 & 0 \\ 5 & -6 & -2 \end{vmatrix}$

(d) $\begin{vmatrix} 0 & a & b \\ -a & 0 & c \\ -b & -c & 0 \end{vmatrix}$ (e) $\begin{vmatrix} \sin\theta\cos\varphi & \sin\theta\sin\varphi & \cos\theta \\ r\cos\theta\cos\varphi & r\cos\theta\sin\varphi & -r\sin\theta \\ -r\sin\theta\sin\varphi & r\sin\theta\cos\varphi & 0 \end{vmatrix}$

問題 2 次の行列式の形を簡単にしてから，その値を求めよ．(c) は因数分解した形で求めよ．

(a) $\begin{vmatrix} 991 & 992 & 993 \\ 994 & 995 & 996 \\ 997 & 998 & 1000 \end{vmatrix}$ (b) $\begin{vmatrix} 120 & 45 & 75 \\ 260 & -13 & 39 \\ 4 & 2 & 3 \end{vmatrix}$

(c) $\begin{vmatrix} 1 & 1 & 1 \\ a+b & b+c & c+a \\ ab & bc & ca \end{vmatrix}$

3.2 4次以上の行列式

ここでは一般の n 次正方行列の行列式について考える．前節でも述べたとおり，**サラスの方法は 4 次以上の行列式の計算には使えない**．また，行列式の定義にも何通りかあるが，ここでは順列を用いた定義を与える．

コメント 本節で述べる順列による行列式の定義は，行列の諸性質を調べる上で便利であるが，同時に記述の煩雑さもあってわかりにくい．実際に行列式の値を計算するには次節で述べる余因子による行列式の定義のほうが便利である．4 次以上の行列式の具体的な計算法を知りたいという読者は，本節をひとまず飛ばして，3.3 節から読まれることをおすすめする．

3.2.1 順列と互換

n 個の数 1, 2, …, n を任意の順序に並べたもの $(i_1\, i_2 \cdots i_n)$ を数 1, 2, …, n の**順列**という．

例 1

1, 2, 3 の順列は (1 2 3), (1 3 2), (2 3 1), (2 1 3), (3 1 2), (3 2 1) の 6 通りである．一般に 1, 2, …, n の順列の総数は $n!$ $(= 1 \times 2 \times \cdots \times n)$ である． ◆

1つの順列 $(i_1 \cdots p \cdots q \cdots i_n)$ に対して，2つの数 p, q を入れ替えて新たに順列 $(i_1 \cdots q \cdots p \cdots i_n)$ を作る操作を**互換**という．

次に，順列 $(i_1 i_2 \cdots i_n)$ が与えられたとき，1または -1 いずれかの値をとる関数 $\varepsilon(i_1 i_2 \cdots i_n)$ を以下で定義する：

$$\varepsilon(i_1 i_2 \cdots i_n) = \begin{cases} 1 & (i_1 i_2 \cdots i_n)\text{ が }(1 2 \cdots n)\text{ から偶数回の互換で得られるとき,} \\ -1 & (i_1 i_2 \cdots i_n)\text{ が }(1 2 \cdots n)\text{ から奇数回の互換で得られるとき.} \end{cases}$$

例題 3.7

$n = 6$ のとき次の値を求めよ．

(a)　$\varepsilon(214356)$　　(b)　$\varepsilon(654321)$

(c)　$\varepsilon(612345)$

【解】　(a)　$(123456) \to (213456) \to (214356)$ より互換数は2回．したがって $\varepsilon(214356) = 1$.

(b)　$(123456) \to (623451) \to (653421) \to (654321)$ より互換数は3回．したがって $\varepsilon(654321) = -1$.

(c)　$(123456) \to (123465) \to (123645) \to (126345) \to (162345) \to (612345)$ より互換数は5回．したがって，$\varepsilon(612345) = -1$.　□

コメント　$(12 \cdots n)$ からいくつかの互換によって $(i_1 i_2 \cdots i_n)$ を得る手順は一通りではない．しかし互換数の偶奇は不変である．

3.2.2　n 次行列式の定義

定義 3.1　n 次正方行列 $A = (a_{ij})$ に対して行列式 $|A|$ を次式で定義する：

$$|A| = \sum_{(i_1 \cdots i_n)} \varepsilon(i_1 \cdots i_n)\, a_{1i_1} a_{2i_2} \cdots a_{ni_n}. \tag{3.15}$$

ここで総和 $\sum_{(i_1 \cdots i_n)}$ は $(12 \cdots n)$ のすべての順列 $(i_1 i_2 \cdots i_n)$ について加えるものとする．したがって (3.15) は $n!$ 個の項からなる．

コメント (3.15) において，行列成分の積の組ごとに，行については1行目から順に選んでいることが，a の添字からすぐにわかる．さらに，1つの行の中から選ばれる成分はただ1個であって，「同じ列を2回以上使わない」選び方を順列が規定している．

例題 3.8

$n=2,3$ のとき，(3.15) を用いて $|A|$ の具体形を計算せよ．

【解】 $n=2$ のとき 1, 2 の順列は $(i_1\,i_2)=(1\,2),(2\,1)$ の2通りあるので

$$|A|=\varepsilon(1\,2)\,a_{11}a_{22}+\varepsilon(2\,1)\,a_{12}a_{21}=a_{11}a_{22}-a_{12}a_{21}.$$

$n=3$ のとき 1, 2, 3 の順列は $(i_1\,i_2\,i_3)=(1\,2\,3),(1\,3\,2),(2\,1\,3),(2\,3\,1),(3\,1\,2),(3\,2\,1)$ の6通りであるので

$$\begin{aligned}|A|&=\varepsilon(1\,2\,3)\,a_{11}a_{22}a_{33}+\varepsilon(1\,3\,2)\,a_{11}a_{23}a_{32}+\varepsilon(2\,1\,3)\,a_{12}a_{21}a_{33}\\&\quad+\varepsilon(2\,3\,1)\,a_{12}a_{23}a_{31}+\varepsilon(3\,1\,2)\,a_{13}a_{21}a_{32}+\varepsilon(3\,2\,1)\,a_{13}a_{22}a_{31}\\&=a_{11}a_{22}a_{33}-a_{11}a_{23}a_{32}-a_{12}a_{21}a_{33}\\&\quad+a_{12}a_{23}a_{31}+a_{13}a_{21}a_{32}-a_{13}a_{22}a_{31}.\end{aligned}$$

これらは前節の 2, 3 次行列式の定義式 (3.1), (3.8) に一致している． □

行列式の定義を用いて次の定理を証明しよう．

定理 3.3 次の等式が成り立つ．

(i)
$$\begin{vmatrix}a_{11}&0&\cdots&0\\a_{21}&a_{22}&\cdots&a_{2n}\\\vdots&\vdots&\ddots&\vdots\\a_{n1}&a_{n2}&\cdots&a_{nn}\end{vmatrix}=a_{11}\begin{vmatrix}a_{22}&\cdots&a_{2n}\\\vdots&\ddots&\vdots\\a_{n2}&\cdots&a_{nn}\end{vmatrix}.$$

(ii)
$$\begin{vmatrix}a_{11}&a_{12}&\cdots&a_{1n}\\0&a_{22}&\cdots&a_{2n}\\\vdots&\vdots&\ddots&\vdots\\0&a_{n2}&\cdots&a_{nn}\end{vmatrix}=a_{11}\begin{vmatrix}a_{22}&\cdots&a_{2n}\\\vdots&\ddots&\vdots\\a_{n2}&\cdots&a_{nn}\end{vmatrix}.$$

【証明】 (i) 行列式

$$\sum_{(i_1\cdots i_n)}\varepsilon(i_1\,i_2\cdots i_n)\,a_{1i_1}a_{2i_2}\cdots a_{ni_n}\quad\cdots(\clubsuit)$$

の和の各項に着目する．$a_{1i_1}\neq 0$ となるのは $i_1=1$ の場合に限られるから，

$$(\clubsuit) = \sum_{(i_2 \cdots i_n)} \varepsilon(1\, i_2 \cdots i_n)\, a_{11} a_{2i_2} \cdots a_{ni_n}$$
$$= a_{11} \Big\{ \sum_{(i_2 \cdots i_n)} \varepsilon(i_2 \cdots i_n)\, a_{2i_2} \cdots a_{ni_n} \Big\}$$

ここで $(i_2 \cdots i_n)$ は $2, \cdots, n$ の順列なので，上式の $\{\quad\}$ 部分は（i）の右辺の行列式に等しい．

（ii）（♣）において，第1行から選ぶ成分の列 i を $i_1 \neq 1$ とする．このとき $i_k = 1$ となる行 $k\,(\geq 2)$ が存在して，この k に対して $a_{ki_k} = a_{k1} = 0$ となることから，$i_1 \neq 1$ のときは，（♣）の和に寄与しない．つまり和に寄与するのは $i_1 = 1$ のものだけに限られる．以下は（i）と同様．□

3.2.3　n 次行列式の性質

2, 3次行列式の性質に関する定理3.1，3.2は n 次行列式についてもそのまま成立する．

定理 3.4　n 次正方行列 $A = (a_{ij})$ の行列式について，次が成立する．

（i）行列式の和と定数倍について次が成り立つ（多重線形性）：

$$\begin{vmatrix} a_{11} & a_{12} & \cdots & a_{1n} \\ \vdots & \vdots & & \vdots \\ a_{i1}+b_{i1} & a_{i2}+b_{i2} & \cdots & a_{in}+b_{in} \\ \vdots & \vdots & & \vdots \\ a_{n1} & a_{n2} & \cdots & a_{nn} \end{vmatrix} = \begin{vmatrix} a_{11} & a_{12} & \cdots & a_{1n} \\ \vdots & \vdots & & \vdots \\ a_{i1} & a_{i2} & \cdots & a_{in} \\ \vdots & \vdots & & \vdots \\ a_{n1} & a_{n2} & \cdots & a_{nn} \end{vmatrix} + \begin{vmatrix} a_{11} & a_{12} & \cdots & a_{1n} \\ \vdots & \vdots & & \vdots \\ b_{i1} & b_{i2} & \cdots & b_{in} \\ \vdots & \vdots & & \vdots \\ a_{n1} & a_{n2} & \cdots & a_{nn} \end{vmatrix}, \tag{3.16}$$

$$\begin{vmatrix} a_{11} & a_{12} & \cdots & a_{1n} \\ \vdots & \vdots & & \vdots \\ pa_{i1} & pa_{i2} & \cdots & pa_{in} \\ \vdots & \vdots & & \vdots \\ a_{n1} & a_{n2} & \cdots & a_{nn} \end{vmatrix} = p \begin{vmatrix} a_{11} & a_{12} & \cdots & a_{1n} \\ \vdots & \vdots & & \vdots \\ a_{i1} & a_{i2} & \cdots & a_{in} \\ \vdots & \vdots & & \vdots \\ a_{n1} & a_{n2} & \cdots & a_{nn} \end{vmatrix}. \tag{3.17}$$

(ii) 2つの行を入れ替えると，行列式の値は -1 倍される（交代性）：

$$\begin{vmatrix} a_{11} & a_{12} & \cdots & a_{1n} \\ \vdots & \vdots & & \vdots \\ a_{i1} & a_{i2} & \cdots & a_{in} \\ \vdots & \vdots & & \vdots \\ a_{j1} & a_{j2} & \cdots & a_{jn} \\ \vdots & \vdots & & \vdots \\ a_{n1} & a_{n2} & \cdots & a_{nn} \end{vmatrix} = - \begin{vmatrix} a_{11} & a_{12} & \cdots & a_{1n} \\ \vdots & \vdots & & \vdots \\ a_{j1} & a_{j2} & \cdots & a_{jn} \\ \vdots & \vdots & & \vdots \\ a_{i1} & a_{i2} & \cdots & a_{in} \\ \vdots & \vdots & & \vdots \\ a_{n1} & a_{n2} & \cdots & a_{nn} \end{vmatrix} \begin{matrix} \\ \\ \leftarrow \text{第}\,i\,\text{行} \\ \\ \leftarrow \text{第}\,j\,\text{行} \\ \\ \\ \end{matrix} \tag{3.18}$$

(iii) 2つの行が一致するとき，行列式の値は0である：

$$\begin{vmatrix} a_{11} & a_{12} & \cdots & a_{1n} \\ \vdots & \vdots & & \vdots \\ a_{i1} & a_{i2} & \cdots & a_{in} \\ \vdots & \vdots & & \vdots \\ a_{i1} & a_{i2} & \cdots & a_{in} \\ \vdots & \vdots & & \vdots \\ a_{n1} & a_{n2} & \cdots & a_{nn} \end{vmatrix} = 0. \tag{3.19}$$

(iv) ある行の何倍かを別の行に加えても，行列式の値は変わらない：

$$\begin{vmatrix} a_{11} & a_{12} & \cdots & a_{1n} \\ \vdots & \vdots & & \vdots \\ a_{i1} & a_{i2} & \cdots & a_{in} \\ \vdots & \vdots & & \vdots \\ a_{j1} & a_{j2} & \cdots & a_{jn} \\ \vdots & \vdots & & \vdots \\ a_{n1} & a_{n2} & \cdots & a_{nn} \end{vmatrix} = \begin{vmatrix} a_{11} & a_{12} & \cdots & a_{1n} \\ \vdots & \vdots & & \vdots \\ a_{i1} & a_{i2} & \cdots & a_{in} \\ \vdots & \vdots & & \vdots \\ a_{j1} + pa_{i1} & a_{j2} + pa_{i2} & \cdots & a_{jn} + pa_{in} \\ \vdots & \vdots & & \vdots \\ a_{n1} & a_{n2} & \cdots & a_{nn} \end{vmatrix}. \tag{3.20}$$

(v) A を転置しても，行列式の値は変わらない：

$$\begin{vmatrix} a_{11} & a_{21} & \cdots & a_{n1} \\ a_{12} & a_{22} & \cdots & a_{n2} \\ \vdots & \vdots & & \vdots \\ a_{1n} & a_{2n} & \cdots & a_{nn} \end{vmatrix} = \begin{vmatrix} a_{11} & a_{12} & \cdots & a_{1n} \\ a_{21} & a_{22} & \cdots & a_{2n} \\ \vdots & \vdots & & \vdots \\ a_{n1} & a_{n2} & \cdots & a_{nn} \end{vmatrix}. \tag{3.21}$$

なお上の定理で，(i)～(iv) の「行」に関するものと同様な操作が「列」

について置き換えても成立することは 3 次行列式の場合と同様である.

コメント　(i) は p, q をスカラーとして次の形にまとめることができる：

$$\begin{vmatrix} a_{11} & a_{12} & \cdots & a_{1n} \\ \vdots & \vdots & & \vdots \\ p\,a_{i1}+q\,b_{i1} & p\,a_{i2}+q\,b_{i2} & \cdots & p\,a_{in}+q\,b_{in} \\ \vdots & \vdots & & \vdots \\ a_{n1} & a_{n2} & \cdots & a_{nn} \end{vmatrix}$$

$$= p\begin{vmatrix} a_{11} & a_{12} & \cdots & a_{1n} \\ \vdots & \vdots & & \vdots \\ a_{i1} & a_{i2} & \cdots & a_{in} \\ \vdots & \vdots & & \vdots \\ a_{n1} & a_{n2} & \cdots & a_{nn} \end{vmatrix} + q\begin{vmatrix} a_{11} & a_{12} & \cdots & a_{1n} \\ \vdots & \vdots & & \vdots \\ b_{i1} & b_{i2} & \cdots & b_{in} \\ \vdots & \vdots & & \vdots \\ a_{n1} & a_{n2} & \cdots & a_{nn} \end{vmatrix}. \tag{3.22}$$

定理 3.4 の証明は 3.7 節に与えるが，差し当たり，この定理が成り立つものとして，議論を進める.

問題 1　次の値を求めよ.

(a)　$\varepsilon(4\,3\,1\,5\,2)$　　(b)　$\varepsilon(3\,1\,2\,7\,6\,5\,4)$

(c)　$\varepsilon(n\ \ n-1\ \ n-2 \cdots 2\,1)$

問題 2　下 (上) 三角行列の行列式は対角成分の積に等しい，つまり次式が成り立つことを示せ.

(a)　$$\begin{vmatrix} a_{11} & 0 & \cdots & 0 \\ a_{21} & a_{22} & \ddots & \vdots \\ \vdots & \vdots & \ddots & 0 \\ a_{n1} & a_{n2} & \cdots & a_{nn} \end{vmatrix} = a_{11}a_{22}\cdots a_{nn}$$

(b)　$$\begin{vmatrix} a_{11} & a_{12} & \cdots & a_{1n} \\ 0 & a_{22} & \cdots & a_{2n} \\ \vdots & \ddots & \ddots & \vdots \\ 0 & \cdots & 0 & a_{nn} \end{vmatrix} = a_{11}a_{22}\cdots a_{nn}$$

問題 3*　(3.15) を用いて，4 次行列式 $\begin{vmatrix} a_{11} & a_{12} & a_{13} & a_{14} \\ a_{21} & a_{22} & a_{23} & a_{24} \\ a_{31} & a_{32} & a_{33} & a_{34} \\ a_{41} & a_{42} & a_{43} & a_{44} \end{vmatrix}$ の値を求めよ.

3.3 余因子展開による行列式の計算

前節で置換を用いた行列式の定義を与えた．しかし4次行列式の場合は $4! = 1 \times 2 \times 3 \times 4 = 24$ 個の項が，5次行列式に至っては $5! = 120$ 個の項が現れるので，置換による定義は実際に行列式の値を計算するには不向きである．そこで本節では**余因子展開**を用いた行列式の帰納的な表現を与え，行列式の計算に適用する．

n 次正方行列 $A = (a_{ij})$ に対して，A から第 i 行と第 j 列を取り去ってできる $n-1$ 次行列式を D_{ij} とする．

$$D_{ij} = \begin{vmatrix} a_{11} & \cdots & a_{1j} & \cdots & a_{1n} \\ \vdots & & \vdots & & \vdots \\ a_{i1} & \cdots & a_{ij} & \cdots & a_{in} \\ \vdots & & \vdots & & \vdots \\ a_{n1} & \cdots & a_{nj} & \cdots & a_{nn} \end{vmatrix} \text{第 } i \text{ 行}$$

第 j 列

また，

$$\Delta_{ij} = (-1)^{i+j} D_{ij} = \begin{cases} D_{ij} & (i, j \text{ の偶奇が一致}), \\ -D_{ij} & (i, j \text{ の偶奇が異なる}) \end{cases} \tag{3.23}$$

で定義される Δ_{ij} を A の (i, j) 成分の**余因子**と呼ぶ．次の定理が成り立つ．

定理 3.5（余因子展開） n 次正方行列 $A = (a_{ij})$ について，次の行および列の展開が成り立つ：

第 i 行に関する展開

$$|A| = a_{i1}\Delta_{i1} + a_{i2}\Delta_{i2} + \cdots + a_{in}\Delta_{in} \qquad (i = 1, 2, \cdots, n), \tag{3.24}$$

第 j 列に関する展開

$$|A| = a_{1j}\Delta_{1j} + a_{2j}\Delta_{2j} + \cdots + a_{nj}\Delta_{nj} \qquad (j = 1, 2, \cdots, n). \tag{3.25}$$

(3.24), (3.25) が成り立つことを $n = 2, 3$ の場合に確認しよう．一般の n について成り立つことの証明は 3.7 節に譲る．

例題 3.9

（a） 2 次正方行列 $A = \begin{pmatrix} a_{11} & a_{12} \\ a_{21} & a_{22} \end{pmatrix}$ について，第 1 行に関する余因子展開を求め，行列式 $|A|$ に等しいことを確認せよ．

（b） 3 次正方行列 $A = \begin{pmatrix} a_{11} & a_{12} & a_{13} \\ a_{21} & a_{22} & a_{23} \\ a_{31} & a_{32} & a_{33} \end{pmatrix}$ について，第 2 列に関する余因子展開を求め，行列式 $|A|$ に等しいことを確認せよ．

【解】 （a） (1, 1), (1, 2) 成分の余因子

$$\varDelta_{11} = (-1)^{1+1} D_{11} = a_{22}, \qquad \varDelta_{12} = (-1)^{1+2} D_{12} = -a_{21}$$

なので，第 1 行に関する余因子展開は

$$a_{11}\varDelta_{11} + a_{12}\varDelta_{12} = a_{11}a_{22} - a_{12}a_{21} = \begin{vmatrix} a_{11} & a_{12} \\ a_{21} & a_{22} \end{vmatrix}$$

となって $|A|$ に一致する．

（b） (1, 2), (2, 2), (3, 2) 成分の余因子は

$$\varDelta_{12} = (-1)^{1+2} D_{12} = -\begin{vmatrix} a_{21} & a_{23} \\ a_{31} & a_{33} \end{vmatrix} = a_{23}a_{31} - a_{21}a_{33},$$

$$\varDelta_{22} = (-1)^{2+2} D_{22} = \begin{vmatrix} a_{11} & a_{13} \\ a_{31} & a_{33} \end{vmatrix} = a_{11}a_{33} - a_{13}a_{31},$$

$$\varDelta_{32} = (-1)^{3+2} D_{32} = -\begin{vmatrix} a_{11} & a_{13} \\ a_{21} & a_{23} \end{vmatrix} = a_{13}a_{21} - a_{11}a_{23}$$

なので，第 2 列に関する余因子展開は

$$\begin{aligned} & a_{12}\varDelta_{12} + a_{22}\varDelta_{22} + a_{32}\varDelta_{32} \\ &\quad = a_{12}(a_{23}a_{31} - a_{21}a_{33}) + a_{22}(a_{11}a_{33} - a_{13}a_{31}) + a_{32}(a_{13}a_{21} - a_{11}a_{23}) \\ &\quad = a_{11}a_{22}a_{33} + a_{12}a_{23}a_{31} + a_{13}a_{21}a_{32} \\ &\qquad\quad - a_{11}a_{23}a_{32} - a_{12}a_{21}a_{33} - a_{13}a_{22}a_{31} \end{aligned}$$

となって $|A|$ に一致する． □

次の例題では，余因子展開を用いて 4 次行列式の値を計算する．

例題 3.10

余因子展開を利用して，次の行列式の値を求めよ．

(a) $\begin{vmatrix} 1 & 1 & -3 & 2 \\ 3 & 1 & -1 & 1 \\ 1 & -2 & -3 & 2 \\ 2 & 1 & 4 & 1 \end{vmatrix}$ (b) $\begin{vmatrix} 1 & 5 & -3 & 1 \\ -2 & 2 & -11 & 3 \\ 3 & -1 & 1 & 1 \\ 0 & 0 & -2 & 0 \end{vmatrix}$

【解】 (a) 第 1 行の各成分についての余因子を計算する：

$$\Delta_{11} = (-1)^{1+1} \times \begin{vmatrix} 1 & 1 & -3 & 2 \\ 3 & 1 & -1 & 1 \\ 1 & -2 & -3 & 2 \\ 2 & 1 & 4 & 1 \end{vmatrix} = \begin{vmatrix} 1 & -1 & 1 \\ -2 & -3 & 2 \\ 1 & 4 & 1 \end{vmatrix}$$

$$= -3 - 2 - 8 - 8 - 2 - (-3) = -20,$$

$$\Delta_{12} = -\begin{vmatrix} 3 & -1 & 1 \\ 1 & -3 & 2 \\ 2 & 4 & 1 \end{vmatrix} = -\{-9 - 4 + 4 - 24 - (-1) - (-6)\} = 26,$$

$$\Delta_{13} = \begin{vmatrix} 3 & 1 & 1 \\ 1 & -2 & 2 \\ 2 & 1 & 1 \end{vmatrix} = -6 + 4 + 1 - 6 - 1 - (-4) = -4,$$

$$\Delta_{14} = -\begin{vmatrix} 3 & 1 & -1 \\ 1 & -2 & -3 \\ 2 & 1 & 4 \end{vmatrix} = -\{-24 - 6 - 1 - (-9) - 4 - 4\} = 30.$$

したがって，求める行列式は

$$1 \times \Delta_{11} + 1 \times \Delta_{12} + (-3) \times \Delta_{13} + 2 \times \Delta_{14}$$
$$= 1 \times (-20) + 1 \times 26 + (-3) \times (-4) + 2 \times 30 = 78.$$

(b) 第 1 行で余因子展開してもよいが，3 次行列式の値を 4 回も計算しなければならない．しかしこの行列をよく見ると，第 4 行に 0 が多い．そこで第 4 行で余因子展開すると，求める行列式は

$$0 \times \Delta_{41} + 0 \times \Delta_{42} + (-2) \times \Delta_{43} + 0 \times \Delta_{44} = -2\Delta_{43}.$$

つまり，余因子 Δ_{43} だけ計算すればよい．したがって，求める行列式は

$$-2\Delta_{43} = 2\begin{vmatrix} 1 & 5 & 1 \\ -2 & 2 & 3 \\ 3 & -1 & 1 \end{vmatrix} = 2\{2+45+2-(-3)-(-10)-6\} = 112. \qquad \square$$

上の例題の (b) からわかるように，**なるべく 0 の多い行または列**に着目して余因子展開すれば計算が楽になる．(a) においても，次のように行列式を計算すると楽である．

(別解) 例題 3.10 (a) の行列式をより簡単な方法で求めてみよう．見るとわかるように，この行列式に 0 はない．この場合は，「ある行 (列) の定数倍を他の行 (列) に加えても，行列式の値は不変である」という性質を利用して 0 の成分を作る．

$$\begin{vmatrix} 1 & 1 & -3 & 2 \\ 3 & 1 & -1 & 1 \\ 1 & -2 & -3 & 2 \\ 2 & 1 & 4 & 1 \end{vmatrix} = \begin{vmatrix} 1 & 1 & -3 & 2 \\ 0 & -2 & 8 & -5 \\ 0 & -3 & 0 & 0 \\ 0 & -1 & 10 & -3 \end{vmatrix}$$

（第 2, 3, 4 行に第 1 行の -3, -1, -2 倍を加える）

$$= 1 \times (-1)^{1+1} \times \begin{vmatrix} -2 & 8 & -5 \\ -3 & 0 & 0 \\ -1 & 10 & -3 \end{vmatrix} \quad \text{（第 1 列で余因子展開）}$$

$$= -3 \times (-1)^{2+1} \times \begin{vmatrix} 8 & -5 \\ 10 & -3 \end{vmatrix} \quad \text{（第 2 行で余因子展開）}$$

$$= 3 \times (-24+50) = 78. \qquad \square$$

行 (または列) 基本変形と余因子展開を用いて，5 次行列式に関する次の例題を解こう．

例題 3.11

行列式 $\begin{vmatrix} 2 & 3 & 1 & 5 & 0 \\ 1 & 3 & 2 & 1 & -3 \\ -1 & -4 & -4 & 2 & -1 \\ 0 & 1 & 5 & 2 & -2 \\ -4 & -9 & 1 & 2 & 3 \end{vmatrix}$ の値を求めよ．

【解】
$$\begin{vmatrix} 2 & 3 & 1 & 5 & 0 \\ 1 & 3 & 2 & 1 & -3 \\ -1 & -4 & -4 & 2 & -1 \\ 0 & 1 & 5 & 2 & -2 \\ -4 & -9 & 1 & 2 & 3 \end{vmatrix} = \begin{vmatrix} 0 & -3 & -3 & 3 & 6 \\ 1 & 3 & 2 & 1 & -3 \\ 0 & -1 & -2 & 3 & -4 \\ 0 & 1 & 5 & 2 & -2 \\ 0 & 3 & 9 & 6 & -9 \end{vmatrix}$$

（第 1, 3, 5 行に第 2 行の −2, 1, 4 倍を加える）

$$= 1 \times (-1)^{2+1} \times \begin{vmatrix} -3 & -3 & 3 & 6 \\ -1 & -2 & 3 & -4 \\ 1 & 5 & 2 & -2 \\ 3 & 9 & 6 & -9 \end{vmatrix}$$ （第 1 列で展開）

$$= 9 \times \begin{vmatrix} 1 & 1 & -1 & -2 \\ -1 & -2 & 3 & -4 \\ 1 & 5 & 2 & -2 \\ 1 & 3 & 2 & -3 \end{vmatrix}$$ （第 1, 4 行が 3 を約数にもつことに注意）

$$= 9 \times \begin{vmatrix} 0 & -1 & 2 & -6 \\ -1 & -2 & 3 & -4 \\ 0 & 3 & 5 & -6 \\ 0 & 1 & 5 & -7 \end{vmatrix}$$ （第 1, 3, 4 行に第 2 行を加える）

$$= 9 \times (-1) \times (-1)^{2+1} \times \begin{vmatrix} -1 & 2 & -6 \\ 3 & 5 & -6 \\ 1 & 5 & -7 \end{vmatrix}$$ （第 1 列で展開）

$$= 9 \times \begin{vmatrix} -1 & 2 & -6 \\ 0 & 11 & -24 \\ 0 & 7 & -13 \end{vmatrix}$$ （第 2, 3 行に第 1 行の 3, 1 倍を加える）

$$= -9 \times \begin{vmatrix} 11 & -24 \\ 7 & -13 \end{vmatrix} = -9 \times \{11 \times (-13) - 7 \times (-24)\} = -225. \quad \square$$

上の例題からもわかるように，行列式を効率的に計算するには，行 (あるいは列) 基本変形と余因子展開を組み合わせる，つまり以下の手順 (1), (2) を繰り返し用いればよい．

（1） ある行 (列) を何倍かして他の行 (列) に加えて，0 の多い列 (行) を作る．

（2） 0 の多い列 (行) について余因子展開する．

最後に有名なファンデルモンド行列式についての例題を挙げる.

例題 3.12*

$x_1, x_2, \cdots, x_n$ を複素数として，次の行列式を求めよ.

$$V_n = V_n(x_1, x_2, \cdots, x_n) = \begin{vmatrix} 1 & 1 & \cdots & 1 \\ x_1 & x_2 & \cdots & x_n \\ \vdots & \vdots & & \vdots \\ {x_1}^{n-2} & {x_2}^{n-2} & \cdots & {x_n}^{n-2} \\ {x_1}^{n-1} & {x_2}^{n-1} & \cdots & {x_n}^{n-1} \end{vmatrix}$$

この行列式を**ファンデルモンド行列式**と呼び，V_n で表す.

【解】 $n=2$ のとき $V_2 = \begin{vmatrix} 1 & 1 \\ x_1 & x_2 \end{vmatrix} = x_2 - x_1$ である.

$$V_n(x_1, x_2, \cdots, x_n) = \begin{vmatrix} 1 & 1 & \cdots & 1 \\ x_1 & x_2 & \cdots & x_n \\ \vdots & \vdots & & \vdots \\ {x_1}^{n-3} & {x_2}^{n-3} & \cdots & {x_n}^{n-3} \\ {x_1}^{n-2} & {x_2}^{n-2} & \cdots & {x_n}^{n-2} \\ {x_1}^{n-1} & {x_2}^{n-1} & \cdots & {x_n}^{n-1} \end{vmatrix} \begin{matrix} \\ \\ \\ \\ \leftarrow n-1\text{行} \\ \leftarrow n\text{行} \end{matrix}$$

第 n 行から第 $n-1$ 行の x_1 倍を引く

$$= \begin{vmatrix} 1 & 1 & \cdots & 1 \\ x_1 & x_2 & \cdots & x_n \\ \vdots & \vdots & & \vdots \\ {x_1}^{n-3} & {x_2}^{n-3} & \cdots & {x_n}^{n-3} \\ {x_1}^{n-2} & {x_2}^{n-2} & \cdots & {x_n}^{n-2} \\ 0 & {x_2}^{n-1} - x_1{x_2}^{n-2} & \cdots & {x_n}^{n-1} - x_1{x_n}^{n-2} \end{vmatrix}$$

第 $n-1$ 行から第 $n-2$ 行の x_1 倍を引く

$$= \begin{vmatrix} 1 & 1 & \cdots & 1 \\ x_1 & x_2 & \cdots & x_n \\ \vdots & \vdots & & \vdots \\ {x_1}^{n-3} & {x_2}^{n-3} & \cdots & {x_n}^{n-3} \\ 0 & {x_2}^{n-2} - x_1{x_2}^{n-3} & \cdots & {x_n}^{n-2} - x_1{x_n}^{n-3} \\ 0 & {x_2}^{n-1} - x_1{x_2}^{n-2} & \cdots & {x_n}^{n-1} - x_1{x_n}^{n-2} \end{vmatrix}$$

同じ操作を第 2 行まで行う

$$= \cdots = \begin{vmatrix} 1 & 1 & \cdots & 1 \\ 0 & x_2 - x_1 & \cdots & x_n - x_1 \\ 0 & {x_2}^2 - x_1 x_2 & \cdots & {x_n}^2 - x_1 x_n \\ \vdots & \vdots & & \vdots \\ 0 & {x_2}^{n-2} - x_1 {x_2}^{n-3} & \cdots & {x_n}^{n-2} - x_1 {x_n}^{n-3} \\ 0 & {x_2}^{n-1} - x_1 {x_2}^{n-2} & \cdots & {x_n}^{n-1} - x_1 {x_n}^{n-2} \end{vmatrix}$$

第1列で余因子展開して，共通因数をくくり出す

$$= \begin{vmatrix} x_2 - x_1 & \cdots & x_n - x_1 \\ (x_2 - x_1)\, x_2 & \cdots & (x_n - x_1)\, x_n \\ \vdots & & \vdots \\ (x_2 - x_1)\, {x_2}^{n-3} & \cdots & (x_n - x_1)\, {x_n}^{n-3} \\ (x_2 - x_1)\, {x_2}^{n-2} & \cdots & (x_n - x_1)\, {x_n}^{n-2} \end{vmatrix}$$

$$= (x_2 - x_1) \cdots (x_n - x_1) \begin{vmatrix} 1 & 1 & \cdots & 1 \\ x_2 & x_3 & \cdots & x_n \\ \vdots & \vdots & & \vdots \\ {x_2}^{n-2} & {x_3}^{n-2} & \cdots & {x_n}^{n-2} \end{vmatrix}$$

$$= (x_2 - x_1) \cdots (x_n - x_1) \times V_{n-1}(x_2, x_3, \cdots, x_n)$$

$$= (x_2 - x_1) \cdots (x_n - x_1) \times (x_3 - x_2) \cdots (x_n - x_2) \times V_{n-2}(x_3, \cdots, x_n)$$

$$= \cdots = (x_2 - x_1) \cdots (x_n - x_1) \times (x_3 - x_2) \cdots (x_n - x_2) \times \cdots \times (x_n - x_{n-1})$$

$$= \prod_{1 \leq i < j \leq n} (x_j - x_i). \quad \square$$

(別解)　V_n の式において任意の $i, j \ (i \neq j)$ に対して，$x_j = x_i$ とおくと2つの列が等しくなるので行列式の値は0となる．よって，因数定理より V_n は因数 $x_j - x_i$ をもつから，次のように因数分解される：

$$V_n(x_1, \cdots, x_n) = f(x_1, \cdots, x_n) \prod_{1 \leq i < j \leq n} (x_j - x_i).$$

ここで，$f(x_1, \cdots, x_n)$ は $x_1, \cdots, x_n$ の多項式である．上式左辺は $x_1 \cdots x_n$ に関して次数が $\frac{1}{2}n(n-1)$ の斉次式であり，右辺の差積の項 $\prod_{i<j} (x_j - x_i)$ も次数が $\frac{1}{2}n(n-1)$ 次の斉次式なので，$f(x_1, \cdots, x_n)$ は定数である．これを C とおいて，両辺の $x_2 {x_3}^2 \cdots {x_n}^{n-1}$ の係数を比較すると $C = 1$ が得られる．よって

$$V_n(x_1, \cdots, x_n) = \prod_{1 \leq i < j \leq n} (x_j - x_i). \quad \square$$

コメント　V_n が差積 $\prod_{1 \leq i < j \leq n} (x_j - x_i)$ に等しいことを知っておいて損はないであろう．

問題 1 次の行列式の値を求めよ.

(a) $\begin{vmatrix} 1 & 3 & 1 & 2 \\ 1 & 2 & 3 & 5 \\ 2 & 4 & 3 & 6 \\ -3 & -14 & 2 & 2 \end{vmatrix}$ (b) $\begin{vmatrix} 0 & 1 & 2 & 3 \\ 3 & 0 & 1 & 2 \\ 2 & 3 & 0 & 1 \\ 1 & 2 & 3 & 0 \end{vmatrix}$

(c) $\begin{vmatrix} 1 & 2 & -3 & 4 & 6 \\ 2 & 3 & -5 & 7 & 9 \\ 1 & 1 & 0 & 5 & 4 \\ -1 & 1 & 5 & -2 & -7 \\ 3 & 3 & -6 & 7 & 12 \end{vmatrix}$

3.4 行列の積の行列式

次の定理は，証明は面倒であるが，覚えやすくしばしば用いられる.

定理 3.6 n 次正方行列 A, B に対して，次式が成立する：

$$|AB| = |A|\,|B|. \tag{3.26}$$

つまり（行列の）**積の行列式は，各行列の行列式の積に等しい.**

【略証】 $n = 3$ の場合について証明しよう.

$$A = \begin{pmatrix} a_{11} & a_{12} & a_{13} \\ a_{21} & a_{22} & a_{23} \\ a_{31} & a_{32} & a_{33} \end{pmatrix},\quad B = \begin{pmatrix} b_{11} & b_{12} & b_{13} \\ b_{21} & b_{22} & b_{23} \\ b_{31} & b_{32} & b_{33} \end{pmatrix}$$ とする．このとき，

$$|AB| = \begin{vmatrix} a_{11}b_{11}+a_{12}b_{21}+a_{13}b_{31} & a_{11}b_{12}+a_{12}b_{22}+a_{13}b_{32} & a_{11}b_{13}+a_{12}b_{23}+a_{13}b_{33} \\ a_{21}b_{11}+a_{22}b_{21}+a_{23}b_{31} & a_{21}b_{12}+a_{22}b_{22}+a_{23}b_{32} & a_{21}b_{13}+a_{22}b_{23}+a_{23}b_{33} \\ a_{31}b_{11}+a_{32}b_{21}+a_{33}b_{31} & a_{31}b_{12}+a_{32}b_{22}+a_{33}b_{32} & a_{31}b_{13}+a_{32}b_{23}+a_{33}b_{33} \end{vmatrix}.$$

次に，

$$|AB| \text{ の第 1 行} = a_{11}\boldsymbol{b}_1 + a_{12}\boldsymbol{b}_2 + a_{13}\boldsymbol{b}_3$$

と書き換える．ここで，

$$\boldsymbol{b}_1 = (b_{11}\ \ b_{12}\ \ b_{13}),\quad \boldsymbol{b}_2 = (b_{21}\ \ b_{22}\ \ b_{23}),\quad \boldsymbol{b}_3 = (b_{31}\ \ b_{32}\ \ b_{33}).$$

同様にして，$|AB|$ の第 2 行，第 3 行を

$$|AB| \text{ の第2行} = a_{21}\boldsymbol{b}_1 + a_{22}\boldsymbol{b}_2 + a_{23}\boldsymbol{b}_3,$$
$$|AB| \text{ の第3行} = a_{31}\boldsymbol{b}_1 + a_{32}\boldsymbol{b}_2 + a_{33}\boldsymbol{b}_3$$

と書き換える．行列式の多重線形性 (3.9), (3.10) を用いると

$$|AB| = \begin{vmatrix} a_{11}\boldsymbol{b}_1 + a_{12}\boldsymbol{b}_2 + a_{13}\boldsymbol{b}_3 \\ a_{21}\boldsymbol{b}_1 + a_{22}\boldsymbol{b}_2 + a_{23}\boldsymbol{b}_3 \\ a_{31}\boldsymbol{b}_1 + a_{32}\boldsymbol{b}_2 + a_{33}\boldsymbol{b}_3 \end{vmatrix} = \sum_{i=1}^{3} a_{1i} \begin{vmatrix} \boldsymbol{b}_i \\ a_{21}\boldsymbol{b}_1 + a_{22}\boldsymbol{b}_2 + a_{23}\boldsymbol{b}_3 \\ a_{31}\boldsymbol{b}_1 + a_{32}\boldsymbol{b}_2 + a_{33}\boldsymbol{b}_3 \end{vmatrix}$$

$$= \sum_{i=1}^{3}\sum_{j=1}^{3} a_{1i}a_{2j} \begin{vmatrix} \boldsymbol{b}_i \\ \boldsymbol{b}_j \\ a_{31}\boldsymbol{b}_1 + a_{32}\boldsymbol{b}_2 + a_{33}\boldsymbol{b}_3 \end{vmatrix}$$

$$= \sum_{i=1}^{3}\sum_{j=1}^{3}\sum_{k=1}^{3} a_{1i}a_{2j}a_{3k}B(i, j, k), \qquad B(i, j, k) = \begin{vmatrix} \boldsymbol{b}_i \\ \boldsymbol{b}_j \\ \boldsymbol{b}_k \end{vmatrix}.$$

i, j, k のうち少なくとも2つが等しいならば行列式 $B(i, j, k)$ は0なので，和をとるのは i, j, k が異なる場合だけである．したがって，和をとるのは1, 2, 3の順列 $(\,i\,j\,k\,)$ すべてについてである．このことより，

$$|AB| = \sum_{(i\,j\,k)} a_{1i}a_{2j}a_{3k}B(i, j, k)$$

となる．さて，例えば $i = 2,\ j = 1,\ k = 3$ の場合，関数 ε (➜ p. 85)を用い，$B(1, 2, 3) = |B|$ であるから

$$B(2, 1, 3) = \begin{vmatrix} \boldsymbol{b}_2 \\ \boldsymbol{b}_1 \\ \boldsymbol{b}_3 \end{vmatrix} = -\begin{vmatrix} \boldsymbol{b}_1 \\ \boldsymbol{b}_2 \\ \boldsymbol{b}_3 \end{vmatrix} = -|B| = \varepsilon(\,2\,1\,3\,)\,|B|.$$

同様にして $B(i, j, k) = \varepsilon(\,i\,j\,k\,)\,|B|$ なので，

$$|AB| = \sum_{(i\,j\,k)} \varepsilon(\,i\,j\,k\,)\,a_{1i}a_{2j}a_{3k}\,|B| = |A|\,|B|. \qquad \square$$

問題 1 $A = \begin{pmatrix} a & b & c & d \\ -b & a & -d & c \\ -c & d & a & -b \\ -d & -c & b & a \end{pmatrix}$ として次を求めよ．

（a） $A\,{}^t\!A$ （b） $|A|$

問題 2* 定理3.6を一般の n 次行列式について証明せよ．

3.5　余因子と逆行列

n 次正方行列 $A = (a_{ij})$ が与えられたとき，その余因子 $\varDelta_{ij}$ を $(j,\ i)$ 成分[1] にもつ行列

$$\operatorname{adj} A = (\varDelta_{ji}) = \begin{pmatrix} \varDelta_{11} & \cdots & \varDelta_{n1} \\ \vdots & & \vdots \\ \varDelta_{1n} & \cdots & \varDelta_{nn} \end{pmatrix}$$

を**余因子行列**と呼ぶ．本節で証明したいのは次の定理である．

定理 3.7　次の等式が成り立つ：

$$(\operatorname{adj} A)\, A = A \operatorname{adj} A = |A|\, E = \begin{pmatrix} |A| & 0 & \cdots & 0 \\ 0 & |A| & \ddots & \vdots \\ \vdots & \ddots & \ddots & 0 \\ 0 & \cdots & 0 & |A| \end{pmatrix}. \tag{3.27}$$

【略証】　$n = 3$ の場合に $A \operatorname{adj} A = |A|\, E$ であることを示す．余因子行列の定義より

$$A \operatorname{adj} A = \begin{pmatrix} a_{11} & a_{12} & a_{13} \\ a_{21} & a_{22} & a_{23} \\ a_{31} & a_{32} & a_{33} \end{pmatrix} \begin{pmatrix} \varDelta_{11} & \varDelta_{21} & \varDelta_{31} \\ \varDelta_{12} & \varDelta_{22} & \varDelta_{32} \\ \varDelta_{13} & \varDelta_{23} & \varDelta_{33} \end{pmatrix}.$$

上の行列の $(1,\ 1)$ 成分

$$\begin{aligned} &a_{11}\varDelta_{11} + a_{12}\varDelta_{12} + a_{13}\varDelta_{13} \\ &\quad = a_{11}\begin{vmatrix} a_{22} & a_{23} \\ a_{32} & a_{33} \end{vmatrix} - a_{12}\begin{vmatrix} a_{21} & a_{23} \\ a_{31} & a_{33} \end{vmatrix} + a_{13}\begin{vmatrix} a_{21} & a_{22} \\ a_{31} & a_{32} \end{vmatrix} \end{aligned}$$

は行列式 $\begin{vmatrix} a_{11} & a_{12} & a_{13} \\ a_{21} & a_{22} & a_{23} \\ a_{31} & a_{32} & a_{33} \end{vmatrix}$ を第 1 行について余因子展開したものである．つまり $A \operatorname{adj} A$ の $(1,\ 1)$ 成分は $|A|$ に等しい．次に $A \operatorname{adj} A$ の $(1,\ 2)$ 成分

---

1)　ここは「$(i,\ j)$ 成分」ではないので注意．$\operatorname{adj} A = {}^t(\varDelta_{ij}) = (\varDelta_{ji})$ である．

$$a_{11}\Delta_{21}+a_{12}\Delta_{22}+a_{13}\Delta_{23}$$
$$=-a_{11}\begin{vmatrix} a_{12} & a_{13} \\ a_{32} & a_{33} \end{vmatrix}+a_{12}\begin{vmatrix} a_{11} & a_{13} \\ a_{31} & a_{33} \end{vmatrix}-a_{13}\begin{vmatrix} a_{11} & a_{12} \\ a_{31} & a_{32} \end{vmatrix}$$

は行列式 $\begin{vmatrix} a_{11} & a_{12} & a_{13} \\ a_{11} & a_{12} & a_{13} \\ a_{31} & a_{32} & a_{33} \end{vmatrix}$ を第2行について余因子展開したものであるが，この行列式は第1, 2行が等しいので0である．つまり $A\operatorname{adj}A$ の $(1, 2)$ 成分は0である．

以下同様にして，$A\operatorname{adj}A$ の (i, j) 成分 $(A\operatorname{adj}A)_{ij}$ を計算すると

$$(A\operatorname{adj}A)_{ij}=\begin{cases} |A| & (i=j) \\ 0 & (i\neq j) \end{cases}$$

であることがわかる．$(\operatorname{adj}A)A=|A|E$ についても同様である．よって，(3.27) が $n=3$ の場合に示された．□

(3.27) から次の定理が成り立つことがわかる．

定理 3.8　行列 A が逆行列をもつための必要十分条件は $|A|\neq 0$ であり，このとき $\dfrac{1}{|A|}\operatorname{adj}A$ は A の逆行列である．つまり

$$A^{-1}=\frac{1}{|A|}\operatorname{adj}A=\frac{1}{|A|}\begin{pmatrix} \Delta_{11} & \cdots & \Delta_{n1} \\ \vdots & & \vdots \\ \Delta_{1n} & \cdots & \Delta_{nn} \end{pmatrix}. \tag{3.28}$$

【略証】　十分条件を示す．$|A|\neq 0$ ならば，(3.27) から $\left(\dfrac{1}{|A|}\operatorname{adj}A\right)A=A\left(\dfrac{1}{|A|}\operatorname{adj}A\right)=E$ なので，$\dfrac{1}{|A|}\operatorname{adj}A$ は A の逆行列である．

次に必要条件「A が逆行列をもつならば $|A|\neq 0$ である」ことを示す．行列 A の逆行列を X として，$AX=E$ なので，両辺の行列式をとって $|AX|=|E|=1$．定理3.6より $|A||X|=|AX|=1$ なので，$|A|\neq 0$．□

例題 3.13

定理 3.8 を用いて，次の行列に逆行列が存在すればそれを求めよ．

（a） $A=\begin{pmatrix}4 & -5 & 3\\ 1 & 1 & -2\\ 1 & 2 & -3\end{pmatrix}$ （b） $B=\begin{pmatrix}3 & 5 & -5\\ 7 & 4 & 2\\ 2 & 2 & -1\end{pmatrix}$

（c） $C=\begin{pmatrix}1 & 11 & 0\\ 5 & 6 & -3\\ 4 & -5 & -3\end{pmatrix}$

【解】 （a） $|A|=-12+10+6-(-16)-15-3=2$ より，A は逆行列をもつ．余因子を計算すると，

$$\varDelta_{11}=\begin{vmatrix}1 & -2\\ 2 & -3\end{vmatrix}=1,\quad \varDelta_{12}=-\begin{vmatrix}1 & -2\\ 1 & -3\end{vmatrix}=1,\quad \varDelta_{13}=\begin{vmatrix}1 & 1\\ 1 & 2\end{vmatrix}=1,$$

$$\varDelta_{21}=-\begin{vmatrix}-5 & 3\\ 2 & -3\end{vmatrix}=-9,\quad \varDelta_{22}=\begin{vmatrix}4 & 3\\ 1 & -3\end{vmatrix}=-15,\quad \varDelta_{23}=-\begin{vmatrix}4 & -5\\ 1 & 2\end{vmatrix}=-13,$$

$$\varDelta_{31}=\begin{vmatrix}-5 & 3\\ 1 & -2\end{vmatrix}=7,\quad \varDelta_{32}=-\begin{vmatrix}4 & 3\\ 1 & -2\end{vmatrix}=11,\quad \varDelta_{33}=\begin{vmatrix}4 & -5\\ 1 & 1\end{vmatrix}=9.$$

したがって，$A^{-1}=\dfrac{1}{|A|}(\varDelta_{ji})=\begin{pmatrix}\frac{1}{2} & -\frac{9}{2} & \frac{7}{2}\\ \frac{1}{2} & -\frac{15}{2} & \frac{11}{2}\\ \frac{1}{2} & -\frac{13}{2} & \frac{9}{2}\end{pmatrix}.$

（b） $|B|=-12+20-70-12-(-35)-(-40)=1$ より，B は逆行列をもつ．余因子を計算すると，

$$\varDelta_{11}=\begin{vmatrix}4 & 2\\ 2 & -1\end{vmatrix}=-8,\quad \varDelta_{12}=-\begin{vmatrix}7 & 2\\ 2 & -1\end{vmatrix}=11,\quad \varDelta_{13}=\begin{vmatrix}7 & 4\\ 2 & 2\end{vmatrix}=6,$$

$$\varDelta_{21}=-\begin{vmatrix}5 & -5\\ 2 & -1\end{vmatrix}=-5,\quad \varDelta_{22}=\begin{vmatrix}3 & -5\\ 2 & -1\end{vmatrix}=7,\quad \varDelta_{23}=-\begin{vmatrix}3 & 5\\ 2 & 2\end{vmatrix}=4,$$

$$\varDelta_{31}=\begin{vmatrix}5 & -5\\ 4 & 2\end{vmatrix}=30,\quad \varDelta_{32}=-\begin{vmatrix}3 & -5\\ 7 & 2\end{vmatrix}=-41,\quad \varDelta_{33}=\begin{vmatrix}3 & 5\\ 7 & 4\end{vmatrix}=-23.$$

したがって，$B^{-1}=\begin{pmatrix}-8 & -5 & 30\\ 11 & 7 & -41\\ 6 & 4 & -23\end{pmatrix}.$

(c) $|C| = -18 - 132 + 0 - 15 - (-165) - 0 = 0$ より，逆行列は存在しない． □

問題 1 定理 3.8 を用いて，次の行列に逆行列が存在すればそれを求めよ．

(a) $\begin{pmatrix} -5 & 3 & 2 \\ 0 & 1 & 3 \\ 4 & 1 & 8 \end{pmatrix}$ (b) $\begin{pmatrix} 4 & 5 & -4 \\ -1 & 4 & 1 \\ 3 & 2 & -3 \end{pmatrix}$

(c) $\begin{pmatrix} 2 & -1 & 0 \\ -1 & 2 & -1 \\ 0 & -1 & 2 \end{pmatrix}$

問題 2 a, b, c は相異なる数とする．定理 3.8 を用いて行列 $\begin{pmatrix} 1 & a & a^2 \\ 1 & b & b^2 \\ 1 & c & c^2 \end{pmatrix}$ の逆行列を求めよ．

コメント 余因子をすべて計算すれば原理的には逆行列は計算可能である．しかし，3×3 行列の逆行列を計算するには 2 次行列式を 9 個，4×4 行列の逆行列にいたっては 3 次行列式を 16 個計算する必要がある．計算機で逆行列を数値計算する場合，前章で扱った掃き出し法の方が計算の手間は少ない．

3.6 連立方程式への応用とクラメルの公式

3.1.1 節で述べたように，2 つの未知数 x, y に関する連立 1 次方程式

$$\begin{cases} a_{11}x + a_{12}y = b_1 \\ a_{21}x + a_{22}y = b_2 \end{cases} \qquad \text{行列表示：} \begin{pmatrix} a_{11} & a_{12} \\ a_{21} & a_{22} \end{pmatrix}\begin{pmatrix} x \\ y \end{pmatrix} = \begin{pmatrix} b_1 \\ b_2 \end{pmatrix}$$

について，

$$\begin{vmatrix} a_{11} & a_{12} \\ a_{21} & a_{22} \end{vmatrix} x = \begin{vmatrix} b_1 & a_{12} \\ b_2 & a_{22} \end{vmatrix}, \qquad \begin{vmatrix} a_{11} & a_{12} \\ a_{21} & a_{22} \end{vmatrix} y = \begin{vmatrix} a_{11} & b_1 \\ a_{21} & b_2 \end{vmatrix}$$

が成り立つ．係数行列

$$A = \begin{pmatrix} a_{11} & a_{12} \\ a_{21} & a_{22} \end{pmatrix}$$

に対する行列式が $|A| \neq 0$ を満たすならば，x, y は

$$x = \frac{1}{|A|}\begin{vmatrix} b_1 & a_{12} \\ b_2 & a_{22} \end{vmatrix}, \qquad y = \frac{1}{|A|}\begin{vmatrix} a_{11} & b_1 \\ a_{21} & b_2 \end{vmatrix}$$

と与えられる．n 個の未知数 $x_1, x_2, \cdots, x_n$ に関する連立 1 次方程式

$$\begin{cases} a_{11}x_1 + a_{12}x_2 + \cdots + a_{1n}x_n = b_1 \\ a_{21}x_1 + a_{22}x_2 + \cdots + a_{2n}x_n = b_2 \\ \cdots\cdots\cdots\cdots\cdots\cdots\cdots\cdots \\ a_{n1}x_1 + a_{n2}x_2 + \cdots + a_{nn}x_n = b_n \end{cases} \tag{3.29}$$

についてはどうだろうか．(3.29) を行列表示すれば

$$A\boldsymbol{x} = \boldsymbol{b},$$

$$A = \begin{pmatrix} a_{11} & a_{12} & \cdots & a_{1n} \\ a_{21} & a_{22} & \cdots & a_{2n} \\ \vdots & \vdots & & \vdots \\ a_{n1} & a_{2n} & \cdots & a_{nn} \end{pmatrix}, \quad \boldsymbol{x} = \begin{pmatrix} x_1 \\ x_2 \\ \vdots \\ x_n \end{pmatrix}, \quad \boldsymbol{b} = \begin{pmatrix} b_1 \\ b_2 \\ \vdots \\ b_n \end{pmatrix}$$

と書き換えられる．このとき，(3.29) について次が成り立つ．

定理 3.9（**クラメルの公式**）　連立方程式 (3.29) について，$|A| \neq 0$ ならば，解は次で与えられる：

$$x_i = \frac{1}{|A|}\begin{vmatrix} a_{11} & \cdots & a_{1,i-1} & \overset{i}{\overbrace{b_1}} & a_{1,i+1} & \cdots & a_{1n} \\ a_{21} & \cdots & a_{2,i-1} & b_2 & a_{2,i+1} & \cdots & a_{2n} \\ \vdots & & \vdots & \vdots & \vdots & & \vdots \\ a_{n1} & \cdots & a_{n,i-1} & b_n & a_{n,i+1} & \cdots & a_{nn} \end{vmatrix} \qquad (1 \leq i \leq n). \tag{3.30}$$

【証明】

$$\begin{pmatrix} a_{11} & \cdots & a_{1n} \\ \vdots & & \vdots \\ a_{n1} & \cdots & a_{nn} \end{pmatrix}\begin{pmatrix} x_1 \\ \vdots \\ x_n \end{pmatrix} = \begin{pmatrix} b_1 \\ \vdots \\ b_n \end{pmatrix}$$

の解は，両辺に係数行列の逆行列を掛けて，(3.28) を用いれば

$$\begin{pmatrix} x_1 \\ \vdots \\ x_n \end{pmatrix} = \begin{pmatrix} a_{11} & \cdots & a_{1n} \\ \vdots & & \vdots \\ a_{n1} & \cdots & a_{nn} \end{pmatrix}^{-1}\begin{pmatrix} b_1 \\ \vdots \\ b_n \end{pmatrix} = \frac{1}{|A|}\begin{pmatrix} \Delta_{11} & \cdots & \Delta_{n1} \\ \vdots & & \vdots \\ \Delta_{1n} & \cdots & \Delta_{nn} \end{pmatrix}\begin{pmatrix} b_1 \\ \vdots \\ b_n \end{pmatrix}$$

と求まる．ここで，x_1 は

$$x_1 = \frac{1}{|A|}(b_1\varDelta_{11} + b_2\varDelta_{21} + \cdots + b_n\varDelta_{n1})$$

$$= \frac{1}{|A|}\left((-1)^{1+1}b_1 \begin{vmatrix} a_{22} & \cdots & a_{2n} \\ a_{32} & \cdots & a_{3n} \\ \vdots & & \vdots \\ a_{n2} & \cdots & a_{nn} \end{vmatrix} + (-1)^{2+1}b_2 \begin{vmatrix} a_{12} & \cdots & a_{1n} \\ a_{32} & \cdots & a_{3n} \\ \vdots & & \vdots \\ a_{n2} & \cdots & a_{nn} \end{vmatrix} \right.$$

$$\left. + \cdots + (-1)^{n+1}b_n \begin{vmatrix} a_{12} & \cdots & a_{1n} \\ a_{22} & \cdots & a_{2n} \\ \vdots & & \vdots \\ a_{n-1,2} & \cdots & a_{n-1,n} \end{vmatrix} \right)$$

$$= \frac{1}{|A|}\begin{vmatrix} b_1 & a_{12} & \cdots & a_{1n} \\ b_2 & a_{22} & \cdots & a_{2n} \\ \vdots & \vdots & & \vdots \\ b_n & a_{n2} & \cdots & a_{nn} \end{vmatrix}$$

で与えられる．$x_2, \cdots, x_n$ についても同様である． □

注意 1 $|A| \neq 0$ は，行列 A が逆行列をもつことを判定する条件であった．しかし，クラメルの公式における $|A| \neq 0$ は，解の存在を判定するものではなく，公式の適用を保証するだけの条件である．

例題 3.14

クラメルの公式を用いて，次の連立方程式を解け．

（a） $\begin{cases} 3x + 4y = -2 \\ 5x + 9y = 3 \end{cases}$ （b） $\begin{cases} 2x + 4y + 5z = -2 \\ 5x + 2y + z = 1 \\ 3x - y - 2z = 0 \end{cases}$

（c） $\begin{cases} x + \sqrt{3}\,y + 2z = 1 \\ x + \sqrt{3}\,y - 2z = 0 \\ \sqrt{3}\,x - y = 0 \end{cases}$

【解】 係数行列の行列式は （a） $\begin{vmatrix} 3 & 4 \\ 5 & 9 \end{vmatrix} = 7\ (\neq 0)$，

(b) $\begin{vmatrix} 2 & 4 & 5 \\ 5 & 2 & 1 \\ 3 & -1 & -2 \end{vmatrix} = -9\ (\neq 0)$　　(c) $\begin{vmatrix} 1 & \sqrt{3} & 2 \\ 1 & \sqrt{3} & -2 \\ \sqrt{3} & -1 & 0 \end{vmatrix} = -16\ (\neq 0)$

であるから，クラメルの公式を用いることができる．

(a) $x = \dfrac{1}{7}\begin{vmatrix} -2 & 4 \\ 3 & 9 \end{vmatrix} = -\dfrac{30}{7},\quad y = \dfrac{1}{7}\begin{vmatrix} 3 & -2 \\ 5 & 3 \end{vmatrix} = \dfrac{19}{7}.$

(b) $x = \dfrac{1}{-9}\begin{vmatrix} -2 & 4 & 5 \\ 1 & 2 & 1 \\ 0 & -1 & -2 \end{vmatrix} = \dfrac{9}{-9} = -1,$

$$y = \frac{1}{-9}\begin{vmatrix} 2 & -2 & 5 \\ 5 & 1 & 1 \\ 3 & 0 & -2 \end{vmatrix} = 5,\quad z = \frac{1}{-9}\begin{vmatrix} 2 & 4 & -2 \\ 5 & 2 & 1 \\ 3 & -1 & 0 \end{vmatrix} = -4.$$

(c) $x = \dfrac{1}{-16}\begin{vmatrix} 1 & \sqrt{3} & 2 \\ 0 & \sqrt{3} & -2 \\ 0 & -1 & 0 \end{vmatrix} = \dfrac{-2}{-16} = \dfrac{1}{8},$

$$y = \frac{1}{-16}\begin{vmatrix} 1 & 1 & 2 \\ 1 & 0 & -2 \\ \sqrt{3} & 0 & 0 \end{vmatrix} = \frac{\sqrt{3}}{8},\quad z = \frac{1}{-16}\begin{vmatrix} 1 & \sqrt{3} & 1 \\ 1 & \sqrt{3} & 0 \\ \sqrt{3} & -1 & 0 \end{vmatrix} = \frac{1}{4}.$$

□

問題 1　クラメルの公式を用いて次の連立方程式を解け．

(a) $\begin{cases} \sqrt{2}\,x + y = 1 \\ x - \sqrt{2}\,y = -1 \end{cases}$　　(b) $\begin{cases} 3x + 2y - 7z = 1 \\ 8x - 5y + 4z = 4 \\ 6x + y - 7z = 3 \end{cases}$

(c) $\begin{cases} 2x - y = 3 \\ -x + 2y - z = -2 \\ -y + 2z - w = 0 \\ -z + 2w = 0 \end{cases}$

3.7　n 次行列式の諸性質の証明*

本節では，証明を保留した定理 3.4, 3.5 の証明を行う．

定理3.4の証明

（i） (3.22) を証明すればよい．左辺を変形して

$$\begin{aligned}
\text{左辺} &= \sum_{(k_1\cdots k_n)} \varepsilon(k_1 \cdots k_n)\, a_{1k_1}a_{2k_2}\cdots(p\,a_{ik_i}+q\,b_{ik_i})\cdots a_{nk_n} \\
&= p\sum_{(k_1\cdots k_n)} \varepsilon(k_1 \cdots k_n)\, a_{1k_1}a_{2k_2}\cdots a_{ik_i}\cdots a_{nk_n} \\
&\qquad + q\sum_{(k_1\cdots k_n)} \varepsilon(k_1 \cdots k_n)\, a_{1k_1}a_{2k_2}\cdots b_{ik_i}\cdots a_{nk_n} \\
&= (3.22)\ \text{の右辺}.
\end{aligned}$$

（ii） (3.18) の右辺を変形して

$$\begin{aligned}
\text{右辺} &= \sum_{(k_1\cdots k_n)} \{-\varepsilon(k_1 \cdots k_i \cdots k_j \cdots k_n)\, a_{1k_1}\cdots a_{jk_i}\cdots a_{ik_j}\cdots a_{nk_n} \\
&= \sum_{(k_1\cdots k_n)} \varepsilon(k_1 \cdots k_j \cdots k_i \cdots k_n)\, a_{1k_1}\cdots a_{jk_i}\cdots a_{ik_j}\cdots a_{nk_n}
\end{aligned}$$

k_i, k_j を改めて k_j, k_i と置き換えて(a の添字の変更も忘れずに),

$$\begin{aligned}
&= \sum_{(k_1\cdots k_n)} \varepsilon(k_1 \cdots k_i \cdots k_j \cdots k_n)\, a_{1k_1}\cdots a_{jk_j}\cdots a_{ik_i}\cdots a_{nk_n} \\
&= \sum_{(k_1\cdots k_n)} \varepsilon(k_1 \cdots k_i \cdots k_j \cdots k_n)\, a_{1k_1}\cdots a_{ik_i}\cdots a_{jk_j}\cdots a_{nk_n} \\
&= (3.18)\ \text{の左辺}.
\end{aligned}$$

(iii) A の i 行目と j 行目を入れ替えた行列を B とする．(ii) より $|A|=-|B|$．いま，A の i 行と j 行が一致するならば $B=A$ であるので $|A|=-|A|$．したがって $|A|=0$ を得る．

(iv) （i）を用いて (3.20) の右辺を変形すると

$$\text{右辺} = \begin{vmatrix} a_{11} & a_{12} & \cdots & a_{1n} \\ \vdots & \vdots & & \vdots \\ a_{i1} & a_{i2} & \cdots & a_{in} \\ \vdots & \vdots & & \vdots \\ a_{j1} & a_{j2} & \cdots & a_{jn} \\ \vdots & \vdots & & \vdots \\ a_{n1} & a_{n2} & \cdots & a_{nn} \end{vmatrix} + p \begin{vmatrix} a_{11} & a_{12} & \cdots & a_{1n} \\ \vdots & \vdots & & \vdots \\ a_{i1} & a_{i2} & \cdots & a_{in} \\ \vdots & \vdots & & \vdots \\ a_{i1} & a_{i2} & \cdots & a_{in} \\ \vdots & \vdots & & \vdots \\ a_{n1} & a_{n2} & \cdots & a_{nn} \end{vmatrix}.$$

性質 (iii) より第2項は0に等しいので，上式は (3.20) の左辺に等しい．

（v） ${}^tA=(b_{ij})$ とおく．

$$
\begin{aligned}
|{}^tA| &= \sum_{(i_1\cdots i_n)} \varepsilon(\,i_1\cdots i_n\,)\, b_{1i_1}b_{2i_2}\cdots b_{ni_n}\\
&= \sum_{(i_1\cdots i_n)} \varepsilon(\,i_1\cdots i_n\,)\, a_{i_11}a_{i_22}\cdots a_{i_nn} \qquad (\because\quad b_{ij}=a_{ji})
\end{aligned}
$$

ここで積 $a_{i_11}a_{i_22}\cdots a_{i_nn}$ の順序を行の昇順に並べ替えて $a_{1j_1}a_{2j_2}\cdots a_{nj_n}$ と書き改める．このとき，和（$\sum$）をとる順序がすべての順列にわたっているので，上式右辺の $\sum$ の添字（$i_1\cdots i_n$）はそのまま（$j_1\cdots j_n$）で置き換えてよい．よって，（$i_1\cdots i_n$）から（$12\cdots n$）を得る互換数と，（$12\cdots n$）から（$j_1\cdots j_n$）を得る互換数は等しいので，$\varepsilon(\,i_1\cdots i_n\,)=\varepsilon(\,j_1\cdots j_n\,)$ が成り立つ．このようにして性質（v）が示された．　□

定理 3.5 の証明

$i=1$ として，第1行についての展開を示す．第1行は

$$
(a_{11}\ \ a_{12}\ \ \cdots\ \ a_{1n}) = \sum_{k=1}^{n}(0\ \ \cdots\ \ 0\ \ \overset{\text{第}\,k\,\text{列}}{\overset{\downarrow}{a_{1k}}}\ \ 0\ \ \cdots\ \ 0)
$$

と表せるから，定理 3.4（i）を用いると

$$
|A| = \sum_{k=1}^{n}\begin{vmatrix}
0 & \cdots & 0 & \overset{k}{a_{1k}} & 0 & \cdots & 0\\
a_{21} & \cdots & a_{2,k-1} & a_{2k} & a_{2,k+1} & \cdots & a_{2n}\\
\vdots & & \vdots & \vdots & \vdots & & \vdots\\
a_{n1} & \cdots & a_{n,k-1} & a_{nk} & a_{n,k+1} & \cdots & a_{nn}
\end{vmatrix}
$$

である．右辺の各行列式において，第1行の0でない列が第1列となるように列の交換を行うと，定理 3.4（ii）および定理 3.3 によって

$$
\begin{aligned}
&= \sum_{k=1}^{n}(-1)^{k-1}\begin{vmatrix}
a_{1k} & 0 & \cdots & 0 & 0 & \cdots & 0\\
a_{2k} & a_{21} & \cdots & a_{2,k-1} & a_{2,k+1} & \cdots & a_{2n}\\
\vdots & \vdots & & \vdots & \vdots & & \vdots\\
a_{nk} & a_{n1} & \cdots & a_{n,k-1} & a_{n,k+1} & \cdots & a_{nn}
\end{vmatrix}\\
&= \sum_{k=1}^{n} a_{1k}(-1)^{k+1}\begin{vmatrix}
a_{21} & \cdots & a_{2,k-1} & a_{2,k+1} & \cdots & a_{2n}\\
\vdots & & \vdots & \vdots & & \vdots\\
a_{n1} & \cdots & a_{n,k-1} & a_{n,k+1} & \cdots & a_{nn}
\end{vmatrix}\\
&= \sum_{k=1}^{n} a_{1k}\varDelta_{1k}\,.
\end{aligned}
$$

よって，第1行に関する余因子展開の式を得る．

次に，第 i 行が第1行になるように行の交換を行うと

$$|A| = (-1)^{i-1} \begin{vmatrix} a_{i1} & a_{i2} & \cdots & a_{in} \\ a_{11} & a_{12} & \cdots & a_{1n} \\ \vdots & \vdots & & \vdots \\ a_{i-1,1} & a_{i-1,2} & \cdots & a_{i-1,n} \\ a_{i+1,1} & a_{i+1,2} & \cdots & a_{i+1,n} \\ \vdots & \vdots & & \vdots \\ a_{n1} & a_{n2} & \cdots & a_{nn} \end{vmatrix}$$

となるので，この行列式の第1行を展開することによって一般の第 i 行についての展開式が得られる．最後に第 j 列に関する余因子展開の式は定理3.4（v）より $|A| = |{}^tA|$ が成り立つので，${}^tA$ の第 j 行についての展開を行えばよい． □

問題 1* 余因子行列に関する定理3.7を一般の n について証明せよ．

第3章 練習問題

1. 次の行列式の値を求めよ．

（a）$\begin{vmatrix} 2 & 1 & 5 \\ 4 & 2 & -1 \\ 6 & 7 & -2 \end{vmatrix}$ （b）$\begin{vmatrix} 1 & 1 & 1 \\ 29 & 31 & 35 \\ 198 & 201 & 211 \end{vmatrix}$ （c）$\begin{vmatrix} 31 & 62 & -31 \\ 3 & 2 & 4 \\ -58 & -145 & 116 \end{vmatrix}$

（d）$\begin{vmatrix} 1 & 2 & 3 & 4 \\ 2 & 7 & 6 & 7 \\ 3 & 7 & 7 & 9 \\ 1 & 4 & 3 & 7 \end{vmatrix}$ （e）$\begin{vmatrix} 2 & 1 & 1 & 3 \\ 1 & 2 & -1 & 0 \\ 3 & 7 & 1 & 2 \\ -2 & 1 & 4 & 1 \end{vmatrix}$

（f）$\begin{vmatrix} 9 & 8 & 5 & 7 \\ 3 & 3 & 5 & 4 \\ 3 & 5 & 4 & 5 \\ 6 & 3 & 5 & 3 \end{vmatrix}$ （g）$\begin{vmatrix} 1 & -1 & -1 & -1 & 2 \\ 0 & 2 & 1 & 3 & -2 \\ 2 & -4 & -3 & -5 & 5 \\ 1 & 2 & 1 & 2 & -1 \\ 2 & 1 & 0 & 1 & 1 \end{vmatrix}$

2. 次の行列式の値を因数分解した形で答えよ．

（a）$\begin{vmatrix} a+b+c & -c & -b \\ -c & a+b+c & -a \\ -b & -a & a+b+c \end{vmatrix}$　（b）$\begin{vmatrix} a & b & c & 1 \\ b & a & b & 1 \\ c & b & a & 1 \\ 1 & 1 & 1 & 0 \end{vmatrix}$

（c）$\begin{vmatrix} 1 & a_1 & a_1^2 & a_2a_3a_4 \\ 1 & a_2 & a_2^2 & a_1a_3a_4 \\ 1 & a_3 & a_3^2 & a_1a_2a_4 \\ 1 & a_4 & a_4^2 & a_1a_2a_3 \end{vmatrix}$　（d）$\begin{vmatrix} a & 1 & 1 & 1 & 1 \\ 1 & a & 1 & 1 & 1 \\ 1 & 1 & a & 1 & 1 \\ 1 & 1 & 1 & a & 1 \\ 1 & 1 & 1 & 1 & a \end{vmatrix}$

3. $A = \begin{pmatrix} a_1 & a_2 & a_3 \\ b_1 & b_2 & b_3 \\ c_1 & c_2 & c_3 \end{pmatrix}$ の行列式が $|A| = 1$ であるとき，次の行列式の値を求めよ．

（a）$\begin{vmatrix} a_1+a_2+a_3 & a_1+a_2 & a_1 \\ b_1+b_2+b_3 & b_1+b_2 & b_1 \\ c_1+c_2+c_3 & c_1+c_2 & c_1 \end{vmatrix}$　（b）$\begin{vmatrix} a_1+b_1 & b_1+c_1 & c_1+a_1 \\ a_2+b_2 & b_2+c_2 & c_2+a_2 \\ a_3+b_3 & b_3+c_3 & c_3+a_3 \end{vmatrix}$

（c）$\begin{vmatrix} a_1+2a_3 & 2a_2+3a_1 & 3a_2-5a_3 \\ b_1+2b_3 & 2b_2+3b_1 & 3b_2-5b_3 \\ c_1+2c_3 & 2c_2+3c_1 & 3c_2-5c_3 \end{vmatrix}$

4.* $x_1, x_2, \cdots, x_n$ を複素数として，次の行列式を考える：

$$W_n = \begin{vmatrix} 1 & 1 & \cdots & 1 \\ x_1 & x_2 & \cdots & x_n \\ \vdots & \vdots & & \vdots \\ x_1^{n-2} & x_2^{n-2} & \cdots & x_n^{n-2} \\ x_1^{n} & x_2^{n} & \cdots & x_n^{n} \end{vmatrix}.$$

また，V_n を 3.3 節の例題 3.12 で述べたファンデルモンド行列式として，以下の問に答えよ．

（a）W_n は $x_j - x_i$ $(1 \leq i < j \leq n)$ を因数にもつことを示せ．このことより $W_n = V_n f(x_1, \cdots, x_n)$ の形に因数分解されることがわかる．ここで，$f(x_1, \cdots, x_n)$ は，$x_1, \cdots, x_n$ についての多項式である．

（b）$\dfrac{W_n}{V_n}$ は $x_1, x_2, \cdots, x_n$ についての対称式であることを示し，

$W_n = (x_1 + x_2 + \cdots + x_n) \prod_{1 \leq i < j \leq n} (x_j - x_i)$ を示せ.

コメント (i) $g(x_1, \cdots, x_n)$ が対称式であるとは，任意の i, j の組 $(1 \leq i < j \leq n)$ に対して，$g(x_1, \cdots, x_i, \cdots, x_j, \cdots, x_n) = g(x_1, \cdots, x_j, \cdots, x_i, \cdots, x_n)$ が成り立つことをいう.

(ii) W_n に関連して $f(x)$ を与えられた関数として

$$f[x_1, \cdots, x_n] = \begin{vmatrix} 1 & 1 & \cdots & 1 \\ x_1 & x_2 & \cdots & x_n \\ \vdots & \vdots & & \vdots \\ {x_1}^{n-2} & {x_2}^{n-2} & \cdots & {x_n}^{n-2} \\ f(x_1) & f(x_2) & \cdots & f(x_n) \end{vmatrix} \Bigg/ \begin{vmatrix} 1 & 1 & \cdots & 1 \\ x_1 & x_2 & \cdots & x_n \\ \vdots & \vdots & & \vdots \\ {x_1}^{n-2} & {x_2}^{n-2} & \cdots & {x_n}^{n-2} \\ {x_1}^{n-1} & {x_2}^{n-1} & \cdots & {x_n}^{n-1} \end{vmatrix}$$

を $f(x)$ の $n-1$ 階差分商 (不等間隔差分) と呼ぶ. $f[x_1, \cdots, x_n]$ は $x_1, \cdots, x_n \to x$ の極限で $\dfrac{f^{(n-1)}(x)}{(n-1)!}$ に収束する.

5.* (a) 次の恒等式を示せ.

$$\begin{vmatrix} a_1 & a_2 & a_3 & a_4 \\ b_1 & b_2 & b_3 & b_4 \\ c_1 & c_2 & c_3 & c_4 \\ d_1 & d_2 & d_3 & d_4 \end{vmatrix}$$

$$= \begin{vmatrix} a_1 & a_2 \\ b_1 & b_2 \end{vmatrix} \begin{vmatrix} c_3 & c_4 \\ d_3 & d_4 \end{vmatrix} - \begin{vmatrix} a_1 & a_3 \\ b_1 & b_3 \end{vmatrix} \begin{vmatrix} c_2 & c_4 \\ d_2 & d_4 \end{vmatrix} + \begin{vmatrix} a_1 & a_4 \\ b_1 & b_4 \end{vmatrix} \begin{vmatrix} c_2 & c_3 \\ d_2 & d_3 \end{vmatrix}$$

$$+ \begin{vmatrix} a_2 & a_3 \\ b_2 & b_3 \end{vmatrix} \begin{vmatrix} c_1 & c_4 \\ d_1 & d_4 \end{vmatrix} - \begin{vmatrix} a_2 & a_4 \\ b_2 & b_4 \end{vmatrix} \begin{vmatrix} c_1 & c_3 \\ d_1 & d_3 \end{vmatrix} + \begin{vmatrix} a_3 & a_4 \\ b_3 & b_4 \end{vmatrix} \begin{vmatrix} c_1 & c_2 \\ d_1 & d_2 \end{vmatrix}$$

(b) 次の恒等式を示せ.

$$\begin{vmatrix} a_1 & a_2 \\ b_1 & b_2 \end{vmatrix} \begin{vmatrix} a_3 & a_4 \\ b_3 & b_4 \end{vmatrix} - \begin{vmatrix} a_1 & a_3 \\ b_1 & b_3 \end{vmatrix} \begin{vmatrix} a_2 & a_4 \\ b_2 & b_4 \end{vmatrix} + \begin{vmatrix} a_1 & a_4 \\ b_1 & b_4 \end{vmatrix} \begin{vmatrix} a_2 & a_3 \\ b_2 & b_3 \end{vmatrix} = 0$$

第4章

ベクトルと行列2(応用編)

第1章で学んだベクトルと行列の基本的概念に引き続いて，ここでは第5章以降必要となる事項を議論する．初めに，ベクトルの1次独立・従属という概念を学ぶ．この概念がこれまで学んできた連立方程式，行列式，逆行列，ランクなどの理論とどのように結びついているのかを理解してほしい．

次に1次独立なベクトルの組から互いに直交する単位ベクトルの組(正規直交系)を構成するグラム・シュミットの直交化法を述べる．最後に，正規直交系を並べて作られる直交行列，行列のブロック分割について述べる．

4.1 ベクトルの1次独立，1次従属

定義 4.1 ベクトル $\boldsymbol{a}_1, \boldsymbol{a}_2, \cdots, \boldsymbol{a}_m \in \mathbf{R}^n$ に対して，

(i) 関係式

$$x_1\boldsymbol{a}_1 + x_2\boldsymbol{a}_2 + \cdots + x_m\boldsymbol{a}_m = \boldsymbol{0} \tag{4.1}$$

を満たすスカラー $x_1, x_2, \cdots, x_m$ が $x_1 = x_2 = \cdots = x_m = 0$ 以外に存在しないとき，$\boldsymbol{a}_1, \boldsymbol{a}_2, \cdots, \boldsymbol{a}_m$ は**1次独立**であるという．

(ii) これらのベクトル $\boldsymbol{a}_1, \boldsymbol{a}_2, \cdots, \boldsymbol{a}_m$ が1次独立でないとき，つまり

$$x_1\boldsymbol{a}_1 + x_2\boldsymbol{a}_2 + \cdots + x_m\boldsymbol{a}_m = \boldsymbol{0}$$

を満たす $x_1, \cdots, x_m$ が $x_1 = \cdots = x_m = 0$ 以外に存在するとき，$\boldsymbol{a}_1, \boldsymbol{a}_2, \cdots, \boldsymbol{a}_m$ は**1次従属**であるという．

(iii)
$$\boldsymbol{b} = x_1\boldsymbol{a}_1 + x_2\boldsymbol{a}_2 + \cdots + x_m\boldsymbol{a}_m$$

で表されるベクトル $\boldsymbol{b} \in \mathbf{R}^n$ を $\boldsymbol{a}_1, \cdots, \boldsymbol{a}_m$ の**1次結合**という．

各 $\boldsymbol{a}_i$ を $\boldsymbol{a}_i = {}^t(a_{1i} \ \ a_{2i} \ \ \cdots \ \ a_{ni})$ $(i = 1, 2, \cdots, m)$ のように成分表示すると，関係式 (4.1) は次のように書ける：

$$\begin{cases} a_{11}x_1 + a_{12}x_2 + \cdots + a_{1m}x_m = 0 \\ a_{21}x_1 + a_{22}x_2 + \cdots + a_{2m}x_m = 0 \\ \qquad\qquad \vdots \\ a_{n1}x_1 + a_{n2}x_2 + \cdots + a_{nm}x_m = 0 \end{cases}$$

$$\Leftrightarrow \quad A\boldsymbol{x} = \boldsymbol{0}, \ A = \begin{pmatrix} a_{11} & \cdots & a_{1m} \\ \vdots & & \vdots \\ a_{n1} & \cdots & a_{nm} \end{pmatrix}, \quad \boldsymbol{x} = \begin{pmatrix} x_1 \\ \vdots \\ x_m \end{pmatrix}.$$

上の関係式は $x_1, \cdots, x_m$ についての同次連立方程式と見なすことができる．このとき，$\boldsymbol{a}_1, \cdots, \boldsymbol{a}_m$ が1次独立であることは，上の連立方程式が $x_1 = \cdots = x_m = 0$ (自明解)以外に解をもたないことを意味する．逆に，$\boldsymbol{a}_1, \cdots, \boldsymbol{a}_m$ が1次従属であるとは，上の連立方程式が非自明解をもつことに他ならない．次の定理が成立する．

定理 4.1　$m \leq n$ とする．$\boldsymbol{a}_1, \boldsymbol{a}_2, \cdots, \boldsymbol{a}_m \in \mathbf{R}^n$，$A = (\boldsymbol{a}_1 \ \ \boldsymbol{a}_2 \ \ \cdots \ \ \boldsymbol{a}_m)$ とするとき，以下の (i) ~ (iii) は同値である．

(i)　$\boldsymbol{a}_1, \cdots, \boldsymbol{a}_m$ は1次独立．

(ii)　連立方程式 $A\boldsymbol{x} = \boldsymbol{0}$ が非自明解をもたない．

(iii)　$\operatorname{rank} A = m$.

さらに $m = n$ のとき，(i) ~ (iii) は次の (iv), (v) とも同値である．

(iv)　A は正則行列，つまり逆行列 A^{-1} が存在する．

(v)　$|A| \neq 0$.

これは次のように書くこともできる．

系　以下の (i′) ~ (iii′) は同値である．

(i′)　$\boldsymbol{a}_1, \cdots, \boldsymbol{a}_m$ は1次従属．

(ii′)　連立方程式 $A\boldsymbol{x} = \boldsymbol{0}$ が非自明解をもつ．

(iii′)　$\operatorname{rank} A < m$.

さらに $m = n$ のとき，(i′) ~ (iii′) は次の (iv′), (v′) とも同値である．

(iv′)　A は正則行列でない．

(v′)　$|A| = 0$.

コメント　$m > n$ のとき，$\boldsymbol{a}_1, \boldsymbol{a}_2, \cdots, \boldsymbol{a}_m \in \mathbf{R}^n$ は1次従属である．

例題 4.1

次のベクトルは1次独立であるか，1次従属であるか？

(a)　$\boldsymbol{a}_1 = \begin{pmatrix} 1 \\ 1 \end{pmatrix}, \quad \boldsymbol{a}_2 = \begin{pmatrix} 1 \\ -1 \end{pmatrix}$

(b)　$\boldsymbol{a}_1 = \begin{pmatrix} -\sqrt{2} \\ \sqrt{3} \end{pmatrix}, \quad \boldsymbol{a}_2 = \begin{pmatrix} 4 \\ -2\sqrt{6} \end{pmatrix}$

(c)　$\boldsymbol{a}_1 = \begin{pmatrix} 1 \\ 1 \\ 0 \end{pmatrix}, \quad \boldsymbol{a}_2 = \begin{pmatrix} 1 \\ 0 \\ 1 \end{pmatrix}, \quad \boldsymbol{a}_3 = \begin{pmatrix} 0 \\ 1 \\ 1 \end{pmatrix}$

(d)　$\boldsymbol{a}_1 = \begin{pmatrix} 1 \\ -1 \\ 0 \end{pmatrix}$,　$\boldsymbol{a}_2 = \begin{pmatrix} -1 \\ 0 \\ 1 \end{pmatrix}$,　$\boldsymbol{a}_3 = \begin{pmatrix} 0 \\ 1 \\ -1 \end{pmatrix}$

(e)　$\boldsymbol{a}_1 = \begin{pmatrix} 2 \\ 1 \\ 1 \\ 2 \end{pmatrix}$,　$\boldsymbol{a}_2 = \begin{pmatrix} 5 \\ 5 \\ 2 \\ 1 \end{pmatrix}$,　$\boldsymbol{a}_3 = \begin{pmatrix} 3 \\ 14 \\ -1 \\ -17 \end{pmatrix}$

(f)　$\boldsymbol{a}_1 = \begin{pmatrix} 1 \\ 1 \\ -1 \\ 3 \end{pmatrix}$,　$\boldsymbol{a}_2 = \begin{pmatrix} 3 \\ 2 \\ 0 \\ 7 \end{pmatrix}$,　$\boldsymbol{a}_3 = \begin{pmatrix} -2 \\ -1 \\ 1 \\ -1 \end{pmatrix}$

【解】　定理 4.1 とその系を用いる．$A = (\boldsymbol{a}_1 \ \cdots \ \boldsymbol{a}_m)$ として，$\boldsymbol{x} = {}^t(x_1 \ \cdots \ x_m)$ についての連立方程式 $A\boldsymbol{x} = \boldsymbol{0}$ が非自明解をもてば 1 次従属，自明解 $x_1 = \cdots = x_m = 0$ のみであれば 1 次独立である．つまり，A に行基本変形を行えばよい．

(a)　$$\begin{pmatrix} 1 & 1 \\ 1 & -1 \end{pmatrix} \xrightarrow{②-①} \begin{pmatrix} 1 & 1 \\ 0 & -2 \end{pmatrix} \Leftrightarrow \begin{cases} x_1 + x_2 = 0, \\ \quad -2x_2 = 0. \end{cases}$$

これを解いて $x_1 = x_2 = 0$ となるので，$\boldsymbol{a}_1$, $\boldsymbol{a}_2$ は 1 次独立．

(b)　$$\begin{pmatrix} -\sqrt{2} & 4 \\ \sqrt{3} & -2\sqrt{6} \end{pmatrix} \xrightarrow{② + \frac{\sqrt{3}}{\sqrt{2}} \times ①} \begin{pmatrix} -\sqrt{2} & 4 \\ 0 & 0 \end{pmatrix} \Leftrightarrow -\sqrt{2}\,x_1 + 4x_2 = 0.$$

これを解いて $(x_1, x_2) = (2\sqrt{2}\,k, k)$（$k$ は任意定数）．つまり $2\sqrt{2}\,\boldsymbol{a}_1 + \boldsymbol{a}_2 = \boldsymbol{0}$ となるので，$\boldsymbol{a}_1$, $\boldsymbol{a}_2$ は 1 次従属．

(c)　$$\begin{pmatrix} 1 & 1 & 0 \\ 1 & 0 & 1 \\ 0 & 1 & 1 \end{pmatrix} \xrightarrow{②-①} \begin{pmatrix} 1 & 1 & 0 \\ 0 & -1 & 1 \\ 0 & 1 & 1 \end{pmatrix} \xrightarrow{③+②} \begin{pmatrix} 1 & 1 & 0 \\ 0 & -1 & 1 \\ 0 & 0 & 2 \end{pmatrix}$$

$$\Leftrightarrow \quad x_1 + x_2 = -x_2 + x_3 = 2x_3 = 0.$$

これを解いて $x_1 = x_2 = x_3 = 0$．よって，$\boldsymbol{a}_1$, $\boldsymbol{a}_2$, $\boldsymbol{a}_3$ は 1 次独立．

(d)　$$\begin{pmatrix} 1 & -1 & 0 \\ -1 & 0 & 1 \\ 0 & 1 & -1 \end{pmatrix} \xrightarrow{②+①} \begin{pmatrix} 1 & -1 & 0 \\ 0 & -1 & 1 \\ 0 & 1 & -1 \end{pmatrix} \xrightarrow{③+②} \begin{pmatrix} 1 & -1 & 0 \\ 0 & -1 & 1 \\ 0 & 0 & 0 \end{pmatrix}$$

$\Leftrightarrow \quad x_1 - x_2 = -x_2 + x_3 = 0$．これを解いて $(x_1, x_2, x_3) = (k, k, k)$

(k は任意定数)．つまり $\boldsymbol{a}_1+\boldsymbol{a}_2+\boldsymbol{a}_3=\boldsymbol{0}$ となるので，$\boldsymbol{a}_1$, $\boldsymbol{a}_2$, $\boldsymbol{a}_3$ は1次従属．

(e)
$$\begin{pmatrix} 2 & 5 & 3 \\ 1 & 5 & 14 \\ 1 & 2 & -1 \\ 2 & 1 & -17 \end{pmatrix} \xrightarrow{①\leftrightarrow③} \begin{pmatrix} 1 & 2 & -1 \\ 1 & 5 & 14 \\ 2 & 5 & 3 \\ 2 & 1 & -17 \end{pmatrix}$$

$$\xrightarrow[④-2\times①]{②-①,\ ③-2\times①} \begin{pmatrix} 1 & 2 & -1 \\ 0 & 3 & 15 \\ 0 & 1 & 5 \\ 0 & -3 & -15 \end{pmatrix} \xrightarrow{②\leftrightarrow③} \begin{pmatrix} 1 & 2 & -1 \\ 0 & 1 & 5 \\ 0 & 3 & 15 \\ 0 & -3 & -15 \end{pmatrix}$$

$$\xrightarrow[④+3\times②]{①-2\times②,\ ③-3\times②} \begin{pmatrix} 1 & 0 & -11 \\ 0 & 1 & 5 \\ 0 & 0 & 0 \\ 0 & 0 & 0 \end{pmatrix}$$

$$\Leftrightarrow \quad x_1-11x_3=x_2+5x_3=0.$$

これを解いて $(x_1, x_2, x_3)=(11k, -5k, k)$ (k は任意定数)．つまり $11\boldsymbol{a}_1-5\boldsymbol{a}_2+\boldsymbol{a}_3=\boldsymbol{0}$ となるので，$\boldsymbol{a}_1$, $\boldsymbol{a}_2$, $\boldsymbol{a}_3$ は1次従属．

(f)
$$\begin{pmatrix} 1 & 3 & -2 \\ 1 & 2 & -1 \\ -1 & 0 & 1 \\ 3 & 7 & -1 \end{pmatrix} \xrightarrow[④-3\times①]{②-①,\ ③+①} \begin{pmatrix} 1 & 3 & -2 \\ 0 & -1 & 1 \\ 0 & 3 & -1 \\ 0 & -2 & 5 \end{pmatrix}$$

$$\xrightarrow[④-2\times②]{③+3\times②} \begin{pmatrix} 1 & 3 & -2 \\ 0 & -1 & 1 \\ 0 & 0 & 2 \\ 0 & 0 & 3 \end{pmatrix} \xrightarrow{④-\frac{3}{2}\times③} \begin{pmatrix} 1 & 3 & -2 \\ 0 & -1 & 1 \\ 0 & 0 & 2 \\ 0 & 0 & 0 \end{pmatrix}$$

$$\Leftrightarrow \quad x_1+3x_2-2x_3=-x_2+x_3=2x_3=0.$$

これを解いて $x_1=x_2=x_3=0$ となるので，$\boldsymbol{a}_1$, $\boldsymbol{a}_2$, $\boldsymbol{a}_3$ は1次独立． □

(別解) (a)～(d) のように，$m=n$ の場合は定理4.1 (v) を用いて，行列式 $|A|$ の値が0に等しいかどうか調べてもよい．例えば，(b) では

$$\begin{vmatrix} -\sqrt{2} & 4 \\ \sqrt{3} & -2\sqrt{6} \end{vmatrix} = 4\sqrt{3}-4\sqrt{3}=0$$ なので，$\boldsymbol{a}_1$, $\boldsymbol{a}_2$ は1次従属である． □

コメント 幾何学的にいうと，$\boldsymbol{0}$ でない2つのベクトル $\boldsymbol{a}_1$, $\boldsymbol{a}_2$ が1次従属であるための必要十分条件は $\boldsymbol{a}_1$ と $\boldsymbol{a}_2$ が共線である，つまりこれらのベクトルが同一直線上にあること

である．また，3つのベクトル $\boldsymbol{a}_1, \boldsymbol{a}_2, \boldsymbol{a}_3$ が1次従属であるための必要十分条件は，$\boldsymbol{a}_1, \boldsymbol{a}_2, \boldsymbol{a}_3$ が共面であること，言い換えればこれらのベクトルが同一平面上にあることである．3次元ベクトルの場合を図示すれば，下図のようになる．

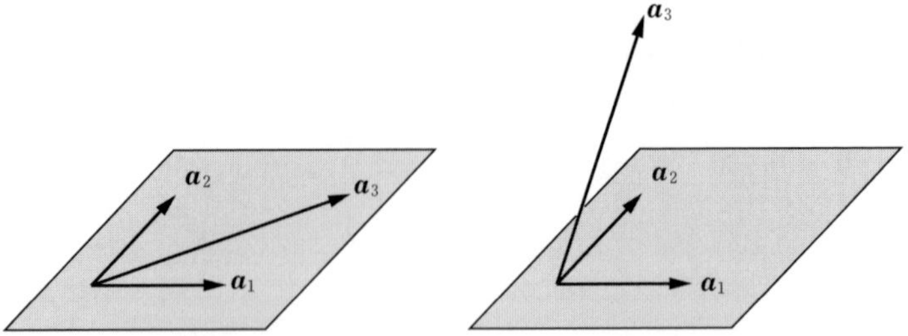

1次従属である場合　　1次独立である場合

例題 4.2

次のベクトルから1次独立な最大個数のベクトルを選び，これらのベクトルの1次結合で残りのベクトルを表せ．

$$\boldsymbol{a}_1 = \begin{pmatrix} 1 \\ 2 \\ -3 \end{pmatrix}, \quad \boldsymbol{a}_2 = \begin{pmatrix} 2 \\ -6 \\ -6 \end{pmatrix}, \quad \boldsymbol{a}_3 = \begin{pmatrix} 3 \\ 1 \\ -9 \end{pmatrix}, \quad \boldsymbol{a}_4 = \begin{pmatrix} -1 \\ 8 \\ 3 \end{pmatrix}$$

【解】 与えられたベクトルを列とする行列 $A = (\boldsymbol{a}_1 \ \ \boldsymbol{a}_2 \ \ \boldsymbol{a}_3 \ \ \boldsymbol{a}_4)$ を行基本変形によって次のように変形する：

$$\begin{pmatrix} 1 & 2 & 3 & -1 \\ 2 & -6 & 1 & 8 \\ -3 & -6 & -9 & 3 \end{pmatrix} \xrightarrow[③ + 3 \times ①]{② - 2 \times ①} \begin{pmatrix} 1 & 2 & 3 & -1 \\ 0 & -10 & -5 & 10 \\ 0 & 0 & 0 & 0 \end{pmatrix}$$

$$\xrightarrow{② \div (-10)} \begin{pmatrix} 1 & 2 & 3 & -1 \\ 0 & 1 & \frac{1}{2} & -1 \\ 0 & 0 & 0 & 0 \end{pmatrix} \xrightarrow{① - 2 \times ②} \begin{pmatrix} 1 & 0 & 2 & 1 \\ 0 & 1 & \frac{1}{2} & -1 \\ 0 & 0 & 0 & 0 \end{pmatrix}.$$

したがって，$\mathrm{rank}\, A = 2$ である．変形後の行列を $B = (\boldsymbol{b}_1 \ \ \boldsymbol{b}_2 \ \ \boldsymbol{b}_3 \ \ \boldsymbol{b}_4)$ とおくと，

(i) 1次独立な1組のベクトルは $\boldsymbol{b}_1, \boldsymbol{b}_2$ であり[1]，

(ii) その他のベクトルは $\boldsymbol{b}_3 = 2\boldsymbol{b}_1 + \frac{1}{2}\boldsymbol{b}_2$，$\boldsymbol{b}_4 = \boldsymbol{b}_1 - \boldsymbol{b}_2$ と表される．

---

1) 行列 A はベクトルの並べ方に依存する．このため，1次独立なベクトルの選び方には任意性が含まれる．確定しているのは，1次独立なベクトルの個数である．

一方，$\boldsymbol{a}_i$ の間に以下の関係式が成り立つとする：

$$x_1\boldsymbol{a}_1 + x_2\boldsymbol{a}_2 + x_3\boldsymbol{a}_3 + x_4\boldsymbol{a}_4 = \boldsymbol{0} \quad \Leftrightarrow \quad (\boldsymbol{a}_1 \quad \boldsymbol{a}_2 \quad \boldsymbol{a}_3 \quad \boldsymbol{a}_4)\begin{pmatrix} x_1 \\ x_2 \\ x_3 \\ x_4 \end{pmatrix} = \boldsymbol{0}. \tag{4.2}$$

これを x_1, x_2, x_3, x_4 についての連立方程式と見なすと，$\boldsymbol{b}_i$ の間の関係式

$$x_1\boldsymbol{b}_1 + x_2\boldsymbol{b}_2 + x_3\boldsymbol{b}_3 + x_4\boldsymbol{b}_4 = \boldsymbol{0} \quad \Leftrightarrow \quad (\boldsymbol{b}_1 \quad \boldsymbol{b}_2 \quad \boldsymbol{b}_3 \quad \boldsymbol{b}_4)\begin{pmatrix} x_1 \\ x_2 \\ x_3 \\ x_4 \end{pmatrix} = \boldsymbol{0} \tag{4.3}$$

は連立方程式 (4.2) に行基本変形を行ったものであるので，その解は変わらない．したがって，$\boldsymbol{a}_i$ の間の関係式と $\boldsymbol{b}_i$ 間の関係式は同じである．つまり，

（i） 1次独立な1組のベクトルは $\boldsymbol{a}_1$, $\boldsymbol{a}_2$ であり，

（ii） その他のベクトルは $\boldsymbol{a}_3 = 2\boldsymbol{a}_1 + \dfrac{1}{2}\boldsymbol{a}_2$, $\boldsymbol{a}_4 = \boldsymbol{a}_1 - \boldsymbol{a}_2$ と表される．□

問題 1　次のベクトルの1次独立性，従属性を調べよ．

（a） $\boldsymbol{a}_1 = \begin{pmatrix} 1 \\ 2 \\ 3 \end{pmatrix}$, $\boldsymbol{a}_2 = \begin{pmatrix} 1 \\ 3 \\ 8 \end{pmatrix}$, $\boldsymbol{a}_3 = \begin{pmatrix} 3 \\ 5 \\ 5 \end{pmatrix}$

（b） $\boldsymbol{a}_1 = \begin{pmatrix} 1 \\ -1 \\ 0 \end{pmatrix}$, $\boldsymbol{a}_2 = \begin{pmatrix} 7 \\ 5 \\ -3 \end{pmatrix}$, $\boldsymbol{a}_3 = \begin{pmatrix} 3 \\ 1 \\ -1 \end{pmatrix}$

（c） $\boldsymbol{a}_1 = \begin{pmatrix} -2 \\ 3 \\ 1 \\ -2 \end{pmatrix}$, $\boldsymbol{a}_2 = \begin{pmatrix} 1 \\ -4 \\ -2 \\ 5 \end{pmatrix}$, $\boldsymbol{a}_3 = \begin{pmatrix} 7 \\ -3 \\ 1 \\ -5 \end{pmatrix}$

問題 2　次のベクトルから1次独立な最大個数のベクトルを選び，これらのベクトルの1次結合で残りのベクトルを表せ．

$$\boldsymbol{a}_1 = \begin{pmatrix} 2 \\ 1 \\ -1 \\ 3 \end{pmatrix}, \ \boldsymbol{a}_2 = \begin{pmatrix} 2 \\ 3 \\ -2 \\ 4 \end{pmatrix}, \ \boldsymbol{a}_3 = \begin{pmatrix} 0 \\ 2 \\ -1 \\ 1 \end{pmatrix}, \ \boldsymbol{a}_4 = \begin{pmatrix} 1 \\ -2 \\ 0 \\ 1 \end{pmatrix}, \ \boldsymbol{a}_5 = \begin{pmatrix} 1 \\ 7 \\ -3 \\ 4 \end{pmatrix}$$

4.2 正規直交系とグラム・シュミットの直交化法

4.2.1 $\mathbf{R}^n$ の正規直交系

$\mathbf{R}^n$ の基本ベクトル $\boldsymbol{e}_1, \boldsymbol{e}_2, \cdots, \boldsymbol{e}_n$ (14ページ) は次の関係式を満たす：

$$(\boldsymbol{e}_i, \boldsymbol{e}_j) = \delta_{ij} = \begin{cases} 1 & (i = j) \\ 0 & (i \neq j) \end{cases} \qquad (1 \leq i, j \leq n). \tag{4.4}$$

基本ベクトルに限らず，n 個の単位ベクトルの組 $\{\boldsymbol{e}_1, \boldsymbol{e}_2, \cdots, \boldsymbol{e}_n\}$ が関係式 (4.4) を満たすとき，$\{\boldsymbol{e}_1, \boldsymbol{e}_2, \cdots, \boldsymbol{e}_n\}$ は $\mathbf{R}^n$ の**正規直交系**をなすという．

例 1

$n = 2$ の場合，基本ベクトル $\left\{\boldsymbol{e}_1 = \begin{pmatrix} 1 \\ 0 \end{pmatrix}, \boldsymbol{e}_2 = \begin{pmatrix} 0 \\ 1 \end{pmatrix}\right\}$ の他に，例えば

$\left\{\boldsymbol{e}_1 = \begin{pmatrix} \frac{1}{\sqrt{2}} \\ \frac{1}{\sqrt{2}} \end{pmatrix}, \boldsymbol{e}_2 = \begin{pmatrix} \frac{1}{\sqrt{2}} \\ -\frac{1}{\sqrt{2}} \end{pmatrix}\right\}$ や $\left\{\boldsymbol{e}_1 = \begin{pmatrix} \frac{1}{2} \\ -\frac{\sqrt{3}}{2} \end{pmatrix}, \boldsymbol{e}_2 = \begin{pmatrix} \frac{\sqrt{3}}{2} \\ \frac{1}{2} \end{pmatrix}\right\}$ も $\mathbf{R}^2$ の正規直交系をなす．　◆

例題 4.3

次の3次元ベクトルが正規直交系をなすとき，a, b, c, x, y, z の値を定めよ．ただし a, b, c は正とする．

$$\left\{\boldsymbol{e}_1 = a\begin{pmatrix} 1 \\ 1 \\ 1 \end{pmatrix}, \boldsymbol{e}_2 = b\begin{pmatrix} 1 \\ x \\ 0 \end{pmatrix}, \boldsymbol{e}_3 = c\begin{pmatrix} 1 \\ y \\ z \end{pmatrix}\right\}$$

【解】 正規直交系をなすから，$i \neq j$ のとき $(\boldsymbol{e}_i, \boldsymbol{e}_j) = 0$ となることと，$a, b, c \neq 0$ でなければならないことに注意すると，

$$(\boldsymbol{e}_1, \boldsymbol{e}_2) = 0 \iff 1 + x = 0,$$
$$(\boldsymbol{e}_1, \boldsymbol{e}_3) = 0 \iff 1 + y + z = 0,$$
$$(\boldsymbol{e}_2, \boldsymbol{e}_3) = 0 \iff 1 + xy = 0.$$

これを解いて $x = -1$, $y = 1$, $z = -2$. 次に $(\boldsymbol{e}_i, \boldsymbol{e}_i) = 1$ より,

$$(\boldsymbol{e}_1, \boldsymbol{e}_1) = 3a^2 = 1 \quad \text{より} \quad a = \frac{1}{\sqrt{3}},$$

$$(\boldsymbol{e}_2, \boldsymbol{e}_2) = 2b^2 = 1 \quad \text{より} \quad b = \frac{1}{\sqrt{2}},$$

$$(\boldsymbol{e}_3, \boldsymbol{e}_3) = 6c^2 = 1 \quad \text{より} \quad c = \frac{1}{\sqrt{6}}. \qquad \square$$

次の定理が成り立つ (証明は各自試みてみよ).

定理 4.2 $\mathbf{R}^n$ の正規直交系 $\{\boldsymbol{e}_1, \boldsymbol{e}_2, \cdots, \boldsymbol{e}_n\}$ は 1 次独立である. つまり

$$x_1\boldsymbol{e}_1 + x_2\boldsymbol{e}_2 + \cdots + x_n\boldsymbol{e}_n = \boldsymbol{0}$$

を満たす $x_1, x_2, \cdots, x_n$ は $x_1 = x_2 = \cdots = x_n = 0$ に限る.

4.2.2 グラム・シュミットの直交化法

xy 平面や xyz 空間の座標軸上の単位ベクトルは正規直交系であり, 応用上有用である. ここでは, 一般な次元を含め, 1 次独立なベクトルをもとにして, 正規直交系が作れることを示す. $\mathbf{R}^n$ 内の k 個の 1 次独立なベクトルの組 $\{\boldsymbol{a}_1, \boldsymbol{a}_2, \cdots, \boldsymbol{a}_k\}$ $(k \leq n)$ から次の**グラム・シュミットの直交化法**と呼ばれる手順を用いることで正規直交系 $\{\boldsymbol{e}_1, \boldsymbol{e}_2, \cdots, \boldsymbol{e}_k\}$ を構成できる.

(1) $\boldsymbol{e}_1 = \dfrac{\boldsymbol{a}_1}{\|\boldsymbol{a}_1\|}$,

(2) $\boldsymbol{f}_2 = \boldsymbol{a}_2 - (\boldsymbol{a}_2, \boldsymbol{e}_1)\boldsymbol{e}_1, \qquad \boldsymbol{e}_2 = \dfrac{\boldsymbol{f}_2}{\|\boldsymbol{f}_2\|}$,

$$\vdots$$

(k) $\boldsymbol{f}_k = \boldsymbol{a}_k - (\boldsymbol{a}_k, \boldsymbol{e}_1)\boldsymbol{e}_1 - (\boldsymbol{a}_k, \boldsymbol{e}_2)\boldsymbol{e}_2 - \cdots - (\boldsymbol{a}_k, \boldsymbol{e}_{k-1})\boldsymbol{e}_{k-1}$,

$$\boldsymbol{e}_k = \frac{\boldsymbol{f}_k}{\|\boldsymbol{f}_k\|}.$$

このままでは何をやっているのかわかりにくいので, $k = 3$ として, グラム・シュミットの直交化法について解説しよう.

1 次独立なベクトル $\boldsymbol{a}_1, \boldsymbol{a}_2, \boldsymbol{a}_3$ が与えられたとき,

（1）　$\boldsymbol{a}_1$ を正規化する，つまり $\boldsymbol{a}_1$ と同じ向きの単位ベクトル $\boldsymbol{e}_1$ は

$$\boldsymbol{e}_1 = \frac{\boldsymbol{a}_1}{\|\boldsymbol{a}_1\|}$$

で与えられる (1.1節 例題1.1参照).

（2）　いま求めた $\boldsymbol{e}_1$ と $\boldsymbol{a}_2$ を用いて与えられるベクトル

$$\boldsymbol{f}_2 = \boldsymbol{a}_2 + p\boldsymbol{e}_1$$

が $\boldsymbol{e}_1$ と直交するように p を求める．上式と $\boldsymbol{e}_1$ との内積をとれば

$$0 = (\boldsymbol{f}_2,\ \boldsymbol{e}_1) = (\boldsymbol{a}_2 + p\boldsymbol{e}_1,\ \boldsymbol{e}_1) = (\boldsymbol{a}_2,\ \boldsymbol{e}_1) + p(\boldsymbol{e}_1,\ \boldsymbol{e}_1)$$

となるから，

$$p = -(\boldsymbol{a}_2,\ \boldsymbol{e}_1) \qquad ((\boldsymbol{e}_1,\ \boldsymbol{e}_1) = \|\boldsymbol{e}_1\|^2 = 1 \text{ より}).$$

したがって，$\boldsymbol{f}_2 = \boldsymbol{a}_2 - (\boldsymbol{a}_2,\ \boldsymbol{e}_1)\boldsymbol{e}_1$ は $\boldsymbol{e}_1$ と直交するが，これは単位ベクトルとは限らないので，$\boldsymbol{f}_2$ を正規化する．

$$\boldsymbol{e}_2 = \frac{\boldsymbol{f}_2}{\|\boldsymbol{f}_2\|} = \frac{\boldsymbol{a}_2 - (\boldsymbol{a}_2,\ \boldsymbol{e}_1)\boldsymbol{e}_1}{\|\boldsymbol{a}_2 - (\boldsymbol{a}_2,\ \boldsymbol{e}_1)\boldsymbol{e}_1\|}$$

とおけば，$(\boldsymbol{e}_1,\ \boldsymbol{e}_2) = 0$，$(\boldsymbol{e}_2,\ \boldsymbol{e}_2) = 1$ を満たす．$\{\boldsymbol{a}_1,\ \boldsymbol{a}_2\}$ から正規直交系 $\{\boldsymbol{e}_1,\ \boldsymbol{e}_2\}$ を得る手順を下に示す．

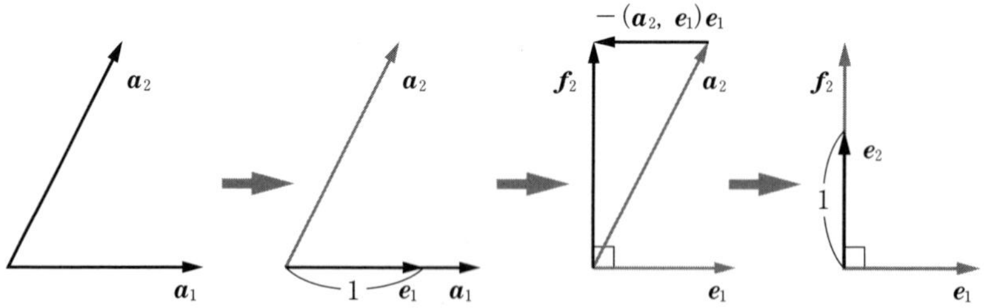

$\boldsymbol{a}_1$, $\boldsymbol{a}_2$ から作られる正規直交系

（3）　$\boldsymbol{f}_2$ と同様に，$\boldsymbol{a}_3$ に $\boldsymbol{e}_1$, $\boldsymbol{e}_2$ の適当な1次結合を加えて，

$$\boldsymbol{f}_3 = \boldsymbol{a}_3 + p_1\boldsymbol{e}_1 + p_2\boldsymbol{e}_2$$

が $\boldsymbol{e}_1$, $\boldsymbol{e}_2$ に直交するように p_1, p_2 を決定する．両辺と $\boldsymbol{e}_1$, $\boldsymbol{e}_2$ との内積をとって

$$0=(\boldsymbol{f}_3,\ \boldsymbol{e}_1)=(\boldsymbol{a}_3+p_1\boldsymbol{e}_1+p_2\boldsymbol{e}_2,\ \boldsymbol{e}_1)=(\boldsymbol{a}_3,\ \boldsymbol{e}_1)+p_1,$$
$$0=(\boldsymbol{f}_3,\ \boldsymbol{e}_2)=(\boldsymbol{a}_3+p_1\boldsymbol{e}_1+p_2\boldsymbol{e}_2,\ \boldsymbol{e}_2)=(\boldsymbol{a}_3,\ \boldsymbol{e}_2)+p_2.$$

したがって $p_1=-(\boldsymbol{a}_3,\ \boldsymbol{e}_1)$, $p_2=-(\boldsymbol{a}_3,\ \boldsymbol{e}_2)$ を得る．つまり

$$\boldsymbol{f}_3=\boldsymbol{a}_3-(\boldsymbol{a}_3,\ \boldsymbol{e}_1)\boldsymbol{e}_1-(\boldsymbol{a}_3,\ \boldsymbol{e}_2)\boldsymbol{e}_2.$$

最後に $\boldsymbol{f}_3$ を正規化して

$$\boldsymbol{e}_3=\frac{\boldsymbol{f}_3}{\|\boldsymbol{f}_3\|}=\frac{\boldsymbol{a}_3-(\boldsymbol{a}_3,\ \boldsymbol{e}_1)\boldsymbol{e}_1-(\boldsymbol{a}_3,\ \boldsymbol{e}_2)\boldsymbol{e}_2}{\|\boldsymbol{a}_3-(\boldsymbol{a}_3,\ \boldsymbol{e}_1)\boldsymbol{e}_1-(\boldsymbol{a}_3,\ \boldsymbol{e}_2)\boldsymbol{e}_2\|}$$

を得る．このとき，$\{\boldsymbol{e}_1,\ \boldsymbol{e}_2,\ \boldsymbol{e}_3\}$ は正規直交系をなす．

$\{\boldsymbol{e}_1,\ \boldsymbol{e}_2,\ \boldsymbol{a}_3\}$ から $\boldsymbol{e}_3$ を構成する手続きを下図に示す．

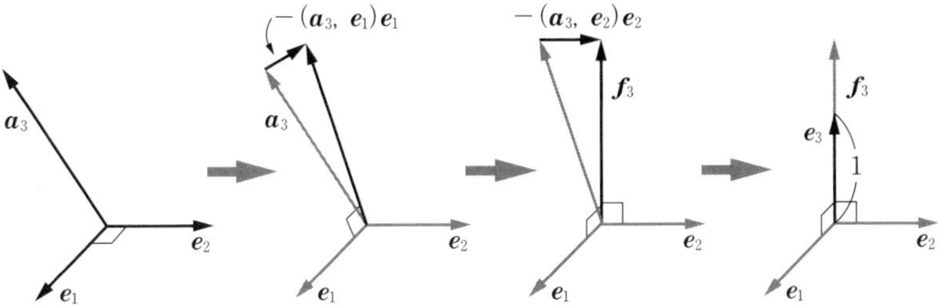

計算上の注意　グラム・シュミットの直交化法において，$\boldsymbol{f}_j$ にきりの悪い係数が生じることが多い．しかし，$\boldsymbol{f}_j$ を正規化する際に，係数が分母・分子で相殺されることから，係数を無視したものを改めて $\boldsymbol{f}_j$ とおいて正規化すると計算が簡単になる．次の例題でそのことを見よう．

例題 4.4

1次独立なベクトルの組 $\left\{\boldsymbol{a}_1=\begin{pmatrix}1\\1\\0\end{pmatrix},\ \boldsymbol{a}_2=\begin{pmatrix}1\\0\\1\end{pmatrix},\ \boldsymbol{a}_3=\begin{pmatrix}1\\1\\1\end{pmatrix}\right\}$ から

グラム・シュミットの直交化法で正規直交系 $\{\boldsymbol{e}_1,\ \boldsymbol{e}_2,\ \boldsymbol{e}_3\}$ を構成せよ．

上で述べた手順に従って計算する．

【解】　(1)　$\|\boldsymbol{a}_1\|=\sqrt{2}$ より $\boldsymbol{e}_1=\dfrac{\boldsymbol{a}_1}{\|\boldsymbol{a}_1\|}=\dfrac{1}{\sqrt{2}}\begin{pmatrix}1\\1\\0\end{pmatrix}.$

（2） 次に，$\boldsymbol{f}_2 = \boldsymbol{a}_2 - (\boldsymbol{a}_2, \boldsymbol{e}_1)\boldsymbol{e}_1 = \begin{pmatrix} 1 \\ 0 \\ 1 \end{pmatrix} - \frac{1}{\sqrt{2}} \cdot \frac{1}{\sqrt{2}} \begin{pmatrix} 1 \\ 1 \\ 0 \end{pmatrix} = \frac{1}{2} \begin{pmatrix} 1 \\ -1 \\ 2 \end{pmatrix}$.

$\begin{pmatrix} 1 \\ -1 \\ 2 \end{pmatrix}$ を改めて $\boldsymbol{f}_2$ とおいて正規化すると $\boldsymbol{e}_2 = \frac{\boldsymbol{f}_2}{\|\boldsymbol{f}_2\|} = \frac{1}{\sqrt{6}} \begin{pmatrix} 1 \\ -1 \\ 2 \end{pmatrix}$.

（3） 最後に，

$$
\begin{aligned}
\boldsymbol{f}_3 &= \boldsymbol{a}_3 - (\boldsymbol{a}_3, \boldsymbol{e}_1)\boldsymbol{e}_1 - (\boldsymbol{a}_3, \boldsymbol{e}_2)\boldsymbol{e}_2 \\
&= \begin{pmatrix} 1 \\ 1 \\ 1 \end{pmatrix} - \sqrt{2} \cdot \frac{1}{\sqrt{2}} \begin{pmatrix} 1 \\ 1 \\ 0 \end{pmatrix} - \frac{2}{\sqrt{6}} \cdot \frac{1}{\sqrt{6}} \begin{pmatrix} 1 \\ -1 \\ 2 \end{pmatrix} = \frac{1}{3} \begin{pmatrix} -1 \\ 1 \\ 1 \end{pmatrix}.
\end{aligned}
$$

$\begin{pmatrix} -1 \\ 1 \\ 1 \end{pmatrix}$ を改めて $\boldsymbol{f}_3$ とおいて正規化すると $\boldsymbol{e}_3 = \frac{\boldsymbol{f}_3}{\|\boldsymbol{f}_3\|} = \frac{1}{\sqrt{3}} \begin{pmatrix} -1 \\ 1 \\ 1 \end{pmatrix}$.

以上によって構成された $\{\boldsymbol{e}_1, \boldsymbol{e}_2, \boldsymbol{e}_3\}$ は $(\boldsymbol{e}_i, \boldsymbol{e}_j) = \delta_{ij}$ を満たす，つまり正規直交系をなす． □

問題 1 4次元ベクトル

$$
\left\{ \boldsymbol{e}_1 = a_1 \begin{pmatrix} 1 \\ -1 \\ 1 \\ -1 \end{pmatrix},\ \boldsymbol{e}_2 = a_2 \begin{pmatrix} 1 \\ u \\ 0 \\ 0 \end{pmatrix},\ \boldsymbol{e}_3 = a_3 \begin{pmatrix} 1 \\ v \\ w \\ 0 \end{pmatrix},\ \boldsymbol{e}_4 = a_4 \begin{pmatrix} 1 \\ x \\ y \\ z \end{pmatrix} \right\}
$$

が正規直交系をなすように，$a_i\ (i = 1, 2, 3, 4)$，u, v, w, x, y, z の値を定めよ．ただし $a_i\ (i = 1, 2, 3, 4)$ は正とする．

問題 2 定理 4.2 を証明せよ．

問題 3 次のベクトルの組からグラム・シュミットの直交化法で正規直交系を構成せよ．

$$
\left\{ \boldsymbol{a}_1 = \begin{pmatrix} 1 \\ 1 \\ -1 \end{pmatrix},\ \boldsymbol{a}_2 = \begin{pmatrix} 0 \\ 1 \\ -1 \end{pmatrix},\ \boldsymbol{a}_3 = \begin{pmatrix} 1 \\ 1 \\ 0 \end{pmatrix} \right\}
$$

4.3 さまざまな行列 2

4.3.1 直交行列とユニタリ行列

次の例題から始めよう．

例題 4.5

$$\left\{ \boldsymbol{a}_1 = \begin{pmatrix} 1 \\ 1 \\ 0 \end{pmatrix},\ \boldsymbol{a}_2 = \begin{pmatrix} 1 \\ 0 \\ 1 \end{pmatrix},\ \boldsymbol{a}_3 = \begin{pmatrix} 1 \\ 1 \\ 1 \end{pmatrix} \right\}$$ から作られた正規直交系

$$\left\{ \boldsymbol{e}_1 = \frac{1}{\sqrt{2}}\begin{pmatrix} 1 \\ 1 \\ 0 \end{pmatrix},\ \boldsymbol{e}_2 = \frac{1}{\sqrt{6}}\begin{pmatrix} 1 \\ -1 \\ 2 \end{pmatrix},\ \boldsymbol{e}_3 = \frac{1}{\sqrt{3}}\begin{pmatrix} -1 \\ 1 \\ 1 \end{pmatrix} \right\}$$

について(例題 4.4)，以下の問に答えよ．

（a） $Q = (\boldsymbol{e}_1\ \ \boldsymbol{e}_2\ \ \boldsymbol{e}_3)$ とする．${}^tQQ$ を計算せよ．

（b） $A = (\boldsymbol{a}_1\ \ \boldsymbol{a}_2\ \ \boldsymbol{a}_3)$ とする．$A = QR$ を満たす行列 R を求めよ．

【解】 （a）
$$ {}^tQQ = \begin{pmatrix} \frac{1}{\sqrt{2}} & \frac{1}{\sqrt{2}} & 0 \\ \frac{1}{\sqrt{6}} & -\frac{1}{\sqrt{6}} & \frac{2}{\sqrt{6}} \\ -\frac{1}{\sqrt{3}} & \frac{1}{\sqrt{3}} & \frac{1}{\sqrt{3}} \end{pmatrix} \begin{pmatrix} \frac{1}{\sqrt{2}} & \frac{1}{\sqrt{6}} & -\frac{1}{\sqrt{3}} \\ \frac{1}{\sqrt{2}} & -\frac{1}{\sqrt{6}} & \frac{1}{\sqrt{3}} \\ 0 & \frac{2}{\sqrt{6}} & \frac{1}{\sqrt{3}} \end{pmatrix}$$

$$= \begin{pmatrix} \frac{1+1}{2} & \frac{1-1}{2\sqrt{3}} & \frac{-1+1}{\sqrt{6}} \\ \frac{1-1}{2\sqrt{3}} & \frac{1+1+4}{6} & \frac{-1-1+2}{3\sqrt{2}} \\ \frac{-1+1}{\sqrt{6}} & \frac{-1-1+2}{3\sqrt{2}} & \frac{1+1+1}{3} \end{pmatrix}$$

$$= \begin{pmatrix} 1 & 0 & 0 \\ 0 & 1 & 0 \\ 0 & 0 & 1 \end{pmatrix}.$$

したがって，${}^tQQ$ は単位行列 E に等しい．

（b） $QR = A$ の両辺に左側から ${}^tQ$ を掛けて (a) の結果を用いると，

$$R = {}^tQA = \begin{pmatrix} \frac{1}{\sqrt{2}} & \frac{1}{\sqrt{2}} & 0 \\ \frac{1}{\sqrt{6}} & -\frac{1}{\sqrt{6}} & \frac{2}{\sqrt{6}} \\ -\frac{1}{\sqrt{3}} & \frac{1}{\sqrt{3}} & \frac{1}{\sqrt{3}} \end{pmatrix} \begin{pmatrix} 1 & 1 & 1 \\ 1 & 0 & 1 \\ 0 & 1 & 1 \end{pmatrix} = \begin{pmatrix} \sqrt{2} & \frac{1}{\sqrt{2}} & \sqrt{2} \\ 0 & \frac{3}{\sqrt{6}} & \frac{2}{\sqrt{6}} \\ 0 & 0 & \frac{1}{\sqrt{3}} \end{pmatrix}$$

(別解)　(a) の行列計算をする際，行列 ${}^tQQ$ の (i, j) 成分は内積 $(\boldsymbol{e}_i, \boldsymbol{e}_j)$ に他ならないことに気付けば，具体的に成分計算しなくても $(\boldsymbol{e}_i, \boldsymbol{e}_j) = \delta_{ij}$ を用いれば

$${}^tQQ = \begin{pmatrix} (\boldsymbol{e}_1, \boldsymbol{e}_1) & (\boldsymbol{e}_1, \boldsymbol{e}_2) & (\boldsymbol{e}_1, \boldsymbol{e}_3) \\ (\boldsymbol{e}_2, \boldsymbol{e}_1) & (\boldsymbol{e}_2, \boldsymbol{e}_2) & (\boldsymbol{e}_2, \boldsymbol{e}_3) \\ (\boldsymbol{e}_3, \boldsymbol{e}_1) & (\boldsymbol{e}_3, \boldsymbol{e}_2) & (\boldsymbol{e}_3, \boldsymbol{e}_3) \end{pmatrix} = \begin{pmatrix} 1 & 0 & 0 \\ 0 & 1 & 0 \\ 0 & 0 & 1 \end{pmatrix}$$

のように簡単に計算できる．　□

一般に，正方行列 Q を列ベクトル $Q = (\boldsymbol{q}_1 \ \ \boldsymbol{q}_2 \ \ \cdots \ \ \boldsymbol{q}_n)$ に分解したとき，これら n 個のベクトルの組 $\{\boldsymbol{q}_1, \boldsymbol{q}_2, \cdots, \boldsymbol{q}_n\}$ が正規直交系をなしているならば，つまり

$${}^tQQ = E \quad \Leftrightarrow \quad Q^{-1} = {}^tQ$$

が成り立つとき，Q は**直交行列**であるという．$Q\,{}^tQ = E$ であることに注意すると，Q を n 個の行ベクトルに分解しても同様にこれらは正規直交系をなす．

発展　1次独立なベクトル $\boldsymbol{a}_1, \boldsymbol{a}_2, \cdots, \boldsymbol{a}_n \in \mathbf{R}^n$ から正規直交系 $\{\boldsymbol{e}_1, \boldsymbol{e}_2, \cdots, \boldsymbol{e}_n\}$ が作られるとき，グラム・シュミットの直交化法より，$\boldsymbol{a}_1, \cdots, \boldsymbol{a}_n$ は

$$\begin{aligned} \boldsymbol{a}_1 &= \|\boldsymbol{a}_1\|\,\boldsymbol{e}_1, \\ \boldsymbol{a}_2 &= (\boldsymbol{a}_2, \boldsymbol{e}_1)\,\boldsymbol{e}_1 + \|\boldsymbol{f}_2\|\,\boldsymbol{e}_2, \\ &\ \ \vdots \\ \boldsymbol{a}_n &= (\boldsymbol{a}_n, \boldsymbol{e}_1)\,\boldsymbol{e}_1 + (\boldsymbol{a}_n, \boldsymbol{e}_2)\,\boldsymbol{e}_2 + \cdots + (\boldsymbol{a}_n, \boldsymbol{e}_{n-1})\,\boldsymbol{e}_{n-1} + \|\boldsymbol{f}_n\|\,\boldsymbol{e}_n \end{aligned}$$

と表される．このとき，1次独立な $\boldsymbol{a}_1, \cdots, \boldsymbol{a}_n$ を列ベクトルとする行列 $A = (\boldsymbol{a}_1 \ \ \boldsymbol{a}_2 \ \ \cdots \ \ \boldsymbol{a}_n)$ は，

$$A = QR,$$

$$Q = (\boldsymbol{e}_1 \ \ \boldsymbol{e}_2 \ \ \cdots \ \ \boldsymbol{e}_n), \qquad R = \begin{pmatrix} \|\boldsymbol{a}_1\| & (\boldsymbol{a}_2, \boldsymbol{e}_1) & \cdots & (\boldsymbol{a}_n, \boldsymbol{e}_1) \\ 0 & \|\boldsymbol{f}_2\| & \ddots & \vdots \\ \vdots & \ddots & \ddots & (\boldsymbol{a}_n, \boldsymbol{e}_{n-1}) \\ 0 & \cdots & 0 & \|\boldsymbol{f}_n\| \end{pmatrix}$$

のように，直交行列 Q と（対角成分が正の）上三角行列 R との積に分解（**QR 分解**という）されることがわかる．QR 分解は，大規模な連立方程式や行列の固有値（第 5 章参照）をコンピュータで計算する際，頻繁に用いられる手法である．

上述の事実を複素ベクトルの場合に拡張しよう．

例題 4.6*

次の複素ベクトルの組 $\{\boldsymbol{u}_1, \boldsymbol{u}_2, \boldsymbol{u}_3\}$ が正規直交系をなす，つまり $(\boldsymbol{u}_i, \boldsymbol{u}_j) = \delta_{ij}$ を満たすとき，正の実数 a, b, c および複素数 x, y, z を求めよ．

$$\left\{ \boldsymbol{u}_1 = a\begin{pmatrix} 1 \\ 2 \\ 2i \end{pmatrix},\ \boldsymbol{u}_2 = b\begin{pmatrix} 0 \\ 1 \\ x \end{pmatrix},\ \boldsymbol{u}_3 = c\begin{pmatrix} y \\ z \\ 1 \end{pmatrix} \right\}$$

【解】 1.5 節で学んだとおり，複素ベクトルの内積は，$x_i, y_i \in \mathbf{C}$ $(i = 1, 2, 3)$ として，$\boldsymbol{x} = {}^t(x_1\ \ x_2\ \ x_3)$，$\boldsymbol{y} = {}^t(y_1\ \ y_2\ \ y_3)$ に対して，

$$(\boldsymbol{x}, \boldsymbol{y}) = x_1\overline{y_1} + x_2\overline{y_2} + x_3\overline{y_3}$$

である（$\boldsymbol{y}$ の成分が複素共役になることに注意する）．

$$(\boldsymbol{u}_1, \boldsymbol{u}_1) = a^2\{1^2 + 2^2 + 2i \times (-2i)\} = 9a^2 = 1 \quad \text{より} \quad a = \frac{1}{3}.$$

$$(\boldsymbol{u}_2, \boldsymbol{u}_1) = ab\{1 \times 2 + x \times (-2i)\} = 2ab(1 - ix) = 0 \quad \text{より} \quad x = -i.$$

$$(\boldsymbol{u}_2, \boldsymbol{u}_2) = b^2\{1^2 + (-i) \times i\} = 2b^2 = 1 \quad \text{より} \quad b = \frac{1}{\sqrt{2}}.$$

$$\left\{ \begin{array}{l} (\boldsymbol{u}_3, \boldsymbol{u}_1) = ac(y + 2z - 2i) = 0 \\ (\boldsymbol{u}_3, \boldsymbol{u}_2) = bc(z + i) = 0 \end{array} \right. \quad \text{より} \quad z = -i,\ y = 4i.$$

$$(\boldsymbol{u}_3, \boldsymbol{u}_3) = c^2\{4i \times (-4i) + (-i) \times i + 1^2\} = 18c^2 = 1 \quad \text{より}$$

$$c = \frac{1}{3\sqrt{2}}. \qquad \square$$

例題 4.6 の $\boldsymbol{u}_1, \boldsymbol{u}_2, \boldsymbol{u}_3$ を列ベクトルとする行列 $U = (\boldsymbol{u}_1\ \ \boldsymbol{u}_2\ \ \boldsymbol{u}_3)$ は，随伴行列 U^* との積を直接計算することにより，

$$U^*U = \begin{pmatrix} \frac{1}{3} & \frac{2}{3} & -\frac{2i}{3} \\ 0 & \frac{1}{\sqrt{2}} & \frac{i}{\sqrt{2}} \\ -\frac{4i}{3\sqrt{2}} & \frac{i}{3\sqrt{2}} & \frac{1}{3\sqrt{2}} \end{pmatrix} \begin{pmatrix} \frac{1}{3} & 0 & \frac{4i}{3\sqrt{2}} \\ \frac{2}{3} & \frac{1}{\sqrt{2}} & -\frac{i}{3\sqrt{2}} \\ \frac{2i}{3} & -\frac{i}{\sqrt{2}} & \frac{1}{3\sqrt{2}} \end{pmatrix} = E$$

を満たす．このように

$$U^*U = UU^* = E$$

を満たす行列を**ユニタリ行列**と呼ぶ．U が実行列の場合，$U^* = {}^tU$ なので，実ユニタリ行列は直交行列である．

4.3.2 ブロック分割された行列

A を $m \times n$ 行列とする．$m = m_1 + m_2 + \cdots + m_p$，$n = n_1 + n_2 + \cdots + n_q$ として，A を次のように**ブロック分割**する：

$$A = \begin{array}{c} \begin{matrix} n_1 & n_2 & \cdots & n_q \end{matrix} \\ \left(\begin{array}{c:c:c:c} A_{11} & A_{12} & \cdots & A_{1q} \\ \hdashline A_{21} & A_{22} & \cdots & A_{2q} \\ \hdashline \vdots & \vdots & \vdots & \vdots \\ \hdashline A_{p1} & A_{p2} & \cdots & A_{pq} \end{array}\right) \end{array} \begin{matrix} m_1 \\ m_2 \\ \vdots \\ m_p \end{matrix}$$

分割された行列 A_{ij} を A の (i, j) **ブロック**という．また，m_i と n_j の組 $(m_1, \cdots, m_p\,;\, n_1, \cdots, n_q)$ は A がどのように分割されているかを表しており，**分割の型**と呼ぶ．ブロック分割は行列の積を計算するときに役立つ．

例 1

A を $m \times n$ 行列とする．特別な分割の型 $(m\,;\,\underbrace{1, 1, \cdots, 1}_{n\text{個}})$ に対応するブロック分割は，次の列ベクトルへの分割を表す：

$$A = (\boldsymbol{a}_1 \ \cdots \ \boldsymbol{a}_n), \qquad \boldsymbol{a}_j = \begin{pmatrix} a_{1j} \\ \vdots \\ a_{mj} \end{pmatrix}.$$

同様に分割の型 $(1, 1, \cdots, 1\,;\,n)$ に対応するブロック分割は行ベクトルへの分割を表す．◆

説明を簡単にするため，$p=q=2$ の場合について解説する(より多くのブロックに分けられた場合についても同様に計算できる)．

$$\begin{array}{c} \quad\; m_1 \quad\; m_2 \\ A=\left(\begin{array}{c:c} A_{11} & A_{12} \\ \hdashline A_{21} & A_{22} \end{array}\right)\begin{array}{l} l_1 \\ l_2 \end{array}, \end{array} \qquad \begin{array}{c} \quad\; n_1 \quad\; n_2 \\ B=\left(\begin{array}{c:c} B_{11} & B_{12} \\ \hdashline B_{21} & B_{22} \end{array}\right)\begin{array}{l} m_1 \\ m_2 \end{array} \end{array}$$

のとき，積 AB は A_{11} などを成分と見なした 2 次正方行列の積と同じように

$$\begin{array}{c} \qquad n_1 \qquad\qquad\qquad n_2 \\ AB=\left(\begin{array}{c:c} A_{11}B_{11}+A_{12}B_{21} & A_{11}B_{12}+A_{12}B_{22} \\ \hdashline A_{21}B_{11}+A_{22}B_{21} & A_{21}B_{12}+A_{22}B_{22} \end{array}\right)\begin{array}{l} l_1 \\ l_2 \end{array} \end{array}$$

で与えられる．A の列と B の行における m_1 と m_2 の一致は重要である．

例題 4.7

$$A=\begin{pmatrix} 1 & 2 & 0 & 0 \\ 2 & -1 & 0 & 0 \\ 0 & 0 & 3 & 2 \\ 0 & 0 & 1 & -1 \end{pmatrix},\ B=\begin{pmatrix} 1 & 1 & 0 & 0 \\ 2 & 3 & 0 & 0 \\ 0 & 0 & 4 & -2 \\ 0 & 0 & 2 & -1 \end{pmatrix}$$ のとき，次を求めよ．

（a）AB　　（b）A^{-1}

【解】 A, B をそれぞれ次のようにブロック分割する．

$$A=\begin{pmatrix} A_1 & O \\ O & A_2 \end{pmatrix},\quad A_1=\begin{pmatrix} 1 & 2 \\ 2 & -1 \end{pmatrix},\quad A_2=\begin{pmatrix} 3 & 2 \\ 1 & -1 \end{pmatrix},$$

$$B=\begin{pmatrix} B_1 & O \\ O & B_2 \end{pmatrix},\quad B_1=\begin{pmatrix} 1 & 1 \\ 2 & 3 \end{pmatrix},\quad B_2=\begin{pmatrix} 4 & -2 \\ 2 & -1 \end{pmatrix}.$$

（a）$AB=\begin{pmatrix} A_1B_1 & O \\ O & A_2B_2 \end{pmatrix}$, $A_1B_1=\begin{pmatrix} 5 & 7 \\ 0 & -1 \end{pmatrix}$, $A_2B_2=\begin{pmatrix} 16 & -8 \\ 2 & -1 \end{pmatrix}$ より，

$$AB=\begin{pmatrix} 5 & 7 & 0 & 0 \\ 0 & -1 & 0 & 0 \\ 0 & 0 & 16 & -8 \\ 0 & 0 & 2 & -1 \end{pmatrix}.$$

(b) $\begin{pmatrix} A_1{}^{-1} & O \\ O & A_2{}^{-1} \end{pmatrix}$ が A の逆行列を与えることは簡単にわかる．簡単な計算により $A_1{}^{-1} = \begin{pmatrix} \frac{1}{5} & \frac{2}{5} \\ \frac{2}{5} & -\frac{1}{5} \end{pmatrix}$, $A_2{}^{-1} = \begin{pmatrix} \frac{1}{5} & \frac{2}{5} \\ \frac{1}{5} & -\frac{3}{5} \end{pmatrix}$ なので

$$A^{-1} = \begin{pmatrix} \frac{1}{5} & \frac{2}{5} & 0 & 0 \\ \frac{2}{5} & -\frac{1}{5} & 0 & 0 \\ 0 & 0 & \frac{1}{5} & \frac{2}{5} \\ 0 & 0 & \frac{1}{5} & -\frac{3}{5} \end{pmatrix}. \quad \square$$

問題1　$\boldsymbol{u}$ は $\|\boldsymbol{u}\| = 1$ を満たす n 次元実列ベクトルとする．このとき，$H = E - 2\boldsymbol{u}\,{}^t\boldsymbol{u}$ (**ハウスホルダー行列**と呼ぶ) は直交行列であることを示せ．

問題2　$A = \begin{pmatrix} 1 & 2 & 0 & 0 & 0 & 0 \\ 1 & 1 & 0 & 0 & 0 & 0 \\ 0 & 0 & 4 & -3 & 0 & 0 \\ 0 & 0 & -3 & 2 & 0 & 0 \\ 0 & 0 & 0 & 0 & 2 & -3 \\ 0 & 0 & 0 & 0 & -1 & 2 \end{pmatrix}$, $B = \begin{pmatrix} 1 & -2 & 0 & 0 & 0 & 0 \\ 3 & -5 & 0 & 0 & 0 & 0 \\ 0 & 0 & 3 & 1 & 0 & 0 \\ 0 & 0 & 1 & 0 & 0 & 0 \\ 0 & 0 & 0 & 0 & 1 & 2 \\ 0 & 0 & 0 & 0 & 3 & 4 \end{pmatrix}$

に対して，次の行列を求めよ．

(a) AB　　(b) A^2　　(c) A^{-1}

第4章　練習問題

1.　$\boldsymbol{a}_1 = \begin{pmatrix} 1 \\ -1 \\ 0 \end{pmatrix}$, $\boldsymbol{a}_2 = \begin{pmatrix} 1 \\ 1 \\ -1 \end{pmatrix}$, $\boldsymbol{a}_3 = \begin{pmatrix} 1 \\ 1 \\ 2 \end{pmatrix}$ は1次独立であることを示せ．また基本ベクトル $\boldsymbol{e}_1 = \begin{pmatrix} 1 \\ 0 \\ 0 \end{pmatrix}$, $\boldsymbol{e}_2 = \begin{pmatrix} 0 \\ 1 \\ 0 \end{pmatrix}$, $\boldsymbol{e}_3 = \begin{pmatrix} 0 \\ 0 \\ 1 \end{pmatrix}$ をそれぞれ $\boldsymbol{a}_1$, $\boldsymbol{a}_2$, $\boldsymbol{a}_3$ の1次結合で表せ．

2.　A_1, X_1 を m 次正方行列，A_2, X_2 を n 次正方行列，A_{12}, X_{12} を $m \times n$ 行列，O を $n \times m$ 零行列とする．また A_1, A_2 は正則行列であるとする．ブロック分割された行列 $A = \begin{pmatrix} A_1 & A_{12} \\ O & A_2 \end{pmatrix}$, $X = \begin{pmatrix} X_1 & X_{12} \\ O & X_2 \end{pmatrix}$ について以下の問に答えよ．

（a）　$AX = E$ のとき，X_1, X_2, X_{12} を，A_1, A_2, A_{12} を用いて表せ．

（b）　$B = \begin{pmatrix} 1 & 2 & 1 & -1 & 1 \\ 3 & 5 & 4 & 1 & -2 \\ 0 & 0 & 1 & 2 & -2 \\ 0 & 0 & 2 & 3 & -3 \\ 0 & 0 & -1 & -2 & 1 \end{pmatrix}$ のとき B^{-1} を求めよ．

3.　次の問に答えよ．

（a）　次のベクトルの組からグラム・シュミットの直交化法で正規直交系を構成せよ．

（i）　$\left\{ \boldsymbol{a}_1 = \begin{pmatrix} 2 \\ 1 \\ 2 \end{pmatrix},\ \boldsymbol{a}_2 = \begin{pmatrix} 1 \\ -1 \\ 1 \end{pmatrix},\ \boldsymbol{a}_3 = \begin{pmatrix} 1 \\ 0 \\ 0 \end{pmatrix} \right\}$

（ii）　$\left\{ \boldsymbol{a}_1 = \begin{pmatrix} 1 \\ 1 \\ 1 \\ 1 \end{pmatrix},\ \boldsymbol{a}_2 = \begin{pmatrix} 0 \\ 1 \\ 1 \\ 1 \end{pmatrix},\ \boldsymbol{a}_3 = \begin{pmatrix} 0 \\ 0 \\ 1 \\ 1 \end{pmatrix},\ \boldsymbol{a}_4 = \begin{pmatrix} 0 \\ 0 \\ 0 \\ 1 \end{pmatrix} \right\}$

（b）*　(a) のベクトルから作られる次の行列を QR 分解せよ．

（i）　$A = \begin{pmatrix} 2 & 1 & 1 \\ 1 & -1 & 0 \\ 2 & 1 & 0 \end{pmatrix}$　　（ii）　$B = \begin{pmatrix} 1 & 0 & 0 & 0 \\ 1 & 1 & 0 & 0 \\ 1 & 1 & 1 & 0 \\ 1 & 1 & 1 & 1 \end{pmatrix}$

第5章

行列の固有値問題

本章では行列の固有値問題を扱う．行列の固有値，固有ベクトルを求め，行列を対角化することを学ぶ．行列の対角化はその行列の特徴的な部分を取り出すことであり，その応用として行列の n 乗計算について述べる．次に，理工学のさまざまな分野でしばしば登場するエルミート行列(実対称行列)の固有値，固有ベクトルの性質を調べる．最後に対角化できない行列を対角行列の一般形であるジョルダン標準形に変形する手法について，2,3 次正方行列を例に挙げて述べる．

5.1 固有値と固有ベクトル

n 次正方行列 A が与えられたとき,

$$A\boldsymbol{x} = \lambda\boldsymbol{x} \qquad (\boldsymbol{x} \neq \boldsymbol{0}) \tag{5.1}$$

を満たす λ を A の**固有値**, $\boldsymbol{x}$ を**固有ベクトル**という. (5.1) は

$$(A - \lambda E)\boldsymbol{x} = \boldsymbol{0} \qquad (\boldsymbol{x} \neq \boldsymbol{0}) \tag{5.2}$$

と書ける.

5.1.1 2次正方行列の固有値と固有ベクトル

初めに最も簡単な $n = 2$ の場合を扱う.

例題 5.1

$A = \begin{pmatrix} 1 & 5 \\ 2 & 4 \end{pmatrix}$ について

(a) 固有値を求めよ.

(b) 各固有値に対応する固有ベクトルを求めよ.

【解】 (a) $\boldsymbol{x} = {}^t(x_1 \ \ x_2)$ $(\neq {}^t(0 \ \ 0))$ として

$$(A - \lambda E)\boldsymbol{x} = \boldsymbol{0}.$$

この式を $\boldsymbol{x}$ についての連立方程式と見たとき, 非自明解をもつ条件を求めればよい. これは前章の定理 4.1 の系 (v′) より, $|A - \lambda E| = 0$ であることと等価である:

$$|A - \lambda E| = \begin{vmatrix} 1-\lambda & 5 \\ 2 & 4-\lambda \end{vmatrix} = (1-\lambda)(4-\lambda) - 10 = \lambda^2 - 5\lambda - 6 = 0.$$

これを解いて, 固有値は $\lambda = -1, 6$ である.

(b) (i) $\lambda = -1$ に対する固有ベクトルは同次(連立)方程式

$$(A + E)\boldsymbol{x} = \begin{pmatrix} 2 & 5 \\ 2 & 5 \end{pmatrix}\begin{pmatrix} x_1 \\ x_2 \end{pmatrix} = \begin{pmatrix} 0 \\ 0 \end{pmatrix} \quad \Leftrightarrow \quad 2x_1 + 5x_2 = 0$$

の非自明解, つまり $\begin{pmatrix} x_1 \\ x_2 \end{pmatrix} = k\begin{pmatrix} -5 \\ 2 \end{pmatrix}$ (k は任意定数で, $k \neq 0$)[1] である.

---

1) 本章では固有ベクトルにおける任意定数を k などで表すが, その断りを以後省略する.

(ii) $\lambda = 6$ に対応する固有ベクトルは同次方程式

$$(A - 6E)\boldsymbol{x} = \begin{pmatrix} -5 & 5 \\ 2 & -2 \end{pmatrix}\begin{pmatrix} x_1 \\ x_2 \end{pmatrix} = \begin{pmatrix} 0 \\ 0 \end{pmatrix} \iff x_1 - x_2 = 0$$

の非自明解，つまり

$$\begin{pmatrix} x_1 \\ x_2 \end{pmatrix} = k\begin{pmatrix} 1 \\ 1 \end{pmatrix} \qquad (k \neq 0)$$

である． □

2 次正方行列 $A = \begin{pmatrix} a & b \\ c & d \end{pmatrix}$ の固有値と固有ベクトルを求める手順を次にまとめる．

1. λ についての 2 次方程式
$$|A - \lambda E| = 0 \iff \lambda^2 - (a + d)\lambda + ad - bc = 0$$
の解 $\lambda = \lambda_1, \lambda_2$ が A の固有値．
2. 各固有値 λ_i $(i = 1, 2)$ に対して，$\boldsymbol{x}$ についての同次方程式
$$(A - \lambda_i E)\boldsymbol{x} = \boldsymbol{0} \iff \begin{cases} (a - \lambda_i)x_1 + bx_2 = 0 \\ cx_1 + (d - \lambda_i)x_2 = 0 \end{cases}$$
の非自明解が $\lambda = \lambda_i$ に対する固有ベクトルである．

ここで行列式 $|A - \lambda E|$ は λ についての多項式であり，これを

$$f_A(\lambda) = |A - \lambda E|$$

と書いて，**固有多項式**と呼ぶ．また，λ についての方程式 $f_A(\lambda) = 0$ を**固有方程式**と呼ぶ．これらの名称は一般な n 次に対してもそのまま使われる．

A が 2 次正方実行列の場合，固有方程式は (実係数) 2 次方程式である．高校で学んだとおり，2 次方程式の解は，「(i) 2 つの実数解，(ii) 重解，(iii) 共役な虚数解」の場合がある．次の例題では (ii)，(iii) の場合を扱う．

例題 5.2

次の行列の固有値と固有ベクトルを求めよ．

(a) $\begin{pmatrix} 7 & 1 \\ -1 & 5 \end{pmatrix}$ (b) $\begin{pmatrix} 3 & -2 \\ 2 & 3 \end{pmatrix}$

【解】（a）固有方程式

$$\begin{vmatrix} 7-\lambda & 1 \\ -1 & 5-\lambda \end{vmatrix} = \lambda^2 - 12\lambda + 36 = (\lambda-6)^2 = 0$$

を解いて，固有値は $\lambda = 6$（重解）．対応する固有ベクトルは同次方程式

$$\begin{pmatrix} 7-6 & 1 \\ -1 & 5-6 \end{pmatrix}\begin{pmatrix} x_1 \\ x_2 \end{pmatrix} = \begin{pmatrix} 0 \\ 0 \end{pmatrix} \iff x_1 + x_2 = 0$$

を解いて，$\begin{pmatrix} x_1 \\ x_2 \end{pmatrix} = k\begin{pmatrix} -1 \\ 1 \end{pmatrix}$ $(k \neq 0)$．

（b）固有方程式

$$\begin{vmatrix} 3-\lambda & -2 \\ 2 & 3-\lambda \end{vmatrix} = \lambda^2 - 6\lambda + 13 = (\lambda-3)^2 + 4 = 0$$

を解いて，固有値は $\lambda = 3 \pm 2i$ $(i = \sqrt{-1})$．

（i）固有値 $3+2i$ に対応する固有ベクトルは同次方程式

$$\begin{pmatrix} 3-(3+2i) & -2 \\ 2 & 3-(3+2i) \end{pmatrix}\begin{pmatrix} x_1 \\ x_2 \end{pmatrix} = \begin{pmatrix} 0 \\ 0 \end{pmatrix} \iff ix_1 + x_2 = 0$$

を解いて，$\begin{pmatrix} x_1 \\ x_2 \end{pmatrix} = k\begin{pmatrix} i \\ 1 \end{pmatrix}$ $(k \neq 0)$．

（ii）固有値 $3-2i$ に対応する固有ベクトルは，（i）で i を $-i$ に置き換えて同様の計算を行うと，$\begin{pmatrix} x_1 \\ x_2 \end{pmatrix} = k\begin{pmatrix} -i \\ 1 \end{pmatrix}$ $(k \neq 0)$．　□

5.1.2　3次正方行列の固有値と固有ベクトル

固有値と固有ベクトルの求め方は3次以上の行列についても同様である．3次行列 $A = (a_{ij})$ $(1 \leq i, j \leq 3)$ の場合，固有方程式は

$$|A - \lambda E| = \begin{vmatrix} a_{11}-\lambda & a_{12} & a_{13} \\ a_{21} & a_{22}-\lambda & a_{23} \\ a_{31} & a_{32} & a_{33}-\lambda \end{vmatrix} = 0$$

$$\iff \lambda^3 - (a_{11}+a_{22}+a_{33})\lambda^2 + (\varDelta_{11}+\varDelta_{22}+\varDelta_{33})\lambda - |A| = 0$$

である．ここで $\varDelta_{ii}$ は3.3節で学んだ余因子である．具体的な例題で固有値と固有ベクトルを求めてみよう．

例題 5.3

次の 3 次正方行列の固有値と固有ベクトルを求めよ．

(a) $\begin{pmatrix} 1 & 0 & 2 \\ 0 & 1 & 2 \\ 2 & 0 & 1 \end{pmatrix}$　　(b) $\begin{pmatrix} -1 & 2 & -3 \\ 1 & 1 & -1 \\ 3 & -2 & 3 \end{pmatrix}$

【解】 (a) 固有方程式

$$\begin{vmatrix} 1-\lambda & 0 & 2 \\ 0 & 1-\lambda & 2 \\ 2 & 0 & 1-\lambda \end{vmatrix} = (1-\lambda)^3 - 4(1-\lambda)$$
$$= -(\lambda-1)(\lambda+1)(\lambda-3) = 0$$

を解いて，固有値は $\lambda = -1, 1, 3$.

(i) 固有値 -1 に対応する固有ベクトルは同次方程式

$$\begin{pmatrix} 2 & 0 & 2 \\ 0 & 2 & 2 \\ 2 & 0 & 2 \end{pmatrix}\begin{pmatrix} x_1 \\ x_2 \\ x_3 \end{pmatrix} = \begin{pmatrix} 0 \\ 0 \\ 0 \end{pmatrix}$$

の非自明解．掃き出し法によって

$$\begin{pmatrix} 2 & 0 & 2 \\ 0 & 2 & 2 \\ 2 & 0 & 2 \end{pmatrix} \xrightarrow{③-①} \begin{pmatrix} 2 & 0 & 2 \\ 0 & 2 & 2 \\ 0 & 0 & 0 \end{pmatrix} \xrightarrow[②\div 2]{①\div 2} \begin{pmatrix} 1 & 0 & 1 \\ 0 & 1 & 1 \\ 0 & 0 & 0 \end{pmatrix}$$

$$\Leftrightarrow \begin{cases} x_1 + x_3 = 0 \\ x_2 + x_3 = 0 \end{cases}$$

よって，固有ベクトルは $\begin{pmatrix} x_1 \\ x_2 \\ x_3 \end{pmatrix} = k\begin{pmatrix} -1 \\ -1 \\ 1 \end{pmatrix}$ $(k \neq 0)$.

(ii) 固有値 1 に対する固有ベクトルは同次方程式

$$\begin{pmatrix} 0 & 0 & 2 \\ 0 & 0 & 2 \\ 2 & 0 & 0 \end{pmatrix}\begin{pmatrix} x_1 \\ x_2 \\ x_3 \end{pmatrix} = \begin{pmatrix} 0 \\ 0 \\ 0 \end{pmatrix} \quad \Leftrightarrow \quad \begin{cases} x_3 = 0 \\ x_1 = 0 \end{cases}$$

の非自明解．よって，固有ベクトルは $\begin{pmatrix} x_1 \\ x_2 \\ x_3 \end{pmatrix} = k\begin{pmatrix} 0 \\ 1 \\ 0 \end{pmatrix}$ $(k \neq 0)$.

(iii) 固有値3に対する固有ベクトルは同次方程式

$$\begin{pmatrix} -2 & 0 & 2 \\ 0 & -2 & 2 \\ 2 & 0 & -2 \end{pmatrix}\begin{pmatrix} x_1 \\ x_2 \\ x_3 \end{pmatrix} = \begin{pmatrix} 0 \\ 0 \\ 0 \end{pmatrix}$$

の非自明解. 掃き出し法によって

$$\begin{pmatrix} -2 & 0 & 2 \\ 0 & -2 & 2 \\ 2 & 0 & -2 \end{pmatrix} \xrightarrow{③+①} \xrightarrow[②\div(-2)]{①\div(-2)} \begin{pmatrix} 1 & 0 & -1 \\ 0 & 1 & -1 \\ 0 & 0 & 0 \end{pmatrix} \Leftrightarrow \begin{cases} x_1 - x_3 = 0 \\ x_2 - x_3 = 0 \end{cases}$$

よって, 固有ベクトルは $\begin{pmatrix} x_1 \\ x_2 \\ x_3 \end{pmatrix} = k\begin{pmatrix} 1 \\ 1 \\ 1 \end{pmatrix}$ $(k \neq 0)$.

(i), (ii), (iii) によって, 固有値, 固有ベクトルは $k \neq 0$ として,

$$\lambda = -1, \quad \boldsymbol{x} = k\begin{pmatrix} -1 \\ -1 \\ 1 \end{pmatrix}; \qquad \lambda = 1, \quad \boldsymbol{x} = k\begin{pmatrix} 0 \\ 1 \\ 0 \end{pmatrix};$$

$$\lambda = 3, \quad \boldsymbol{x} = k\begin{pmatrix} 1 \\ 1 \\ 1 \end{pmatrix}$$

(b) 固有方程式

$$\begin{vmatrix} -1-\lambda & 2 & -3 \\ 1 & 1-\lambda & -1 \\ 3 & -2 & 3-\lambda \end{vmatrix}$$
$$= (-1-\lambda)(1-\lambda)(3-\lambda) - 6 + 6 + 2(1+\lambda) - 2(3-\lambda) + 9(1-\lambda)$$
$$= -(\lambda^3 - 3\lambda^2 + 4\lambda - 2) = -(\lambda - 1)(\lambda^2 - 2\lambda + 2) = 0$$

を解いて, 固有値は $\lambda = 1, 1 \pm i$.

(i) 固有値1に対応する固有ベクトルは同次方程式

$$\begin{pmatrix} -2 & 2 & -3 \\ 1 & 0 & -1 \\ 3 & -2 & 2 \end{pmatrix}\begin{pmatrix} x_1 \\ x_2 \\ x_3 \end{pmatrix} = \begin{pmatrix} 0 \\ 0 \\ 0 \end{pmatrix}$$

の非自明解. 掃き出し法によって

$$\begin{pmatrix} -2 & 2 & -3 \\ 1 & 0 & -1 \\ 3 & -2 & 2 \end{pmatrix} \xrightarrow{①\leftrightarrow②} \begin{pmatrix} 1 & 0 & -1 \\ -2 & 2 & -3 \\ 3 & -2 & 2 \end{pmatrix}$$

$$\xrightarrow[\text{③}-3\times\text{①}]{\text{②}+2\times\text{①}}\begin{pmatrix}1 & 0 & -1\\ 0 & 2 & -5\\ 0 & -2 & 5\end{pmatrix}$$

$$\xrightarrow{\text{③}+\text{②}}\xrightarrow{\text{②}\div 2}\begin{pmatrix}1 & 0 & -1\\ 0 & 1 & -\frac{5}{2}\\ 0 & 0 & 0\end{pmatrix}$$

$$\Leftrightarrow\quad\begin{cases}x_1-x_3=0\\ x_2-\frac{5}{2}x_3=0\end{cases}$$

よって，固有ベクトルは $\begin{pmatrix}x_1\\ x_2\\ x_3\end{pmatrix}=k\begin{pmatrix}2\\ 5\\ 2\end{pmatrix}$ $(k\neq 0)$.

（ii） 固有値 $1+i$ に対する固有ベクトルは同次方程式

$$\begin{pmatrix}-2-i & 2 & -3\\ 1 & -i & -1\\ 3 & -2 & 2-i\end{pmatrix}\begin{pmatrix}x_1\\ x_2\\ x_3\end{pmatrix}=\begin{pmatrix}0\\ 0\\ 0\end{pmatrix}$$

の非自明解．掃き出し法によって

$$\begin{pmatrix}-2-i & 2 & -3\\ 1 & -i & -1\\ 3 & -2 & 2-i\end{pmatrix}\xrightarrow{\text{①}\leftrightarrow\text{②}}\begin{pmatrix}1 & -i & -1\\ -2-i & 2 & -3\\ 3 & -2 & 2-i\end{pmatrix}$$

$$\xrightarrow[\text{③}-3\times\text{①}]{\text{②}+(2+i)\times\text{①}}\begin{pmatrix}1 & -i & -1\\ 0 & 3-2i & -5-i\\ 0 & -2+3i & 5-i\end{pmatrix}$$

$$\xrightarrow[\text{③}\div(-2+3i)]{\text{②}\div(3-2i)^{1)}}\begin{pmatrix}1 & -i & -1\\ 0 & 1 & -1-i\\ 0 & 1 & -1-i\end{pmatrix}$$

$$\xrightarrow[\text{③}-\text{②}]{\text{①}+i\times\text{②}}\begin{pmatrix}1 & 0 & -i\\ 0 & 1 & -1-i\\ 0 & 0 & 0\end{pmatrix}$$

---

1) 複素数の割算では，分母を実数にする．例えば，$\frac{-5-i}{3-2i}=\frac{-(5+i)(3+2i)}{(3-2i)(3+2i)}=\frac{-(13+13i)}{9+4}=-1-i.$

$$\Leftrightarrow \begin{cases} x_1 - ix_3 = 0 \\ x_2 - (1+i)x_3 = 0 \end{cases}$$

よって，固有ベクトルは $\begin{pmatrix} x_1 \\ x_2 \\ x_3 \end{pmatrix} = k\begin{pmatrix} i \\ 1+i \\ 1 \end{pmatrix} (k \neq 0)$.

(iii)　固有値 $1-i$ に対する固有ベクトルは，(ii) で i を $-i$ で置き換えて，

$$\begin{pmatrix} x_1 \\ x_2 \\ x_3 \end{pmatrix} = k\begin{pmatrix} -i \\ 1-i \\ 1 \end{pmatrix} \quad (k \neq 0).$$

(i), (ii), (iii) より，固有値と固有ベクトルは $k \neq 0$ として，

$$\lambda = 1,\ \boldsymbol{x} = k\begin{pmatrix} 2 \\ 5 \\ 2 \end{pmatrix};\quad \lambda = 1 \pm i,\ \boldsymbol{x} = k\begin{pmatrix} \pm i \\ 1 \pm i \\ 1 \end{pmatrix} \text{（複号同順）}. \quad \square$$

次に固有方程式が重解をもつ場合を扱う．

例題 5.4

次の行列の固有値と固有ベクトルを求めよ．

(a) $\begin{pmatrix} 0 & 0 & 1 \\ 0 & 0 & -2 \\ 1 & 1 & -2 \end{pmatrix}$　　(b) $\begin{pmatrix} 3 & 2 & 1 \\ 2 & 6 & 2 \\ -3 & -6 & -1 \end{pmatrix}$

【解】 (a) $\begin{vmatrix} -\lambda & 0 & 1 \\ 0 & -\lambda & -2 \\ 1 & 1 & -2-\lambda \end{vmatrix} = -\lambda^2(\lambda+2) - 2\lambda + \lambda = -\lambda(\lambda+1)^2 = 0$

より，固有値は $\lambda = 0,\ -1$（重解）．

(i)　$\lambda = 0$ に対する固有ベクトルは同次方程式

$$\begin{pmatrix} 0 & 0 & 1 \\ 0 & 0 & -2 \\ 1 & 1 & -2 \end{pmatrix}\begin{pmatrix} x_1 \\ x_2 \\ x_3 \end{pmatrix} = \begin{pmatrix} 0 \\ 0 \\ 0 \end{pmatrix}$$ を解いて[1]，$$\begin{pmatrix} x_1 \\ x_2 \\ x_3 \end{pmatrix} = k\begin{pmatrix} -1 \\ 1 \\ 0 \end{pmatrix} \quad (k \neq 0).$$

(ii)　$\lambda = -1$ に対する固有ベクトルは同次方程式

---

1)　方程式を解くことが本章の目的ではないため，細かい計算は省いている．

$$\begin{pmatrix} 1 & 0 & 1 \\ 0 & 1 & -2 \\ 1 & 1 & -1 \end{pmatrix}\begin{pmatrix} x_1 \\ x_2 \\ x_3 \end{pmatrix}=\begin{pmatrix} 0 \\ 0 \\ 0 \end{pmatrix} \text{ を解いて, } \begin{pmatrix} x_1 \\ x_2 \\ x_3 \end{pmatrix}=k\begin{pmatrix} -1 \\ 2 \\ 1 \end{pmatrix} \quad (k \neq 0).$$

(i), (ii) より固有値と固有ベクトルは $k \neq 0$ として,

$$\lambda = 0, \ \boldsymbol{x} = k\begin{pmatrix} -1 \\ 1 \\ 0 \end{pmatrix}; \quad \lambda = -1 \text{ (重解)}, \ \boldsymbol{x} = k\begin{pmatrix} -1 \\ 2 \\ 1 \end{pmatrix}.$$

(b) $\begin{vmatrix} 3-\lambda & 2 & 1 \\ 2 & 6-\lambda & 2 \\ -3 & -6 & -1-\lambda \end{vmatrix}$

$$= (3-\lambda)(6-\lambda)(-1-\lambda) - 12 - 12 + 12(3-\lambda) - 4(-1-\lambda) + 3(6-\lambda)$$

$$= -\lambda^3 + 8\lambda^2 - 20\lambda + 16 = -(\lambda-2)^2(\lambda-4) = 0$$

を解いて固有値は $\lambda = 4, 2$ (重解).

(i) 固有値 4 に対する固有ベクトルは,

$$\begin{pmatrix} -1 & 2 & 1 \\ 2 & 2 & 2 \\ -3 & -6 & -5 \end{pmatrix}\begin{pmatrix} x_1 \\ x_2 \\ x_3 \end{pmatrix}=\begin{pmatrix} 0 \\ 0 \\ 0 \end{pmatrix} \text{ を解いて } \begin{pmatrix} x_1 \\ x_2 \\ x_3 \end{pmatrix}=k\begin{pmatrix} -1 \\ -2 \\ 3 \end{pmatrix} \quad (k \neq 0).$$

(ii) 固有値 2 に対する固有ベクトルは,

$$\begin{pmatrix} 1 & 2 & 1 \\ 2 & 4 & 2 \\ -3 & -6 & -3 \end{pmatrix}\begin{pmatrix} x_1 \\ x_2 \\ x_3 \end{pmatrix}=\begin{pmatrix} 0 \\ 0 \\ 0 \end{pmatrix} \Leftrightarrow \quad x_1 + 2x_2 + x_3 = 0$$

を解いて, k_1, k_2 の少なくとも一方は 0 でないとして,

$$\begin{pmatrix} x_1 \\ x_2 \\ x_3 \end{pmatrix}=k_1\begin{pmatrix} -2 \\ 1 \\ 0 \end{pmatrix}+k_2\begin{pmatrix} -1 \\ 0 \\ 1 \end{pmatrix}.$$

(i), (ii) より, 固有値と固有ベクトルは

$$\lambda = 4, \ \boldsymbol{x} = k\begin{pmatrix} -1 \\ -2 \\ 3 \end{pmatrix}; \quad \lambda = 2 \text{ (重解)}, \ \boldsymbol{x} = k_1\begin{pmatrix} -2 \\ 1 \\ 0 \end{pmatrix}+k_2\begin{pmatrix} -1 \\ 0 \\ 1 \end{pmatrix}.$$

ただし, $k \neq 0$, k_1, k_2 の少なくとも一方は 0 でないとする. □

5.1.3 n 次正方行列の固有値と固有ベクトル

n 次正方行列 $A = (a_{ij})$ $(1 \leq i, j \leq n)$ についても，2, 3 次正方行列と同様の手順で，固有値と固有ベクトルを求めることができる．

1. λ についての n 次方程式（**固有方程式**）
$$f_A(\lambda) = |A - \lambda E| = 0$$
の解が A の固有値．

2. 各固有値 λ_i に対して $\boldsymbol{x}$ についての同次方程式
$$(A - \lambda_i E)\boldsymbol{x} = \boldsymbol{0}$$
の非自明解が $\lambda = \lambda_i$ に対する固有ベクトルである．

ここで固有値 $\lambda = \alpha$ が固有方程式の m 重解であるとき，固有値 α の**代数的重複度**（しばしば単に**重複度**ともいう）が m に等しいという．また固有値 α に対する 1 次独立な固有ベクトルの個数を**幾何的重複度**と呼ぶ．例題 5.4 (a)，(b) の解の (ii) からわかるように，一般に次の関係が成り立っている：

$$（幾何的重複度）\leq（代数的重複度）.$$

固有値の和と積について次が成り立つ．なお，$\mathrm{tr}\,A$ は行列 A の**トレース**と呼ばれ，対角成分の和 $\mathrm{tr}\,A = a_{11} + a_{22} + \cdots + a_{nn}$ で定義される．

> **定理 5.1** n 次正方行列 $A = (a_{ij})$ の固有値を $\lambda_1, \lambda_2, \cdots, \lambda_n$ とする（重複を許す）とき，次の等式が成立する：
> $$\lambda_1 + \lambda_2 + \cdots + \lambda_n = \mathrm{tr}\,A, \qquad \lambda_1\lambda_2\cdots\lambda_n = |A|.$$

【証明】 $f_A(\lambda) = |A - \lambda E|$ は λ の多項式であるから，これを展開すると

$$\begin{vmatrix} a_{11} - \lambda & a_{12} & \cdots & a_{1n} \\ a_{21} & a_{22} - \lambda & \cdots & a_{2n} \\ \vdots & \vdots & \ddots & \vdots \\ a_{n1} & a_{n2} & \cdots & a_{nn} - \lambda \end{vmatrix} = p_0\lambda^n + p_1\lambda^{n-1} + \cdots + p_n. \qquad (5.3)$$

λ^n および λ^{n-1} の係数を比較する．左辺においてこれらの項が現れるのは対角成分の積 $(a_{11} - \lambda)(a_{22} - \lambda)\cdots(a_{nn} - \lambda)$ に限られることに注意すると，

$$p_0 = (-1)^n, \qquad p_1 = (-1)^{n-1}(a_{11} + a_{22} + \cdots + a_{nn}) = (-1)^{n-1}\operatorname{tr} A.$$

また (5.3) の両辺に $\lambda = 0$ を代入して,

$$p_n = |A|$$

を得る．一方，固有方程式の解が $\lambda = \lambda_1, \lambda_2, \cdots, \lambda_n$ であることから

$$|A - \lambda E| = (\lambda_1 - \lambda)(\lambda_2 - \lambda)\cdots(\lambda_n - \lambda)$$

なので，この式の右辺と (5.3) の右辺とを比較すると,

$$p_n = \lambda_1\lambda_2\cdots\lambda_n, \qquad p_1 = (-1)^{n-1}(\lambda_1 + \lambda_2 + \cdots + \lambda_n)$$

となり，定理 5.1 を得る． □

証明は省くが，次のケーリー・ハミルトンの定理は有名である．

定理 5.2（ケーリー・ハミルトンの定理） $f_A(\lambda) = |A - \lambda E| = p_0\lambda^n + p_1\lambda^{n-1} + \cdots + p_{n-1}\lambda + p_n$ とおいて次式が成立する：

$$f_A(A) = p_0A^n + p_1A^{n-1} + \cdots + p_{n-1}A + p_nE = O.$$

問題 1 次の行列の固有値と固有ベクトルを求めよ．

（a） $\begin{pmatrix} 5 & -3 \\ -1 & 7 \end{pmatrix}$ （b） $\begin{pmatrix} -1 & 1 \\ 1 & 3 \end{pmatrix}$ （c） $\begin{pmatrix} 1 & 2 \\ -2 & 1 \end{pmatrix}$

（d） $\begin{pmatrix} 2 & 3 \\ -3 & -4 \end{pmatrix}$

問題 2 次の行列の固有値と固有ベクトルを求めよ．

（a） $\begin{pmatrix} 4 & 1 & -1 \\ 0 & 1 & -2 \\ 2 & 0 & -1 \end{pmatrix}$ （b） $\begin{pmatrix} 2 & -3 & 0 \\ 1 & 2 & 3 \\ 2 & -2 & -1 \end{pmatrix}$

（c） $\begin{pmatrix} 2 & -1 & -1 \\ -1 & 2 & -1 \\ -1 & -1 & 2 \end{pmatrix}$ （d） $\begin{pmatrix} 2 & -1 & 1 \\ 0 & 1 & 1 \\ 3 & -1 & 0 \end{pmatrix}$

問題 3 $A = \begin{pmatrix} a & b \\ c & d \end{pmatrix}$ のとき，ケーリー・ハミルトンの定理を確認せよ．

問題 4 n 次正方行列 A が逆行列をもたないための必要十分条件は，A がゼロを

固有値にもつことであることを示せ.

問題5 次の4次正方行列の固有値と固有ベクトルを求めよ.

(a) $\begin{pmatrix} 0 & 1 & 0 & 1 \\ 1 & 0 & 1 & 0 \\ 0 & 1 & 0 & 1 \\ 1 & 0 & 1 & 0 \end{pmatrix}$ (b) $\begin{pmatrix} 0 & 0 & 0 & 1 \\ 0 & 0 & 1 & 0 \\ 0 & 1 & 0 & 0 \\ 1 & 0 & 0 & 0 \end{pmatrix}$

5.2 行列の対角化とその応用

5.2.1 相似な行列

定義 5.1 2つの n 次正方行列 A, B に対して,

$$B = P^{-1}AP \quad \Leftrightarrow \quad A = PBP^{-1} \tag{5.4}$$

なる正則行列 P が存在するとき, A と B は**相似**であるという.

2つの相似な行列に対して次の定理が成立する.

定理 5.3 A と B が相似ならば, A の固有値と B の固有値は一致する.

5.2.2 行列の対角化

例題 5.1 (➡ p. 132) の問題に戻る. $A = \begin{pmatrix} 1 & 5 \\ 2 & 4 \end{pmatrix}$ の固有値は $\lambda = -1$, 6, 対応する固有ベクトルは $k\begin{pmatrix} -5 \\ 2 \end{pmatrix}$, $k\begin{pmatrix} 1 \\ 1 \end{pmatrix}$ であった. つまり, (5.1) は

$$A\begin{pmatrix} -5 \\ 2 \end{pmatrix} = \begin{pmatrix} (-1) \times (-5) \\ (-1) \times 2 \end{pmatrix}, \qquad A\begin{pmatrix} 1 \\ 1 \end{pmatrix} = \begin{pmatrix} 6 \times 1 \\ 6 \times 1 \end{pmatrix}$$

と表されるから, 次の形にまとめることができる:

$$A\begin{pmatrix} -5 & 1 \\ 2 & 1 \end{pmatrix} = \begin{pmatrix} (-1) \times (-5) & 6 \times 1 \\ (-1) \times 2 & 6 \times 1 \end{pmatrix} = \begin{pmatrix} -5 & 1 \\ 2 & 1 \end{pmatrix}\begin{pmatrix} -1 & 0 \\ 0 & 6 \end{pmatrix}.$$

最後の変形は, ある行列に対角行列を右側から掛けるとその行列の各列が定

数倍される性質 (1.4.1 節) を用いた. $\begin{pmatrix} -5 & 1 \\ 2 & 1 \end{pmatrix} = P$ とおく. $|P| = 7 \neq 0$ より, 逆行列 P^{-1} が存在することに注意すると,

$$AP = P\begin{pmatrix} -1 & 0 \\ 0 & 6 \end{pmatrix} \iff P^{-1}AP = \begin{pmatrix} -1 & 0 \\ 0 & 6 \end{pmatrix}.$$

この例から, 2 次正方行列 A に対して, 2 つの異なる固有ベクトルが得られたならば, A は固有値からなる対角行列に変換されることがわかる.

コメント 1. 固有ベクトルはスカラー倍の不定性がある. 例えば, P として $P = \begin{pmatrix} 1 & 2 \\ -\frac{2}{5} & 2 \end{pmatrix}$ などとおいても逆行列の存在に影響がなく, $P^{-1}AP$ は不変である.

2. P として固有ベクトルの並び順を変えて, $P = \begin{pmatrix} 1 & -5 \\ 1 & 2 \end{pmatrix}$ としてもよい. ただし, この場合 $P^{-1}AP = \begin{pmatrix} 6 & 0 \\ 0 & -1 \end{pmatrix}$ となり, 固有値の順序が入れ替わる.

一般に n 次正方行列 A に対して固有値を $\lambda_1, \lambda_2, \cdots, \lambda_n$ として, 対応する 1 次独立な固有ベクトル $\boldsymbol{u}_1, \boldsymbol{u}_2, \cdots, \boldsymbol{u}_n$ が存在すると仮定する. P を, 固有ベクトルを並べてできる行列

$$P = (\boldsymbol{u}_1 \ \ \boldsymbol{u}_2 \ \ \cdots \ \ \boldsymbol{u}_n)$$

で定義する. このとき,

$$\begin{aligned} AP &= (A\boldsymbol{u}_1 \ \ A\boldsymbol{u}_2 \ \ \cdots \ \ A\boldsymbol{u}_n) = (\lambda_1\boldsymbol{u}_1 \ \ \lambda_2\boldsymbol{u}_2 \ \ \cdots \ \ \lambda_n\boldsymbol{u}_n) \\ &= (\boldsymbol{u}_1 \ \ \boldsymbol{u}_2 \ \ \cdots \ \ \boldsymbol{u}_n)(\lambda_i\delta_{ij}) = P(\lambda_i\delta_{ij}). \end{aligned}$$

$\boldsymbol{u}_1, \boldsymbol{u}_2, \cdots, \boldsymbol{u}_n$ が 1 次独立な場合, 逆行列 P^{-1} が存在する (定理 4.1) ので, $P^{-1}AP$ は対角行列であり, 対角成分には A の固有値が並ぶ. つまり

$$P^{-1}AP = (\lambda_i\delta_{ij}) = \begin{pmatrix} \lambda_1 & 0 & \cdots & 0 \\ 0 & \lambda_2 & \ddots & \vdots \\ \vdots & \ddots & \ddots & 0 \\ 0 & \cdots & 0 & \lambda_n \end{pmatrix}.$$

このように, 行列 A に対してその固有ベクトルを並べた行列 P を用いて対角行列 $(\lambda_i\delta_{ij})$ を得る一連の手続きを**行列の対角化**と呼ぶ.

コメント 賢明な読者は上の操作で1次独立な n 個の固有ベクトルがとれるのかという疑問をもつに違いない．実は固有値 $\lambda_1, \lambda_2, \cdots, \lambda_n$ が相異なる場合，固有ベクトル $\boldsymbol{u}_1, \boldsymbol{u}_2, \cdots, \boldsymbol{u}_n$ は1次独立である．この証明は本節末で述べる．

固有値の中に重解が含まれる場合はどうか？ 2次正方行列の場合，前節例題 5.2 (a) で扱った行列 $\begin{pmatrix} 7 & 1 \\ -1 & 5 \end{pmatrix}$ の固有値は6（重解）であり，対応する1次独立な固有ベクトルは1つしかない．この場合，正則行列 P を作ることは不可能，つまり対角化は不可能である．それでは重解があれば必ず対角化不可能かというとそうとも限らない．最も簡単な例として，行列 $\begin{pmatrix} 4 & 0 \\ 0 & 4 \end{pmatrix}$ は，固有値4（重解）であるが，すでに対角行列になっているので，対角化可能ということになる．次の例題では，3次正方行列について述べる．

例題 5.5

次の行列は対角化可能か．可能な場合は対角化する正則行列 P を求めて対角化せよ．

（a） $A = \begin{pmatrix} 1 & -1 & 0 \\ -2 & 1 & -2 \\ 0 & -1 & 1 \end{pmatrix}$　　（b） $A = \begin{pmatrix} 1 & -1 & -1 \\ 4 & -3 & -2 \\ -4 & 2 & 1 \end{pmatrix}$

（c） $A = \begin{pmatrix} 1 & 0 & 1 \\ 2 & 2 & -2 \\ -1 & 0 & 3 \end{pmatrix}$

【解】 （a） 固有方程式

$$\begin{vmatrix} 1-\lambda & -1 & 0 \\ -2 & 1-\lambda & -2 \\ 0 & -1 & 1-\lambda \end{vmatrix} = -\lambda^3 + 3\lambda^2 + \lambda - 3 = -(\lambda+1)(\lambda-1)(\lambda-3) = 0$$

を解いて，固有値は $\lambda = -1, 1, 3$.

$\lambda = -1$ に対応する固有ベクトルは

$$\begin{pmatrix} 2 & -1 & 0 \\ -2 & 2 & -2 \\ 0 & -1 & 2 \end{pmatrix}\begin{pmatrix} x_1 \\ x_2 \\ x_3 \end{pmatrix} = \begin{pmatrix} 0 \\ 0 \\ 0 \end{pmatrix} \quad \text{より} \quad \begin{pmatrix} x_1 \\ x_2 \\ x_3 \end{pmatrix} = k\begin{pmatrix} 1 \\ 2 \\ 1 \end{pmatrix} \quad (k \neq 0).$$

$\lambda = 1$ に対応する固有ベクトルは $k\begin{pmatrix} -1 \\ 0 \\ 1 \end{pmatrix}$ $(k \neq 0)$.

$\lambda = 3$ に対応する固有ベクトルは $k\begin{pmatrix} 1 \\ -2 \\ 1 \end{pmatrix}$ $(k \neq 0)$.

$$P = \begin{pmatrix} 1 & -1 & 1 \\ 2 & 0 & -2 \\ 1 & 1 & 1 \end{pmatrix} \quad \text{とおくと,} \quad P^{-1}AP = \begin{pmatrix} -1 & 0 & 0 \\ 0 & 1 & 0 \\ 0 & 0 & 3 \end{pmatrix}.$$

(b) $\begin{vmatrix} 1-\lambda & -1 & -1 \\ 4 & -3-\lambda & -2 \\ -4 & 2 & 1-\lambda \end{vmatrix} = -\lambda^3 - \lambda^2 + \lambda + 1 = -(\lambda+1)^2(\lambda-1) = 0$

を解いて，固有値は $\lambda = -1$ (重解), 1.

$\lambda = -1$ に対応する固有ベクトルは,

$$\begin{pmatrix} 2 & -1 & -1 \\ 4 & -2 & -2 \\ -4 & 2 & 2 \end{pmatrix}\begin{pmatrix} x_1 \\ x_2 \\ x_3 \end{pmatrix} = \begin{pmatrix} 0 \\ 0 \\ 0 \end{pmatrix} \Leftrightarrow 2x_1 - x_2 - x_3 = 0$$

より，k_1, k_2 の少なくとも一方は 0 でないとして,

$$\begin{pmatrix} x_1 \\ x_2 \\ x_3 \end{pmatrix} = k_1\begin{pmatrix} 1 \\ 0 \\ 2 \end{pmatrix} + k_2\begin{pmatrix} 0 \\ -1 \\ 1 \end{pmatrix}.$$

$\lambda = 1$ に対応する固有ベクトルは $k\begin{pmatrix} -1 \\ -2 \\ 2 \end{pmatrix}$ $(k \neq 0)$.

$$P = \begin{pmatrix} 1 & 0 & -1 \\ 0 & -1 & -2 \\ 2 & 1 & 2 \end{pmatrix} \quad \text{とおくと,} \quad P^{-1}AP = \begin{pmatrix} -1 & 0 & 0 \\ 0 & -1 & 0 \\ 0 & 0 & 1 \end{pmatrix}.$$

(c) $\begin{vmatrix} 1-\lambda & 0 & 1 \\ 2 & 2-\lambda & -2 \\ -1 & 0 & 3-\lambda \end{vmatrix} = -\lambda^3 + 6\lambda^2 - 12\lambda + 8 = -(\lambda-2)^3 = 0$

を解いて，固有値は $\lambda = 2$ (3 重解). $\lambda = 2$ に対応する固有ベクトルは,

$$\begin{pmatrix} -1 & 0 & 1 \\ 2 & 0 & -2 \\ -1 & 0 & 1 \end{pmatrix}\begin{pmatrix} x_1 \\ x_2 \\ x_3 \end{pmatrix} = \begin{pmatrix} 0 \\ 0 \\ 0 \end{pmatrix} \quad \Leftrightarrow \quad x_1 - x_3 = 0$$

より，k_1, k_2 の少なくとも一方は 0 でないとして，

$$\begin{pmatrix} x_1 \\ x_2 \\ x_3 \end{pmatrix} = k_1\begin{pmatrix} 1 \\ 0 \\ 1 \end{pmatrix} + k_2\begin{pmatrix} 0 \\ 1 \\ 0 \end{pmatrix}.$$

したがって，3 重解に対応する 1 次独立な固有ベクトルが 2 つしかとれないので，A は対角化不可能である． □

コメント 行列 A を対角化して得られるものは，対角化するための行列 P の作り方(A の固有ベクトルの並べる順序)に影響されるため，必ず P を示す必要がある．ただし，行列の対角化においては，P の逆行列 P^{-1} を計算する必要はないことに注意しよう．

定理 5.4 n 次正方行列 A が対角化可能であるための必要十分条件は，A が (i), (ii) のいずれかを満たすことである．

(i) A が相異なる固有値 $\lambda_1, \lambda_2, \cdots, \lambda_n$ をもつ．

(ii) A が重複する固有値をもち，その各固有値に対して代数的重複度と幾何的重複度が一致する．言い換えると，重複固有値の代数的重複度と同じ個数の 1 次独立な固有ベクトルを有する．

(i), (ii) のいずれにも該当しない場合，つまり固有値の代数的重複度の和がそれに対応する 1 次独立な固有ベクトルの個数よりも大きい場合，1 次独立な固有ベクトルをすべて集めても n 個未満で，A を対角化する正則行列 P を作ることができない．つまり対角化不可能である．

5.2.3 正方行列の n 乗計算

正方行列の n 乗は行列の積を $n-1$ 回行う必要があるが，対角行列の n 乗は各成分を n 乗したものとして与えられる．ここでは行列の対角化の応用例の 1 つとして，対角化可能な行列の n 乗を計算する．m 次正方行列 A が，P によって，$P^{-1}AP = (\lambda_i \delta_{ij})$ と対角化されたとする．このとき両辺

を n 乗して，対角行列の n 乗は各対角成分を n 乗したものであることに注意すると，

$$(P^{-1}AP)^n = (\lambda_i{}^n \delta_{ij}) = \begin{pmatrix} \lambda_1{}^n & 0 & \cdots & 0 \\ 0 & \lambda_2{}^n & \ddots & \vdots \\ \vdots & \ddots & \ddots & 0 \\ 0 & \cdots & 0 & \lambda_m{}^n \end{pmatrix}$$

となる．ここで上式の左辺は

$$\underbrace{(P^{-1}AP)(P^{-1}AP)\cdots(P^{-1}AP)}_{n \text{ 個の } P^{-1}AP} = P^{-1}A(PP^{-1})A(PP^{-1})\cdots(PP^{-1})AP$$
$$= P^{-1}A^nP$$

であることに注意すると，$A^n = P(\lambda_i{}^n\delta_{ij})P^{-1}$ となり，これは容易に計算できる．

例題 5.6

例題 5.5 (a) の行列 $A = \begin{pmatrix} 1 & -1 & 0 \\ -2 & 1 & -2 \\ 0 & -1 & 1 \end{pmatrix}$ に対して A^n を計算せよ．

【解】 A は行列 $P = \begin{pmatrix} 1 & -1 & 1 \\ 2 & 0 & -2 \\ 1 & 1 & 1 \end{pmatrix}$ によって $P^{-1}AP = \begin{pmatrix} -1 & 0 & 0 \\ 0 & 1 & 0 \\ 0 & 0 & 3 \end{pmatrix}$ と対角化される．両辺を n 乗して，$(P^{-1}AP)^n = P^{-1}A^nP = \begin{pmatrix} (-1)^n & 0 & 0 \\ 0 & 1 & 0 \\ 0 & 0 & 3^n \end{pmatrix}$．したがって

$$A^n = P\begin{pmatrix} (-1)^n & 0 & 0 \\ 0 & 1 & 0 \\ 0 & 0 & 3^n \end{pmatrix}P^{-1} \qquad (P^{-1} \text{ は各自で導出して確かめよ})$$

$$= \begin{pmatrix} 1 & -1 & 1 \\ 2 & 0 & -2 \\ 1 & 1 & 1 \end{pmatrix}\begin{pmatrix} (-1)^n & 0 & 0 \\ 0 & 1 & 0 \\ 0 & 0 & 3^n \end{pmatrix}\begin{pmatrix} \frac{1}{4} & \frac{1}{4} & \frac{1}{4} \\ -\frac{1}{2} & 0 & \frac{1}{2} \\ \frac{1}{4} & -\frac{1}{4} & \frac{1}{4} \end{pmatrix}$$

$$= \begin{pmatrix} \dfrac{2+(-1)^n+3^n}{4} & \dfrac{(-1)^n-3^n}{4} & \dfrac{-2+(-1)^n+3^n}{4} \\ \dfrac{(-1)^n-3^n}{2} & \dfrac{(-1)^n+3^n}{2} & \dfrac{(-1)^n-3^n}{2} \\ \dfrac{-2+(-1)^n+3^n}{4} & \dfrac{(-1)^n-3^n}{4} & \dfrac{2+(-1)^n+3^n}{4} \end{pmatrix}. \quad \square$$

5.2.4 固有ベクトルの1次独立性*

ここでは 5.2.2 節で証明を保留した次の定理を証明する．

定理 5.5 行列 A が互いに異なる固有値 $\lambda_1, \lambda_2, \cdots, \lambda_n$ をもつとき，対応する固有ベクトル $\boldsymbol{x}_1, \boldsymbol{x}_2, \cdots, \boldsymbol{x}_n$ は1次独立である．

【証明】 $\boldsymbol{x}_1, \boldsymbol{x}_2, \cdots, \boldsymbol{x}_n$ が1次従属であると仮定すると，$\boldsymbol{x}_1, \cdots, \boldsymbol{x}_k$ が1次独立かつ $\boldsymbol{x}_1, \cdots, \boldsymbol{x}_k, \boldsymbol{x}_{k+1}$ が1次従属になるような $k\ (1 \leq k \leq n-1)$ が必ず存在する．このとき

$$\boldsymbol{x}_{k+1} = C_1\boldsymbol{x}_1 + \cdots + C_k\boldsymbol{x}_k \tag{5.5}$$

と書ける．(5.5) の両辺に A を左側から掛けると

$$\lambda_{k+1}\boldsymbol{x}_{k+1} = C_1\lambda_1\boldsymbol{x}_1 + \cdots + C_k\lambda_k\boldsymbol{x}_k. \tag{5.6}$$

$\lambda_{k+1} \times (5.5) - (5.6)$ より

$$\mathbf{0} = C_1(\lambda_{k+1} - \lambda_1)\boldsymbol{x}_1 + \cdots + C_k(\lambda_{k+1} - \lambda_k)\boldsymbol{x}_k.$$

ここで $\boldsymbol{x}_1, \cdots, \boldsymbol{x}_k\ (\neq \mathbf{0})$ が1次独立であることと，固有値が相異なることより $C_1 = C_2 = \cdots = C_k = 0$ を得る．したがって (5.5) より $\boldsymbol{x}_{k+1} = \mathbf{0}$. これは $\boldsymbol{x}_{k+1}$ が固有ベクトルであることに矛盾する． $\square$

問題 1 定理 5.3 (相似な2つの行列の固有値は一致する) を証明せよ．

ヒント $B = P^{-1}AP$ の固有多項式が A の固有多項式に一致することを示す．

問題 2 次の行列のうち，対角化可能なものについては，対角化する正則行列 P を求めて対角化せよ．

(a) $\begin{pmatrix} 1 & 5 \\ -1 & 3 \end{pmatrix}$ (b) $\begin{pmatrix} -4 & 3 \\ 3 & 4 \end{pmatrix}$ (c) $\begin{pmatrix} 7 & 2 \\ -2 & 3 \end{pmatrix}$

(d) $\begin{pmatrix} 0 & 1 \\ a^2 & 0 \end{pmatrix}$ (e) $\begin{pmatrix} 3 & -1 & 1 \\ -1 & 3 & -1 \\ 1 & 1 & 3 \end{pmatrix}$ (f) $\begin{pmatrix} 2 & 1 & 1 \\ -1 & -1 & 0 \\ -3 & -1 & -2 \end{pmatrix}$

5.3 エルミート行列の固有値

n 次元複素列ベクトル $\boldsymbol{x} = {}^t(x_1 \ \cdots \ x_n)$, $\boldsymbol{y} = {}^t(y_1 \ \cdots \ y_n) \in \mathbf{C}^n$ に対して，内積は $(\boldsymbol{x}, \boldsymbol{y}) = x_1\overline{y_1} + x_2\overline{y_2} + \cdots + x_n\overline{y_n} = {}^t\boldsymbol{x}\overline{\boldsymbol{y}}$ で定義された．$A = (a_{ij})$ を n 次正方複素行列として，次式が成り立つ：

$$(\boldsymbol{x}, A\boldsymbol{y}) = {}^t\boldsymbol{x}\overline{A\boldsymbol{y}} = {}^t\boldsymbol{x}\overline{A}\overline{\boldsymbol{y}} = {}^t\boldsymbol{x}\,{}^t({}^t\overline{A})\,\overline{\boldsymbol{y}} = {}^t(A^*\boldsymbol{x})\,\overline{\boldsymbol{y}} = (A^*\boldsymbol{x}, \boldsymbol{y}).$$

ここで $A^* = \overline{{}^tA}$ である．

A がエルミート行列，つまり $A^* = A$ のとき，次式が成り立つ：

$$(A\boldsymbol{x}, \boldsymbol{y}) = (\boldsymbol{x}, A\boldsymbol{y}). \tag{5.7}$$

次の定理が重要である．

定理 5.6 複素行列 A がエルミート行列であるとき，次が成り立つ．

(i) A の固有値は実数である．

(ii) A の相異なる固有値 λ, μ に対する固有ベクトルをそれぞれ $\boldsymbol{u}, \boldsymbol{v}$ とすると，$\boldsymbol{u}, \boldsymbol{v}$ は直交する．

【証明】 (i) A の固有値を λ，対応する固有ベクトルを $\boldsymbol{x}$ とすると，A はエルミート行列であるので，

$$(A\boldsymbol{x}, \boldsymbol{x}) = (\boldsymbol{x}, A\boldsymbol{x}) \quad \Leftrightarrow \quad (\lambda\boldsymbol{x}, \boldsymbol{x}) - (\boldsymbol{x}, \lambda\boldsymbol{x}) = (\lambda - \overline{\lambda})(\boldsymbol{x}, \boldsymbol{x}) = 0$$

$\boldsymbol{x} \neq \boldsymbol{0}$ より $(\boldsymbol{x}, \boldsymbol{x}) \neq 0$ なので $\lambda = \overline{\lambda}$．よって，固有値 λ は実数．

(ii) A はエルミート行列なので $(A\boldsymbol{u}, \boldsymbol{v}) = (\boldsymbol{u}, A\boldsymbol{v})$ が成り立つ．

$$(A\boldsymbol{u}, \boldsymbol{v}) = (\lambda\boldsymbol{u}, \boldsymbol{v}) = \lambda(\boldsymbol{u}, \boldsymbol{v}),$$
$$(\boldsymbol{u}, A\boldsymbol{v}) = (\boldsymbol{u}, \mu\boldsymbol{v}) = \overline{\mu}(\boldsymbol{u}, \boldsymbol{v}) = \mu(\boldsymbol{u}, \boldsymbol{v}) \quad ((\mathrm{i})\text{ より})$$

なので $(\lambda - \mu)(\boldsymbol{u}, \boldsymbol{v}) = 0$．仮定より $\lambda \neq \mu$ なので $(\boldsymbol{u}, \boldsymbol{v}) = 0$．よって，$\boldsymbol{u}, \boldsymbol{v}$ は直交する． □

実行列の場合に限定すると，定理5.6は次のようになる．

系 A が実対称行列であるとき，次が成り立つ．

（i） A の固有値は実数である．

（ii） A の相異なる固有値に対する固有ベクトルは互いに直交する．

また，次の定理とその系が成立する．

定理 5.7 エルミート行列 A は適当なユニタリ行列 P $(P^*P = PP^* = E)$ によって対角化される．

系 実対称行列 A は適当な直交行列 P $({}^tPP = P\,{}^tP = E)$ によって対角化される．

【略証】 簡単のため，A の固有値はすべて異なると仮定する．A を実対称行列として，その固有値を $\lambda_1, \cdots, \lambda_n$，対応する固有ベクトルとして正規化した $\boldsymbol{u}_1, \cdots, \boldsymbol{u}_n$ をとる．このとき，定理5.6の系 (ii) より，$\boldsymbol{u}_1, \cdots, \boldsymbol{u}_n$ は正規直交基底をなすので，行列 $P = (\boldsymbol{u}_1 \ \cdots \ \boldsymbol{u}_n)$ は ${}^tPP = ((\boldsymbol{u}_i, \boldsymbol{u}_j)) = (\delta_{ij}) = E$ を満たし，直交行列である．つまり，A は直交行列 P によって ${}^tPAP = P^{-1}AP = (\lambda_i\delta_{ij})$ と対角化される．A がエルミート行列の場合も同様である． □

コメント ユニタリ行列 P に対する P^* や直交行列 P に対する ${}^tP$ は，それぞれの行列 P に対する逆行列でもあることに注意せよ．

上の系を具体的な例題で確認しよう．

例題 5.7

次の実対称行列を直交行列によって対角化せよ．また，直交行列も求めよ．

（a） $A = \begin{pmatrix} 3 & -1 & 1 \\ -1 & 3 & 1 \\ 1 & 1 & 1 \end{pmatrix}$ （b） $B = \begin{pmatrix} 2 & 1 & -1 \\ 1 & 2 & 1 \\ -1 & 1 & 2 \end{pmatrix}$

【解】 固有ベクトルを求める計算は省いているが，各自確かめよ．

（a） $|A-\lambda E| = -\lambda^3+7\lambda^2-12\lambda = -\lambda(\lambda-3)(\lambda-4) = 0$ より，A の固有値は $\lambda = 0, 3, 4$ である．

$\lambda = 0$ に対応する正規化された固有ベクトルは $\boldsymbol{u}_1 = {}^t\!\left(-\frac{1}{\sqrt{6}} \quad -\frac{1}{\sqrt{6}} \quad \frac{2}{\sqrt{6}}\right)$,

$\lambda = 3$ に対応する正規化された固有ベクトルは $\boldsymbol{u}_2 = {}^t\!\left(\frac{1}{\sqrt{3}} \quad \frac{1}{\sqrt{3}} \quad \frac{1}{\sqrt{3}}\right)$,

$\lambda = 4$ に対応する正規化された固有ベクトルは $\boldsymbol{u}_3 = {}^t\!\left(-\frac{1}{\sqrt{2}} \quad \frac{1}{\sqrt{2}} \quad 0\right)$.

したがって P を，これらの固有ベクトルを並べてできる行列

$$P = (\boldsymbol{u}_1 \quad \boldsymbol{u}_2 \quad \boldsymbol{u}_3) = \begin{pmatrix} -\frac{1}{\sqrt{6}} & \frac{1}{\sqrt{3}} & -\frac{1}{\sqrt{2}} \\ -\frac{1}{\sqrt{6}} & \frac{1}{\sqrt{3}} & \frac{1}{\sqrt{2}} \\ \frac{2}{\sqrt{6}} & \frac{1}{\sqrt{3}} & 0 \end{pmatrix}$$

とすると，${}^tPP = P{}^tP = E$ であることが確かめられるから，P は直交行列である．したがって，A は

$${}^tPAP = P^{-1}AP = \begin{pmatrix} 0 & 0 & 0 \\ 0 & 3 & 0 \\ 0 & 0 & 4 \end{pmatrix}$$

のように対角化される．

（b） $|B-\lambda E| = -\lambda^3+6\lambda^2-9\lambda = -\lambda(\lambda-3)^2 = 0$ より，B の固有値は $\lambda = 0,\ 3$（重解）である．

$\lambda = 0$ に対応する正規化された固有ベクトルは $\boldsymbol{u} = {}^t\!\left(\frac{1}{\sqrt{3}} \quad -\frac{1}{\sqrt{3}} \quad \frac{1}{\sqrt{3}}\right)$.

$\lambda = 3$ に対応する固有ベクトルは

$$k_1\boldsymbol{x}_1 + k_2\boldsymbol{x}_2, \qquad \boldsymbol{x}_1 = {}^t(1 \quad 1 \quad 0),\ \boldsymbol{x}_2 = {}^t(-1 \quad 0 \quad 1)$$

であり，$\{\boldsymbol{x}_1, \boldsymbol{x}_2\}$ にグラム・シュミットの直交化法を用いれば，正規直交系は

$$\left\{\boldsymbol{v}_1 = {}^t\!\left(\frac{1}{\sqrt{2}} \quad \frac{1}{\sqrt{2}} \quad 0\right),\ \boldsymbol{v}_2 = {}^t\!\left(-\frac{1}{\sqrt{6}} \quad \frac{1}{\sqrt{6}} \quad \frac{2}{\sqrt{6}}\right)\right\}.$$

したがって P を，これらの固有ベクトルを並べてできる行列

$$P = (\boldsymbol{u} \ \ \boldsymbol{v}_1 \ \ \boldsymbol{v}_2) = \begin{pmatrix} \frac{1}{\sqrt{3}} & \frac{1}{\sqrt{2}} & -\frac{1}{\sqrt{6}} \\ -\frac{1}{\sqrt{3}} & \frac{1}{\sqrt{2}} & \frac{1}{\sqrt{6}} \\ \frac{1}{\sqrt{3}} & 0 & \frac{2}{\sqrt{6}} \end{pmatrix}$$

とすると，(a) と同様に，P は直交行列で，${}^tPBP = P^{-1}BP = \begin{pmatrix} 0 & 0 & 0 \\ 0 & 3 & 0 \\ 0 & 0 & 3 \end{pmatrix}$ となる．□

コメント　143ページのコメントで述べたことと同様に，直交行列の選び方は一意ではないが，対角化された行列は固有値の順序を除いて一意に定まる．

問題 1　次の行列 A を直交行列 P によって対角化し，直交行列 P も求めよ．

（a）$A = \begin{pmatrix} 1 & 1 & 1 \\ 1 & 0 & 0 \\ 1 & 0 & 0 \end{pmatrix}$　　（b）$A = \begin{pmatrix} 1 & 1 & -1 \\ 1 & 1 & -1 \\ -1 & -1 & 2 \end{pmatrix}$

5.4　ジョルダン標準形*

前述のとおり，行列が重複固有値をもち，対応する1次独立な固有ベクトルの個数がその重複度より小さい場合，その行列は対角化不可能である．しかしこの場合，代わりに，対角行列の一般形であるジョルダン標準形に変形することは可能である．次の定理が成立する．

定理 5.8　任意の n 次正方行列 A に対して，適当な正則行列 P が存在して，

$$P^{-1}AP = \begin{pmatrix} B_1 & & & O \\ & B_2 & & \\ & & \ddots & \\ O & & & B_h \end{pmatrix}, \qquad B_i = \begin{pmatrix} \rho_i & 1 & & O \\ & \rho_i & \ddots & \\ & & \ddots & 1 \\ O & & & \rho_i \end{pmatrix}$$

の形（**ジョルダン標準形**）にできる．ここで ρ_i は A の固有値のどれか1つに一致する．各 B_i $(i = 1, \cdots, h)$ は**ジョルダン細胞**と呼ばれる．

上の定理において，B_i は正方行列であり，その次数は固有値ごとに異なる．本書では詳しい議論は避け，3 次正方行列までの例題を通してジョルダン標準形を計算する手続きを述べるにとどめる．

例題 5.8*

行列 $A = \begin{pmatrix} 4 & -1 \\ 4 & 0 \end{pmatrix}$ のジョルダン標準形を次の手順で求めよ．

（a） A は重複固有値をもつことを示し，対応する固有ベクトルを求め，対角化不可能であることを示せ．

（b） （a）で求めた固有値を α，固有ベクトルを $k\boldsymbol{u}$ $(k \neq 0)$ とするとき，$(A - \alpha E)\boldsymbol{v} = \boldsymbol{u}$ を満たす $\boldsymbol{v} = {}^t(v_1 \quad v_2)$ を 1 つ求めよ．このようなベクトル $\boldsymbol{v}$ を**一般化固有ベクトル**と呼ぶ．

（c） $P = (\boldsymbol{u} \quad \boldsymbol{v})$ とするとき，$P^{-1}AP$ を求めよ．

【解】 （a） 固有方程式 $|A - \lambda E| = \lambda^2 - 4\lambda + 4 = 0$ を解いて，$\lambda = 2$（重解）．対応する固有ベクトルは $\boldsymbol{x} = k\boldsymbol{u}$，$\boldsymbol{u} = \begin{pmatrix} 1 \\ 2 \end{pmatrix}$ だけである．したがって，A は対角化不可能．

（b） $(A - 2E)\boldsymbol{v} = \begin{pmatrix} 1 \\ 2 \end{pmatrix}$ を掃き出し法で解くと

$$\left(\begin{array}{cc|c} 2 & -1 & 1 \\ 4 & -2 & 2 \end{array}\right) \to \left(\begin{array}{cc|c} 2 & -1 & 1 \\ 0 & 0 & 0 \end{array}\right) \quad \Leftrightarrow \quad 2v_1 - v_2 = 1.$$

上式を満たす $\boldsymbol{v}$ は $\boldsymbol{v} = \begin{pmatrix} 0 \\ -1 \end{pmatrix} + k\begin{pmatrix} 1 \\ 2 \end{pmatrix}$．解の 1 つとして $\boldsymbol{v} = \begin{pmatrix} 0 \\ -1 \end{pmatrix}$ をとれる．

（c） $\boldsymbol{v}$ として (b) で求めたものを用いると，$P = \begin{pmatrix} 1 & 0 \\ 2 & -1 \end{pmatrix}$ である．このとき，$P^{-1} = \dfrac{1}{|P|}\begin{pmatrix} -1 & 0 \\ -2 & 1 \end{pmatrix} = \begin{pmatrix} 1 & 0 \\ 2 & -1 \end{pmatrix}$ より，$P^{-1}AP = \begin{pmatrix} 2 & 1 \\ 0 & 2 \end{pmatrix}$． □

重要 ジョルダン標準形を求めるのに $P = (\boldsymbol{u} \quad \boldsymbol{v})$ の逆行列 P^{-1} を計算する必要はないことに注意しよう．実際，例題 5.8 (c) において，関係式 $A\boldsymbol{u} = 2\boldsymbol{u}$，

$A\boldsymbol{v} = \boldsymbol{u} + 2\boldsymbol{v}$ は，行列の形で $A(\boldsymbol{u}\ \ \boldsymbol{v}) = (\boldsymbol{u}\ \ \boldsymbol{v})\begin{pmatrix} 2 & 1 \\ 0 & 2 \end{pmatrix}$ のように書ける．よって，$P^{-1}AP = \begin{pmatrix} 2 & 1 \\ 0 & 2 \end{pmatrix}$.

例題 5.9*

行列 $B = \begin{pmatrix} 0 & -1 & -1 \\ -1 & 2 & 0 \\ 3 & 1 & 3 \end{pmatrix}$ の固有値，固有ベクトルを求めて，対角化不可能であることを確認せよ．次に，B のジョルダン標準形を求めよ．

【解】 固有方程式 $|B - \lambda E| = -(\lambda^3 - 5\lambda^2 + 8\lambda - 4) = -(\lambda - 2)^2(\lambda - 1) = 0$ より，固有値は $\lambda = 1, 2$ (重解).

（i） $\lambda = 1$ に対応する固有ベクトルは

$$\boldsymbol{x} = k\boldsymbol{u}_1 \ (k \neq 0), \quad \boldsymbol{u}_1 = {}^t(-1 \ \ -1 \ \ 2).$$

（ii） $\lambda = 2$ に対応する固有ベクトルは

$$\boldsymbol{x} = k\boldsymbol{u}_2 \ (k \neq 0), \quad \boldsymbol{u}_2 = {}^t(0 \ \ -1 \ \ 1).$$

(ii) より，固有値 $\lambda = 2$ (重解) に対応する1次独立な固有ベクトルが1つしかとれないので，B は対角化不可能である．

次に，$\lambda = 2$ に対応する一般化固有ベクトルを求める．$(A - 2E)\boldsymbol{v} = \boldsymbol{u}_2$, $\boldsymbol{v} = {}^t(v_1 \ \ v_2 \ \ v_3)$ を掃き出し法で解いて，

$$\left(\begin{array}{ccc|c} -2 & -1 & -1 & 0 \\ -1 & 0 & 0 & -1 \\ 3 & 1 & 1 & 1 \end{array}\right) \to \left(\begin{array}{ccc|c} 1 & 0 & 0 & 1 \\ 0 & 1 & 1 & -2 \\ 0 & 0 & 0 & 0 \end{array}\right) \Leftrightarrow \begin{cases} v_1 = 1, \\ v_2 + v_3 = -2 \end{cases}$$

よって，$\boldsymbol{v} = {}^t(1 \ \ -2 \ \ 0) + k\,{}^t(0 \ \ -1 \ \ 1)$.

最後に B のジョルダン標準形を求める．$\boldsymbol{v}$ として $\boldsymbol{v} = {}^t(1 \ \ -2 \ \ 0)$ をとり，

$P = (\boldsymbol{u}_1 \ \ \boldsymbol{u}_2 \ \ \boldsymbol{v}) = \begin{pmatrix} -1 & 0 & 1 \\ -1 & -1 & -2 \\ 2 & 1 & 0 \end{pmatrix}$ とおくと，

$$B\boldsymbol{u}_1 = \boldsymbol{u}_1, \ B\boldsymbol{u}_2 = 2\boldsymbol{u}_2, \ B\boldsymbol{v} = \boldsymbol{u}_2 + 2\boldsymbol{v} \ \Leftrightarrow \ BP = P\begin{pmatrix} 1 & 0 & 0 \\ 0 & 2 & 1 \\ 0 & 0 & 2 \end{pmatrix}.$$

したがって，ジョルダン標準形は $P^{-1}BP = \begin{pmatrix} 1 & 0 & 0 \\ 0 & 2 & 1 \\ 0 & 0 & 2 \end{pmatrix}$. □

発展 固有値の重複度が3以上のとき，一般化固有ベクトルの求め方に工夫を要する．初学者の理解を越えるので本書ではこれ以上立ち入らない．

最後にジョルダン標準形を用いた行列の n 乗計算について述べる．

例題 5.10*

例題 5.8 の行列 $A = \begin{pmatrix} 4 & -1 \\ 4 & 0 \end{pmatrix}$ について，A^n を計算せよ．

【解】 $P = \begin{pmatrix} 1 & 0 \\ 2 & -1 \end{pmatrix}$ として，$\widehat{A} := P^{-1}AP = \begin{pmatrix} 2 & 1 \\ 0 & 2 \end{pmatrix}$ とおくと，$A = P\widehat{A}P^{-1}$ より，$A^n = P\widehat{A}^nP^{-1}$．ここで，

$$\widehat{A} = 2E + N, \qquad E = \begin{pmatrix} 1 & 0 \\ 0 & 1 \end{pmatrix},\ N = \begin{pmatrix} 0 & 1 \\ 0 & 0 \end{pmatrix}$$

とおくと，$\begin{pmatrix} n \\ k \end{pmatrix} = \dfrac{n(n-1)\cdots(n-k+1)}{k!}$ として2項定理により，

$$\widehat{A}^n = (2E+N)^n = \sum_{k=0}^{n} \begin{pmatrix} n \\ k \end{pmatrix} (2E)^{n-k}N^k = 2^nE + n2^{n-1}N = \begin{pmatrix} 2^n & n2^{n-1} \\ 0 & 2^n \end{pmatrix}$$

である．ここで $N^k = 0$ $(k \geq 2)$ であることを用いた．したがって，

$$A^n = \begin{pmatrix} 1 & 0 \\ 2 & -1 \end{pmatrix}\begin{pmatrix} 2^n & n2^{n-1} \\ 0 & 2^n \end{pmatrix}\begin{pmatrix} 1 & 0 \\ 2 & -1 \end{pmatrix} = \begin{pmatrix} (n+1)2^n & -n2^{n-1} \\ n2^{n+1} & -(n-1)2^n \end{pmatrix}.$$ □

問題 1* 次の行列のジョルダン標準形を求めよ．同時に，$P^{-1}AP$ がジョルダン標準形となるような行列 P を求めよ．

(a) $A = \begin{pmatrix} 2 & 1 \\ -1 & 4 \end{pmatrix}$ (b) $A = \begin{pmatrix} 2 & 1 & -3 \\ -1 & 3 & -9 \\ 0 & 1 & -3 \end{pmatrix}$

(c) $A = \begin{pmatrix} 2 & -1 & -1 \\ 2 & 0 & 1 \\ -2 & 2 & 1 \end{pmatrix}$

問題 2*　例題 5.9 の行列 $B = \begin{pmatrix} 0 & -1 & -1 \\ -1 & 2 & 0 \\ 3 & 1 & 3 \end{pmatrix}$ について，B^n を計算せよ．

ヒント　$\hat{B} = P^{-1}BP = \left(\begin{array}{c|cc} 1 & 0 & 0 \\ \hline 0 & 2 & 1 \\ 0 & 0 & 2 \end{array}\right)$ のようにブロック分割する．

第 5 章　練習問題

1.　次の行列の固有値と固有ベクトルを求めよ．

（a）$\begin{pmatrix} 1 & 4 \\ 4 & 1 \end{pmatrix}$　　（b）$\begin{pmatrix} \sinh a & \cosh a \\ \cosh a & \sinh a \end{pmatrix}$

（c）$\begin{pmatrix} 1 & -1 & 0 \\ -1 & 2 & -1 \\ 0 & -1 & 1 \end{pmatrix}$　　（d）$\begin{pmatrix} 5 & -12 & 2 \\ 1 & -3 & 1 \\ 1 & -8 & 4 \end{pmatrix}$

（e）$\begin{pmatrix} -1 & -2 & 1 \\ 1 & 0 & 1 \\ -1 & 0 & -3 \end{pmatrix}$　　（f）$\begin{pmatrix} 1 & 0 & 0 & a \\ 0 & 1 & 0 & a \\ 0 & 0 & 1 & a \\ a & a & a & 1 \end{pmatrix}$　$(a \neq 0)$

2.　4 次正方行列 $A = \begin{pmatrix} 0 & 1 & 0 & 0 \\ 0 & 0 & 1 & 0 \\ 0 & 0 & 0 & 1 \\ -12 & -8 & 7 & 2 \end{pmatrix}$ と 4 次元列ベクトル $\boldsymbol{x} = \begin{pmatrix} 1 \\ \lambda \\ \lambda^2 \\ \lambda^3 \end{pmatrix}$ について，$A\boldsymbol{x} - \lambda\boldsymbol{x}$ を計算することで，A の固有値と固有ベクトルを求めよ．

3.　ある国では 2 つの銘柄のビール A, B が市販されている．調査の結果，ある年に A のビールを買っていた人の 4 割が次の年には B のビールを買い，逆に B のビールを買っていた人の 2 割が次の年には A のビールを買うことがわかった．調査を始めてから n 年後の A, B の割合を a_n, b_n $(a_n + b_n = 1)$ とすると，十分に年数が経過した後の A, B のシェアがどうなるか述べよ$\left(\text{言い換えれば極限 } \lim_{n\to\infty} \frac{a_n}{b_n} \text{ を求めよ}\right)$.

4. 行列 $A=\begin{pmatrix} 0 & -1 & -3 \\ 2 & 3 & 6 \\ -2 & -2 & -5 \end{pmatrix}$ について以下の問に答えよ．

（a） A を対角化せよ．対角化する正則行列 P も求めよ．

（b） A^n を計算せよ．

（c） 正方行列 X に対して，行列 $\exp(X)$ を次式で定義する：

$$\exp(X)=E+\sum_{n=1}^{\infty}\frac{X^n}{n!}=E+X+\frac{X^2}{2}+\cdots+\frac{X^n}{n!}+\cdots.$$

このとき $\exp(A)$ を求めよ．

5.* $a_1, a_2, \cdots, a_n$ を $0<a_1<a_2<\cdots<a_n$ なる実数として，$n+1$ 次正方行列 $A=(A_{ij})$ $(1\leq i, j\leq n+1)$ を

$A_{ij}=a_j$ （$i>j$ のとき），　0 （$i=j$ のとき），　a_{j-1} （$i<j$ のとき）

で定義する．例えば，$n=3$ のとき $A=\begin{pmatrix} 0 & a_1 & a_2 & a_3 \\ a_1 & 0 & a_2 & a_3 \\ a_1 & a_2 & 0 & a_3 \\ a_1 & a_2 & a_3 & 0 \end{pmatrix}$ である．このとき以下の問に答えよ．

（a） $n+1$ 次元列ベクトル $\boldsymbol{x}_0={}^t(1\ \ 1\ \ \cdots\ \ 1)$ に対して，$A\boldsymbol{x}_0$ を求めよ．

（b） $n+1$ 次元列ベクトル

$$\boldsymbol{x}_i={}^t(\underbrace{\alpha\ \cdots\ \alpha}_{i\text{ 個}}\ \ \underbrace{\beta\ \cdots\ \beta}_{n+1-i\text{ 個}})\qquad (i=1, 2, \cdots, n)$$

に対して，$A\boldsymbol{x}_i$ を求めよ．

（c） A の固有値，固有ベクトルをすべて求めよ．

第6章

線形空間

線形空間(ベクトル空間)とは，ベクトルの演算(加法とスカラー倍)と同じ性質をもつ演算を有する集合のことであり，その要素は関数や行列などでもよく，ベクトルに限ったものではない．線形空間の概念は，一見わかりきったことを抽象的に難しく言っているところもあって，多くの学生が脱落する難所である．しかしその一方で，線形空間は線形代数の最も基本的かつ重要な概念であるので，例題を通してしっかり理解してほしい．

6.1 線形空間

6.1.1 数ベクトル空間

初めに本章のタイトルである線形空間を定義する．

定義 6.1 空でない集合 V が $\mathbf{R}$ 上の**線形空間**（または**ベクトル空間**）であるとは，

（1） $\boldsymbol{a}$, $\boldsymbol{b}$ が V の元（げん）ならば，その和 $\boldsymbol{a}+\boldsymbol{b}$ も V の元，

（2） $\boldsymbol{a}$ が V の元，$p \in \mathbf{R}$ ならば，スカラー倍 $p\boldsymbol{a}$ も V の元

であって，和とスカラー倍に関して次の性質が成り立つことをいう．

（i） $\boldsymbol{a}+\boldsymbol{b}=\boldsymbol{b}+\boldsymbol{a}$，$\boldsymbol{a}+(\boldsymbol{b}+\boldsymbol{c})=(\boldsymbol{a}+\boldsymbol{b})+\boldsymbol{c}$

（ii） $\boldsymbol{a}+\boldsymbol{0}=\boldsymbol{a}$，$\boldsymbol{a}+(-\boldsymbol{a})=\boldsymbol{0}$

（iii） $p(\boldsymbol{a}+\boldsymbol{b})=p\boldsymbol{a}+p\boldsymbol{b}$，　$(p+q)\boldsymbol{a}=p\boldsymbol{a}+q\boldsymbol{a}$

（iv） $(pq)\boldsymbol{a}=p(q\boldsymbol{a})$

（v） $1\boldsymbol{a}=\boldsymbol{a}$，$0\boldsymbol{a}=\boldsymbol{0}$

スカラーとして複素数 $\mathbf{C}$ まで考える場合，V を $\mathbf{C}$ 上の線形空間と呼ぶ．

代表的な線形空間の例が，n 次元実ベクトル全体の集合

$$\mathbf{R}^n=\left\{\boldsymbol{a}=\begin{pmatrix} a_1 \\ \vdots \\ a_n \end{pmatrix} \,\middle|\, a_i \in \mathbf{R}\ \ (i=1,\ \cdots,\ n)\right\}$$

である．$\mathbf{R}^n$ を ***n* 次元数ベクトル空間**とも呼ぶ．

実際，$\boldsymbol{a}=\begin{pmatrix} a_1 \\ \vdots \\ a_n \end{pmatrix}$，$\boldsymbol{b}=\begin{pmatrix} b_1 \\ \vdots \\ b_n \end{pmatrix} \in \mathbf{R}^n$，および $p \in \mathbf{R}$ に対して

$$\boldsymbol{a}+\boldsymbol{b}=\begin{pmatrix} a_1+b_1 \\ \vdots \\ a_n+b_n \end{pmatrix}, \qquad p\boldsymbol{a}=\begin{pmatrix} pa_1 \\ \vdots \\ pa_n \end{pmatrix}$$

も n 次元実ベクトル，すなわち $\mathbf{R}^n$ の元であるので，$\mathbf{R}^n$ は線形空間である．また（i）～（v）の性質を満たすことも明らかである．

次に，線形空間を考える上で重要な概念である基底と次元について定義する．

定義 6.2 線形空間 V に属する元の組 $\{\boldsymbol{a}_1, \boldsymbol{a}_2, \cdots, \boldsymbol{a}_n\}$ が次の2つの条件を満たすとき，これを V の**基底**という．

（i） $\boldsymbol{a}_1, \boldsymbol{a}_2, \cdots, \boldsymbol{a}_n$ は1次独立，つまり $p_1\boldsymbol{a}_1 + p_2\boldsymbol{a}_2 + \cdots + p_n\boldsymbol{a}_n = \boldsymbol{0}$ を満たす $p_1, p_2, \cdots, p_n$ が $p_1 = p_2 = \cdots = p_n = 0$ に限られる．

（ii） $\boldsymbol{a}_1, \boldsymbol{a}_2, \cdots, \boldsymbol{a}_n$ は V を**生成**する．つまり V の任意の元 $\boldsymbol{x}$ がこれらの1次結合 $\boldsymbol{x} = x_1\boldsymbol{a}_1 + x_2\boldsymbol{a}_2 + \cdots + x_n\boldsymbol{a}_n$ の形に書ける．

また，基底をなす元の個数 n は V に固有のもので，$n = \dim V$ と書いて，V の**次元**と呼ぶ．

例 1

$V = \mathbf{R}^3$ は基底として3個の**基本ベクトル**

$$\{\boldsymbol{e}_1 = {}^t(1\ \ 0\ \ 0),\ \boldsymbol{e}_2 = {}^t(0\ \ 1\ \ 0),\ \boldsymbol{e}_3 = {}^t(0\ \ 0\ \ 1)\}$$

をとることができる．これを $\mathbf{R}^3$ の**標準基底**とも呼ぶ．1次独立な3つのベクトルならどのようにとってもよく，例えば

$$\{\boldsymbol{a}_1 = {}^t(1\ \ 1\ \ 1),\ \boldsymbol{a}_2 = {}^t(1\ \ 1\ \ 0),\ \boldsymbol{a}_3 = {}^t(1\ \ 0\ \ 1)\}$$

も $\mathbf{R}^3$ の基底である．一方，

$$\{\boldsymbol{b}_1 = {}^t(1\ \ -2\ \ 1),\ \boldsymbol{b}_2 = {}^t(1\ \ 1\ \ -2),\ \boldsymbol{b}_3 = {}^t(-2\ \ 1\ \ 1)\}$$

は1次独立でない（$\boldsymbol{b}_1 + \boldsymbol{b}_2 + \boldsymbol{b}_3 = \boldsymbol{0}$ となる）ので $\mathbf{R}^3$ の基底ではない． ◆

6.1.2 部分空間

線形空間 V が与えられているとき，V の部分空間 W を次で定義する．

定義 6.3 W を $\mathbf{R}$（または $\mathbf{C}$）上の線形空間 V の空でない部分集合とする．W 自身が線形空間である，つまり

（i） $\boldsymbol{a}, \boldsymbol{b} \in W$ ならば $\boldsymbol{a} + \boldsymbol{b} \in W$,

（ii） $\boldsymbol{a} \in W$, $p \in \mathbf{R}$（または $\mathbf{C}$）ならば $p\boldsymbol{a} \in W$

を満たすとき，W は V の**部分空間**であるという．

「部分空間」と「部分集合」は似ている言葉で混同しやすいが，「W が V の部分空間である」とは，単に W が V に含まれているだけでなく，W 自体の和とスカラー倍が W に含まれていなければならない．この意味で部分空間は部分集合より強い概念である．したがって，W の元の和やスカラー倍が常に W に含まれていることが示されれば，W は部分空間であり，反例が1つでも示されれば，W は部分空間でないことになる．

例題 6.1

次の $W \subset \mathbf{R}^3$ は $\mathbf{R}^3$ の部分空間であるかどうか判定せよ．ただし $\boldsymbol{x} = {}^t(x_1 \ \ x_2 \ \ x_3)$ とする．

(a) $W = \{ \boldsymbol{x} \in \mathbf{R}^3 \mid x_1 + 2x_2 - x_3 = 0 \}$

(b) $W = \{ \boldsymbol{x} \in \mathbf{R}^3 \mid x_1 + 2x_2 - x_3 = 1 \}$

(c) $W = \{ \boldsymbol{x} \in \mathbf{R}^3 \mid x_1 \geq 0 \}$

(d) $W = \{ \boldsymbol{x} \in \mathbf{R}^3 \mid x_1 + x_2 - x_3 = x_2 - 3x_3 = 0 \}$

【解】 (a) $\boldsymbol{x} = {}^t(x_1 \ \ x_2 \ \ x_3)$，$\boldsymbol{y} = {}^t(y_1 \ \ y_2 \ \ y_3) \in W$

$$\Leftrightarrow \quad x_1 + 2x_2 - x_3 = 0, \ \ y_1 + 2y_2 - y_3 = 0$$

において，

$$(x_1 + y_1) + 2(x_2 + y_2) - (x_3 + y_3) = (x_1 + 2x_2 - x_3) + (y_1 + 2y_2 - y_3) = 0$$

より $\boldsymbol{x} + \boldsymbol{y} \in W$．

$$px_1 + 2px_2 - px_3 = p(x_1 + 2x_2 - x_3) = 0 \text{ より } p\boldsymbol{x} \in W.$$

したがって，W は $\mathbf{R}^3$ の部分空間である．

(b) $\boldsymbol{x}, \boldsymbol{y} \in W$，つまり $x_1 + 2x_2 - x_3 = 1$，$y_1 + 2y_2 - y_3 = 1$ を仮定する．このとき，

$$(x_1 + y_1) + 2(x_2 + y_2) - (x_3 + y_3) = 2 \neq 1 \text{ より } \boldsymbol{x} + \boldsymbol{y} \notin W.$$

したがって，W は $\mathbf{R}^3$ の部分空間ではない．

(c) $\boldsymbol{x} = {}^t(1 \ \ 0 \ \ 0) \in W$ であるが，$-2\boldsymbol{x} = {}^t(-2 \ \ 0 \ \ 0) \notin W$．したがって，$W$ は $\mathbf{R}^3$ の部分空間ではない．

(d) $\boldsymbol{x}, \boldsymbol{y} \in W \quad \Leftrightarrow \quad \begin{cases} x_1 + x_2 - x_3 = x_2 - 3x_3 = 0 \\ y_1 + y_2 - y_3 = y_2 - 3y_3 = 0 \end{cases}$ において，

$$(x_1+y_1)+(x_2+y_2)-(x_3+y_3)=(x_1+x_2-x_3)+(y_1+y_2-y_3)=0,$$
$$(x_2+y_2)-3(x_3+y_3)=(x_2-3x_3)+(y_2-3y_3)=0$$

より $\boldsymbol{x}+\boldsymbol{y}\in W$.

$$px_1+px_2-px_3=p(x_1+x_2-x_3)=0, \quad px_2-3px_3=p(x_2-3x_3)=0$$

より $p\boldsymbol{x}\in W$.

したがって，W は $\mathbf{R}^3$ の部分空間である． □

コメント 「W が V の部分空間であるか？」という問題は抽象的で初学者は何をやればいいのか手がかりさえつかめないのではないだろうか．この類の問題では，初めに零ベクトル $\mathbf{0}$ が W に含まれるかどうかチェックするとよい．部分空間の定義からわかるとおり，**零ベクトルは必ず部分空間の元である**（これは定義6.3 (ii) のスカラー p として $p=0$ をとればよい）．そうすると，上の例題の (b) が部分空間でないことは自明であろう．もっとも，零元が含まれていても部分空間とは限らない．あとは残りの問題について定義6.3 (i), (ii) の性質が成り立っているか調べればよい．

6.1.3 部分空間の基底と次元

ここでは部分空間の構造，詳しくは基底と次元について調べる．一般的に次の定理が成立する．

> **定理 6.1** W を空でない $\mathbf{R}^n$ の部分空間とするとき，W に属する m 個のベクトル $\boldsymbol{a}_1, \cdots, \boldsymbol{a}_m$ で1次独立な最大個数の組がとれるならば，W の任意の元 $\boldsymbol{x}$ は $\boldsymbol{a}_1, \cdots, \boldsymbol{a}_m$ の1次結合
> $$\boldsymbol{x}=x_1\boldsymbol{a}_1+x_2\boldsymbol{a}_2+\cdots+x_m\boldsymbol{a}_m$$
> の形に一意に書くことができる．

このとき $\{\boldsymbol{a}_1, \cdots, \boldsymbol{a}_m\}$ を W の1つの**基底**と呼び，

$$W=\langle\boldsymbol{a}_1, \cdots, \boldsymbol{a}_m\rangle$$

のように書く．また，W は基底 $\{\boldsymbol{a}_1, \cdots, \boldsymbol{a}_m\}$ によって**張られる**または**生成される**ともいう．基底を作るベクトルの個数 m は一定であり，これを W の**次元**と呼び，$m=\dim W$ で表す．

例題 6.2

例題 6.1 (a) で部分空間 W の1組の基底と次元を求めよ．

【解】 W の任意の元 $\boldsymbol{x}$ は $x_1 + 2x_2 - x_3 = 0$ より $x_3 = x_1 + 2x_2$ を満たすので，次のように書ける：

$$\boldsymbol{x} = \begin{pmatrix} x_1 \\ x_2 \\ x_1 + 2x_2 \end{pmatrix} = x_1 \begin{pmatrix} 1 \\ 0 \\ 1 \end{pmatrix} + x_2 \begin{pmatrix} 0 \\ 1 \\ 2 \end{pmatrix}.$$

したがって，1組の基底は $\left\{ \begin{pmatrix} 1 \\ 0 \\ 1 \end{pmatrix}, \begin{pmatrix} 0 \\ 1 \\ 2 \end{pmatrix} \right\}$. 次元は 2. □

コメント 基底は1通りではない．例えば，x_1 または x_2 をそれぞれ消去して得られる $\{{}^t(-2\ \ 1\ \ 0),\ {}^t(1\ \ 0\ \ 1)\}$, $\{{}^t(1\ \ -1/2\ \ 0),\ {}^t(0\ \ 1/2\ \ 1)\}$ も基底である．

例題 6.3

$\mathbf{R}^4$ において，次の4つのベクトルで生成される部分空間 W の次元および1組の基底を求めよ．

$$\boldsymbol{a}_1 = \begin{pmatrix} 1 \\ -3 \\ -2 \\ 0 \end{pmatrix}, \quad \boldsymbol{a}_2 = \begin{pmatrix} 4 \\ -5 \\ -3 \\ 1 \end{pmatrix}, \quad \boldsymbol{a}_3 = \begin{pmatrix} -5 \\ 1 \\ 0 \\ -2 \end{pmatrix}, \quad \boldsymbol{a}_4 = \begin{pmatrix} 1 \\ 11 \\ 8 \\ 2 \end{pmatrix}.$$

【解】 W は $\boldsymbol{a}_1, \boldsymbol{a}_2, \boldsymbol{a}_3, \boldsymbol{a}_4$ で生成されるので，この中で，1次独立なベクトルの最大個数を求めればよい．そのためには行列 $A = (\boldsymbol{a}_1\ \ \boldsymbol{a}_2\ \ \boldsymbol{a}_3\ \ \boldsymbol{a}_4)$ に行基本変形を行えばよい（例題 4.2 参照）：

$$A = \begin{pmatrix} 1 & 4 & -5 & 1 \\ -3 & -5 & 1 & 11 \\ -2 & -3 & 0 & 8 \\ 0 & 1 & -2 & 2 \end{pmatrix} \xrightarrow[③+2\times①]{②+3\times①} \begin{pmatrix} 1 & 4 & -5 & 1 \\ 0 & 7 & -14 & 14 \\ 0 & 5 & -10 & 10 \\ 0 & 1 & -2 & 2 \end{pmatrix}$$

$$\xrightarrow[③\div 5]{②\div 7} \begin{pmatrix} 1 & 4 & -5 & 1 \\ 0 & 1 & -2 & 2 \\ 0 & 1 & -2 & 2 \\ 0 & 1 & -2 & 2 \end{pmatrix} \xrightarrow[④-②]{③-②} \begin{pmatrix} 1 & 4 & -5 & 1 \\ 0 & 1 & -2 & 2 \\ 0 & 0 & 0 & 0 \\ 0 & 0 & 0 & 0 \end{pmatrix}$$

$$\xrightarrow{①-4\times②}\begin{pmatrix} 1 & 0 & 3 & -7 \\ 0 & 1 & -2 & 2 \\ 0 & 0 & 0 & 0 \\ 0 & 0 & 0 & 0 \end{pmatrix}.$$

よって，W の1組の基底は $\{\boldsymbol{a}_1, \boldsymbol{a}_2\}$ であり（$\boldsymbol{a}_3 = 3\boldsymbol{a}_1 - 2\boldsymbol{a}_2$, $\boldsymbol{a}_4 = -7\boldsymbol{a}_1 + 2\boldsymbol{a}_2$），次元 $\dim W = 2$ である．　□

問題1　次の $W \subset \mathbf{R}^4$ は $\mathbf{R}^4$ の部分空間であるか？　部分空間であるものはその1組の基底および次元を求めよ．ここで $\boldsymbol{x} = {}^t(x_1 \ \ x_2 \ \ x_3 \ \ x_4)$ とする．

（a）　$W = \{\, \boldsymbol{x} \in \mathbf{R}^4 \mid x_1{}^2 + x_2{}^2 + x_3{}^2 + x_4{}^2 \leq 1 \,\}$

（b）　$W = \{\, \boldsymbol{x} \in \mathbf{R}^4 \mid x_1{}^2 + x_2{}^2 = 0 \,\}$

（c）　$W = \{\, \boldsymbol{x} \in \mathbf{R}^4 \mid x_1 = 1 \,\}$

（d）　$W = \{\, \boldsymbol{x} \in \mathbf{R}^4 \mid (x_1 - x_2)(x_1 + x_2) = 0 \,\}$

（e）　$W = \{\, \boldsymbol{x} \in \mathbf{R}^4 \mid x_1 + x_2 + x_3 + x_4 = 0 \,\}$

（f）　$W = \{\, \boldsymbol{x} \in \mathbf{R}^4 \mid x_1 - x_2{}^2 = 0 \,\}$

（g）　$W = \{\, \boldsymbol{x} \in \mathbf{R}^4 \mid x_3 = 3x_1 + 2x_2,\ \ x_4 = 2x_1 - 3x_2 \,\}$

6.2　部分空間の直和

6.2.1　直和

定義6.4　U_1, U_2 が線形空間 V の部分空間であるとき，$\boldsymbol{x} \in U_1$ かつ $\boldsymbol{x} \in U_2$ であるベクトル $\boldsymbol{x}$ 全体の集合（U_1 と U_2 の共通部分）を $U_1 \cap U_2$ で表す．また U_1 の元 $\boldsymbol{u}_1$ と U_2 の元 $\boldsymbol{u}_2$ との和 $\boldsymbol{u}_1 + \boldsymbol{u}_2$ の形に表されるベクトル全体の集合を U_1 と U_2 との**和**といって $U_1 + U_2$ で表す．つまり

$$U_1 \cap U_2 = \{\boldsymbol{x} \mid \boldsymbol{x} \in U_1 \text{ かつ } \boldsymbol{x} \in U_2\},$$
$$U_1 + U_2 = \{\boldsymbol{x} \mid \boldsymbol{x} = \boldsymbol{u}_1 + \boldsymbol{u}_2,\ \boldsymbol{u}_1 \in U_1,\ \boldsymbol{u}_2 \in U_2\}.$$

特に，$U_1 + U_2$ の任意のベクトル $\boldsymbol{x}$ が

$$\boldsymbol{x} = \boldsymbol{x}_1 + \boldsymbol{x}_2, \qquad \boldsymbol{x}_1 \in U_1,\ \boldsymbol{x}_2 \in U_2$$

の形に，一意的に表されるとき，和 $U_1 + U_2$ は U_1 と U_2 の**直和**であるといって $U_1 \oplus U_2$ のように表す．

定理 6.2 U_1, U_2 が線形空間 V の部分空間ならば，$U_1 \cap U_2$, $U_1 + U_2$ も V の部分空間である．

【証明】 p をスカラーとする．

（i） $\boldsymbol{x}, \boldsymbol{y} \in U_1 \cap U_2$ とする．

$\boldsymbol{x}, \boldsymbol{y} \in U_1$ かつ U_1 は部分空間であるので　$\boldsymbol{x} + \boldsymbol{y}$, $p\boldsymbol{x} \in U_1$.

$\boldsymbol{x}, \boldsymbol{y} \in U_2$ かつ U_2 は部分空間であるので　$\boldsymbol{x} + \boldsymbol{y}$, $p\boldsymbol{x} \in U_2$.

したがって $\boldsymbol{x} + \boldsymbol{y}$, $p\boldsymbol{x} \in U_1 \cap U_2$ で，$U_1 \cap U_2$ は V の部分空間である．

（ii） 次に，$\boldsymbol{x}, \boldsymbol{y} \in U_1 + U_2$ ならば，ある $\boldsymbol{x}_1, \boldsymbol{y}_1 \in U_1$ と $\boldsymbol{x}_2, \boldsymbol{y}_2 \in U_2$ が存在して，$\boldsymbol{x} = \boldsymbol{x}_1 + \boldsymbol{x}_2$, $\boldsymbol{y} = \boldsymbol{y}_1 + \boldsymbol{y}_2$ と書ける．これから

$$\boldsymbol{x} + \boldsymbol{y} = (\boldsymbol{x}_1 + \boldsymbol{y}_1) + (\boldsymbol{x}_2 + \boldsymbol{y}_2).$$

U_1, U_2 は部分空間なので $\boldsymbol{x}_1 + \boldsymbol{y}_1 \in U_1$, $\boldsymbol{x}_2 + \boldsymbol{y}_2 \in U_2$. したがって $\boldsymbol{x} + \boldsymbol{y} \in U_1 + U_2$. $p\boldsymbol{x} \in U_1 + U_2$ も同様に示される． □

例題 6.4

$\boldsymbol{x} = {}^t(x_1 \ \ x_2 \ \ x_3) \in \mathbf{R}^3$ とする．$\mathbf{R}^3$ の部分空間

$$U_1 = \{\, \boldsymbol{x} \in \mathbf{R}^3 \mid x_1 = 0 \,\}, \qquad U_2 = \{\, \boldsymbol{x} \in \mathbf{R}^3 \mid x_3 = 0 \,\}$$

について $U_1 \cap U_2$ および $U_1 + U_2$ を求めよ．また $U_1 + U_2$ は直和であるか？

【解】 $U_1 \cap U_2 = \{\, \boldsymbol{x} \in \mathbf{R}^3 \mid x_1 = x_3 = 0 \,\}$ である．また，$U_1 + U_2 = \mathbf{R}^3$ である．これは，$\mathbf{R}^3$ の任意の元 $\boldsymbol{x} = {}^t(x_1 \ \ x_2 \ \ x_3)$ は

$${}^t(x_1 \ \ x_2 \ \ x_3) = {}^t(0 \ \ x_2 \ \ x_3) + {}^t(x_1 \ \ 0 \ \ 0)$$

のように，U_1 と U_2 の元の和に表すことができるからである（次ページの図参照）．

また，和 $U_1 + U_2$ は直和ではない．なぜなら $U_1 + U_2$ $(= \mathbf{R}^3)$ のベクトル $\boldsymbol{x}$ は s を任意の実数として次のように何通りにも表現されるからである：

$${}^t(x_1 \ \ x_2 \ \ x_3) = {}^t(0 \ \ x_2 - s \ \ x_3) + {}^t(x_1 \ \ s \ \ 0). \quad \square$$

注意 1 部分空間の和 $U_1 + U_2$ と和集合 $U_1 \cup U_2$ は同じではないことに注意されたい．例えば，次ページの図のような $U_1 + U_2$ で与えられるベクトルは，U_1 上と U_2 上のベクトルの和として定まるものである．一方，

$$U_1 \cup U_2 = \{\, \boldsymbol{x} \in \mathbf{R}^3 \mid x_1 = 0 \ \text{または}\ x_3 = 0 \,\}$$

は2枚の平面を単に重ねてできる図形であり，これは部分空間ではない．

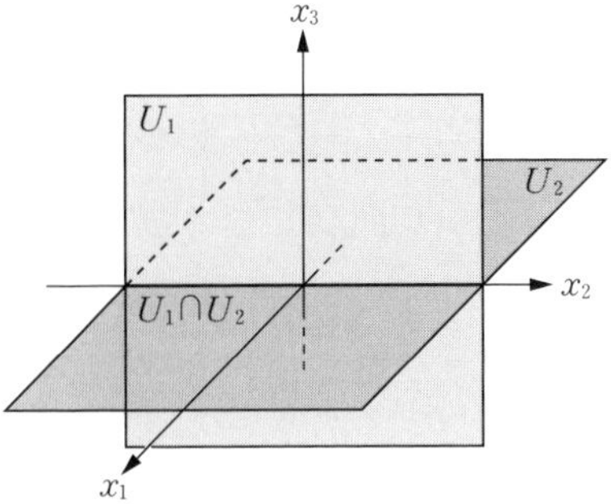

コメント　$U_1 + U_2$ が直和であるための必要十分条件は $U_1 \cap U_2 = \{\mathbf{0}\}$ ということもできる．実際，$U_1 \cap U_2 = \{\mathbf{0}\}$ と仮定して，$U_1 + U_2$ の元 $\boldsymbol{x}$ が $\boldsymbol{x} = \boldsymbol{x}_1 + \boldsymbol{x}_2 = \boldsymbol{x}_1' + \boldsymbol{x}_2'$ $(\boldsymbol{x}_i,\ \boldsymbol{x}_i' \in U_i\,;\ i = 1, 2)$ と2通りに書けたとすると，$\boldsymbol{x}_1 - \boldsymbol{x}_1' = \boldsymbol{x}_2 - \boldsymbol{x}_2' \in U_1 \cap U_2$ より $\boldsymbol{x}_i - \boldsymbol{x}_i' = \mathbf{0}$ が従う．また逆に，$\boldsymbol{a} \in U_1 \cap U_2$ なる $\boldsymbol{a} \neq \mathbf{0}$ が存在するとき，$U_1 + U_2$ の元は $\boldsymbol{x} = \boldsymbol{x}_1 + \boldsymbol{x}_2 = (\boldsymbol{x}_1 - \boldsymbol{a}) + (\boldsymbol{x}_2 + \boldsymbol{a})$ と2通り以上に書ける．

例題 6.5

$\mathbf{R}^4$ の5つのベクトル

$$\boldsymbol{a}_1 = \begin{pmatrix} 1 \\ 2 \\ 1 \\ -3 \end{pmatrix},\ \boldsymbol{a}_2 = \begin{pmatrix} 2 \\ 5 \\ 3 \\ -4 \end{pmatrix},\ \boldsymbol{a}_3 = \begin{pmatrix} 0 \\ 1 \\ 2 \\ 1 \end{pmatrix},\ \boldsymbol{a}_4 = \begin{pmatrix} -1 \\ 0 \\ 5 \\ 3 \end{pmatrix},\ \boldsymbol{a}_5 = \begin{pmatrix} -1 \\ 0 \\ 5 \\ 4 \end{pmatrix}$$

に対して，部分空間とその基底を $U_1 = \langle \boldsymbol{a}_1, \boldsymbol{a}_2 \rangle$，$U_2 = \langle \boldsymbol{a}_3, \boldsymbol{a}_4 \rangle$，$U_3 = \langle \boldsymbol{a}_3, \boldsymbol{a}_5 \rangle$ とするとき，

（a）　$U_1 \cap U_2$，$U_1 + U_2$ を求めよ．また，$U_1 + U_2$ は直和であるか？

（b）　$U_1 \cap U_3$，$U_1 + U_3$ を求めよ．また，$U_1 + U_3$ は直和であるか？

【解】　（a）　$\boldsymbol{a}_i\ (i = 1, 2, 3, 4)$ の1次独立性を調べる．$A = (\boldsymbol{a}_1\ \ \boldsymbol{a}_2\ \ \boldsymbol{a}_3\ \ \boldsymbol{a}_4)$ とおいて，A に行基本変形を行うと，

$$\begin{pmatrix} 1 & 2 & 0 & -1 \\ 2 & 5 & 1 & 0 \\ 1 & 3 & 2 & 5 \\ -3 & -4 & 1 & 3 \end{pmatrix} \xrightarrow[④+3\times①]{②-2\times①,\ ③-①} \begin{pmatrix} 1 & 2 & 0 & -1 \\ 0 & 1 & 1 & 2 \\ 0 & 1 & 2 & 6 \\ 0 & 2 & 1 & 0 \end{pmatrix}$$

$$\xrightarrow[④-2\times②]{①-2\times②,\ ③-②} \begin{pmatrix} 1 & 0 & -2 & -5 \\ 0 & 1 & 1 & 2 \\ 0 & 0 & 1 & 4 \\ 0 & 0 & -1 & -4 \end{pmatrix}$$

$$\xrightarrow[②-③,\ ④+③]{①+2\times③} \begin{pmatrix} 1 & 0 & 0 & 3 \\ 0 & 1 & 0 & -2 \\ 0 & 0 & 1 & 4 \\ 0 & 0 & 0 & 0 \end{pmatrix}.$$

これは $\boldsymbol{a}_i$ $(i = 1, 2, 3, 4)$ の間に1次従属の関係 $\boldsymbol{a}_4 = 3\boldsymbol{a}_1 - 2\boldsymbol{a}_2 + 4\boldsymbol{a}_3$ が成り立つことを意味しており，移項して

$$-3\boldsymbol{a}_1 + 2\boldsymbol{a}_2 = 4\boldsymbol{a}_3 - \boldsymbol{a}_4 = {}^t(1\ \ 4\ \ 3\ \ 1)\ \ (:= \boldsymbol{b} \text{ とおく})$$

が成立する．1式目は U_1 の，2式目は U_2 の元なので $\boldsymbol{b}$ は $U_1 \cap U_2$ の元である．したがって

$$U_1 \cap U_2 = \langle \boldsymbol{b} \rangle = \{k\,{}^t(1\ \ 4\ \ 3\ \ 1),\ k \in \mathbf{R}\}.$$

また，$U_1 + U_2 = \langle \boldsymbol{a}_1, \boldsymbol{a}_2, \boldsymbol{a}_3 \rangle$ であり，これは直和ではない．

（b） $B = (\boldsymbol{a}_1\ \ \boldsymbol{a}_2\ \ \boldsymbol{a}_3\ \ \boldsymbol{a}_5)$ とおいて，B に行基本変形を行うと，(a) 同様，

$$\begin{pmatrix} 1 & 2 & 0 & -1 \\ 2 & 5 & 1 & 0 \\ 1 & 3 & 2 & 5 \\ -3 & -4 & 1 & 4 \end{pmatrix} \longrightarrow \cdots \longrightarrow \begin{pmatrix} 1 & 0 & 0 & 3 \\ 0 & 1 & 0 & -2 \\ 0 & 0 & 1 & 4 \\ 0 & 0 & 0 & 1 \end{pmatrix}$$

となるので，$\boldsymbol{a}_1, \boldsymbol{a}_2, \boldsymbol{a}_3, \boldsymbol{a}_5$ は1次独立である．このとき $U_1 \cap U_3 = \{\boldsymbol{0}\}$ である．なぜなら $\boldsymbol{x} \in U_1 \cap U_3$ と仮定すると，

$$\boldsymbol{x} = x_1\boldsymbol{a}_1 + x_2\boldsymbol{a}_2 = x_3\boldsymbol{a}_3 + x_5\boldsymbol{a}_5$$

と2通りに書けて，移項すると $x_1\boldsymbol{a}_1 + x_2\boldsymbol{a}_2 - x_3\boldsymbol{a}_3 - x_5\boldsymbol{a}_5 = \boldsymbol{0}$．$\boldsymbol{a}_1, \boldsymbol{a}_2, \boldsymbol{a}_3, \boldsymbol{a}_5$ の1次独立性によって，$x_1 = x_2 = x_3 = x_5 = 0$ つまり $\boldsymbol{x} = \boldsymbol{0}$ でなければならない．

また，$U_1 + U_3 = \mathbf{R}^4$ であり，1次独立なベクトルによって表されるベクトルは一意に定まるから，これは直和である． □

6.2.2 直交補空間

$\mathbf{R}^n$ の空でない部分空間 W に対して，W のすべてのベクトルと直交するベクトル全体の集合を

$$W^{\perp} := \{\, \boldsymbol{x} \in \mathbf{R}^n \mid \text{任意の } \boldsymbol{w} \in W \text{ に対して } (\boldsymbol{x}, \boldsymbol{w}) = 0 \,\}$$

で表す．このとき，$\boldsymbol{x}, \boldsymbol{y} \in W^{\perp}$ と $\boldsymbol{w} \in W$ に対して $(\boldsymbol{x}, \boldsymbol{w}) = (\boldsymbol{y}, \boldsymbol{w}) = 0$ であるから，和 $\boldsymbol{x} + \boldsymbol{y}$ とスカラー倍 $p\boldsymbol{x}$ は内積の線形性によって

$$(\boldsymbol{x} + \boldsymbol{y}, \boldsymbol{w}) = (\boldsymbol{x}, \boldsymbol{w}) + (\boldsymbol{y}, \boldsymbol{w}) = 0,$$

$$(p\boldsymbol{x}, \boldsymbol{w}) = p(\boldsymbol{x}, \boldsymbol{w}) = 0$$

を満たすので $\boldsymbol{x} + \boldsymbol{y},\ p\boldsymbol{x} \in W^{\perp}$ が成立し，$W^{\perp}$ は $\mathbf{R}^n$ の部分空間である．$W^{\perp}$ を W の**直交補空間**と呼ぶ．次の定理が成立する．

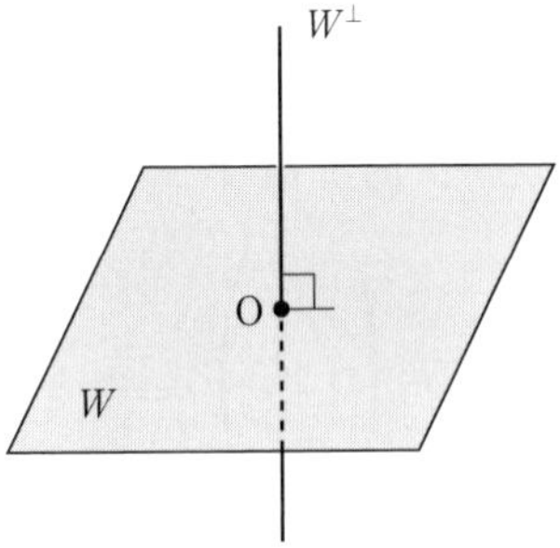

定理 6.3 $W \subset \mathbf{R}^n$ の直交補空間 $W^{\perp}$ について次が成立する．

(i) $\mathbf{R}^n = W \oplus W^{\perp}$

(ii) $(W^{\perp})^{\perp} = W$

(iii) $\dim W + \dim W^{\perp} = n$

例題 6.6

例題 6.3 で扱った部分空間 W の $\mathbf{R}^4$ における直交補空間 $W^{\perp}$ を求めよ．

【解】 W の 1 組の基底は $\{\boldsymbol{a}_1 = {}^t(1\ \ -3\ \ -2\ \ 0),\ \boldsymbol{a}_2 = {}^t(4\ \ -5\ \ -3\ \ 1)\}$ である．$W^{\perp}$ の元を $\boldsymbol{x} = {}^t(x_1\ \ x_2\ \ x_3\ \ x_4)$ とすると，連立方程式

$$\begin{cases} (\boldsymbol{a}_1, \boldsymbol{x}) = x_1 - 3x_2 - 2x_3 = 0 \\ (\boldsymbol{a}_2, \boldsymbol{x}) = 4x_1 - 5x_2 - 3x_3 + x_4 = 0 \end{cases}$$

を得る．これを解いて $x_1 = 3k_1 + 2k_2$，$x_2 = k_1$，$x_3 = k_2$，$x_4 = -7k_1 - 5k_2$．よって，直交補空間は

$$W^{\perp} = \{\, \boldsymbol{x} \in \mathbf{R}^4 \mid \boldsymbol{x} = k_1\, {}^t(3\ \ 1\ \ 0\ \ -7) + k_2\, {}^t(2\ \ 0\ \ 1\ \ -5) \,\}. \qquad \square$$

問題 1 $\mathbf{R}^4$ の部分空間 W が次のベクトルで生成されるとき，W の次元および1組の基底を求めよ．また，直交補空間 $W^{\perp}$ を求めよ．

$$\boldsymbol{a}_1 = \begin{pmatrix} 1 \\ 1 \\ 1 \\ 2 \end{pmatrix}, \quad \boldsymbol{a}_2 = \begin{pmatrix} 1 \\ 2 \\ -1 \\ 3 \end{pmatrix}, \quad \boldsymbol{a}_3 = \begin{pmatrix} 3 \\ 4 \\ 1 \\ 7 \end{pmatrix}, \quad \boldsymbol{a}_4 = \begin{pmatrix} 2 \\ -1 \\ 9 \\ 1 \end{pmatrix}.$$

問題 2 次の $\mathbf{R}^5$ のベクトルに対して，$U_1 = \langle \boldsymbol{a}_1, \boldsymbol{a}_2 \rangle$，$U_2 = \langle \boldsymbol{a}_3, \boldsymbol{a}_4 \rangle$ とする．このとき，$U_1 \cap U_2$ および $U_1 + U_2$ を求めよ．

$$\boldsymbol{a}_1 = \begin{pmatrix} 1 \\ 2 \\ 1 \\ -3 \\ -1 \end{pmatrix}, \quad \boldsymbol{a}_2 = \begin{pmatrix} 1 \\ 3 \\ 4 \\ -5 \\ -2 \end{pmatrix}, \quad \boldsymbol{a}_3 = \begin{pmatrix} 1 \\ 0 \\ -4 \\ 3 \\ 1 \end{pmatrix}, \quad \boldsymbol{a}_4 = \begin{pmatrix} 1 \\ 1 \\ -3 \\ -3 \\ 0 \end{pmatrix}.$$

6.3 その他の線形空間

線形空間（ベクトル空間）というと，n 次元ベクトルを思い浮かべがちであるが，関数や行列の集合に対して適当に和やスカラー倍を定義すると，関数や行列の集合も線形空間と見なすことができる．

例 1

2次実正方行列全体の集合を $M_2(\mathbf{R})$ [1] で表そう．

$$M_2(\mathbf{R}) = \left\{ A = \begin{pmatrix} a_1 & a_2 \\ a_3 & a_4 \end{pmatrix} \middle| \; a_i \in \mathbf{R} \ (i = 1, 2, 3, 4) \right\}$$

は（$\mathbf{R}$ 上の）線形空間である．実際，$A = \begin{pmatrix} a_1 & a_2 \\ a_3 & a_4 \end{pmatrix}$，$B = \begin{pmatrix} b_1 & b_2 \\ b_3 & b_4 \end{pmatrix} \in M_2(\mathbf{R})$ に対して，和 $A + B = \begin{pmatrix} a_1 + b_1 & a_2 + b_2 \\ a_3 + b_3 & a_4 + b_4 \end{pmatrix}$ およびスカラー倍 $pA = \begin{pmatrix} pa_1 & pa_2 \\ pa_3 & pa_4 \end{pmatrix}$ も2次実正方行列，つまり $M_2(\mathbf{R})$ の元である．$M_2(\mathbf{R})$ の1組の基底として

1） 一般に，n 次実正方行列全体の集合を記号 $M_n(\mathbf{R})$ で表す．

$$\left\{ E_{11} = \begin{pmatrix} 1 & 0 \\ 0 & 0 \end{pmatrix},\ E_{12} = \begin{pmatrix} 0 & 1 \\ 0 & 0 \end{pmatrix},\ E_{21} = \begin{pmatrix} 0 & 0 \\ 1 & 0 \end{pmatrix},\ E_{22} = \begin{pmatrix} 0 & 0 \\ 0 & 1 \end{pmatrix} \right\}$$

をとることができる．これらが1次独立である，つまり

$$a_1 E_{11} + a_2 E_{12} + a_3 E_{21} + a_4 E_{22} = O \quad \Leftrightarrow \quad a_1 = a_2 = a_3 = a_4 = 0$$

が成り立つのは明らかであるから，$\dim M_2(\mathbf{R}) = 4$ である．

また，$M_2(\mathbf{R})$ の零元は零行列 $O = \begin{pmatrix} 0 & 0 \\ 0 & 0 \end{pmatrix}$ である． ◆

例 2

3次以下の実係数多項式全体の集合を $\mathbf{R}[x]_3$ で表そう[1]：

$$\mathbf{R}[x]_3 = \{\, a(x) = a_1 + a_2 x + a_3 x^2 + a_4 x^3 \mid a_i \in \mathbf{R}\ (i = 1, 2, 3, 4) \,\}.$$

$a(x) = a_1 + a_2 x + a_3 x^2 + a_4 x^3$, $b(x) = b_1 + b_2 x + b_3 x^2 + b_4 x^3 \in \mathbf{R}[x]_3$ に対して，和 $a(x) + b(x)$ とスカラー倍 $pa(x)$ も

$$a(x) + b(x) = (a_1 + b_1) + (a_2 + b_2)x + (a_3 + b_3)x^2 + (a_4 + b_4)x^3 \in \mathbf{R}[x]_3,$$

$$pa(x) = pa_1 + pa_2 x + pa_3 x^2 + pa_4 x^3 \in \mathbf{R}[x]_3$$

であるから，$\mathbf{R}[x]_3$ は線形空間である．$\mathbf{R}[x]_3$ の1組の基底として $\{1, x, x^2, x^3\}$ をとることができるので，$\dim \mathbf{R}[x]_3 = 4$ である．また，$\mathbf{R}[x]_3$ の零元は0（恒等的に0に等しい関数）である． ◆

注意 1 $\mathbf{R}[x]_3$ は3次以下の多項式の集合であって，3次多項式の集合ではないことに注意する．実際，3次多項式の集合は線形空間ではない（3次多項式 $a(x) = x^3 + x^2$, $b(x) = -x^3$ の和 $a(x) + b(x) = x^2$ は3次多項式ではない）．

コメント 多項式や行列を「ベクトル」ということに違和感を感じる方も多いであろうが，多項式（や行列）の和とスカラー倍も再び多項式（や行列）であり，下からわかるとおり，和がベクトルと同じ法則で計算される（スカラー倍についても同様である）：

ベクトル：${}^t(a_1\ \ a_2\ \ a_3\ \ a_4) + {}^t(b_1\ \ b_2\ \ b_3\ \ b_4)$

$= {}^t(a_1 + b_1\ \ \ a_2 + b_2\ \ \ a_3 + b_3\ \ \ a_4 + b_4)$

行　列：$\begin{pmatrix} a_1 & a_2 \\ a_3 & a_4 \end{pmatrix} + \begin{pmatrix} b_1 & b_2 \\ b_3 & b_4 \end{pmatrix} = \begin{pmatrix} a_1 + b_1 & a_2 + b_2 \\ a_3 + b_3 & a_4 + b_4 \end{pmatrix}$,

多項式：$(a_1 + a_2 x + a_3 x^2 + a_4 x^3) + (b_1 + b_2 x + b_3 x^2 + b_4 x^3)$

$= (a_1 + b_1) + (a_2 + b_2)x + (a_3 + b_3)x^2 + (a_4 + b_4)x^3.$

---

1) 一般に，n 次以下の実係数多項式全体の集合を記号 $\mathbf{R}[x]_n$ で表す．

参考 多項式全体の集合，連続関数全体の集合なども線形空間であるが，これらは無限個の元からなる基底をとることができる．つまり無限次元である．

例題 6.7

次の V, W に対して W は線形空間 V の部分空間か？ また，部分空間であるものについてはその1組の基底および次元を求めよ．

（a） $V = M_2(\mathbf{R})$,

$$W = \left\{ X = \begin{pmatrix} x_1 & x_2 \\ x_3 & x_4 \end{pmatrix} \in M_2(\mathbf{R}) \;\middle|\; \mathrm{tr}\, X = x_1 + x_4 = 0 \right\}$$

（b） $V = M_2(\mathbf{R})$,

$$W = \left\{ X = \begin{pmatrix} x_1 & x_2 \\ x_3 & x_4 \end{pmatrix} \in M_2(\mathbf{R}) \;\middle|\; |X| = x_1x_4 - x_2x_3 = 0 \right\}$$

（c） $V = \mathbf{R}[x]_2$,

$W = \{\, a(x) = a_1 + a_2x + a_3x^2 \in \mathbf{R}[x]_2 \mid a(1) = 0 \,\}$

（d） $V = \mathbf{R}[x]_2$,

$W = \{\, a(x) = a_1 + a_2x + a_3x^2 \in \mathbf{R}[x]_2 \mid a(1) = 1 \,\}$

【解】 （a） $X = \begin{pmatrix} x_1 & x_2 \\ x_3 & x_4 \end{pmatrix}$, $Y = \begin{pmatrix} y_1 & y_2 \\ y_3 & y_4 \end{pmatrix} \in W$ に対して，

$$\mathrm{tr}(X + Y) = x_1 + y_1 + x_4 + y_4 = 0$$

より $X + Y \in W$．スカラー p に対して

$$\mathrm{tr}(pX) = px_1 + px_4 = 0$$

より $pX \in W$．したがって，W は $M_2(\mathbf{R})$ の部分空間である．

V の元は，$x_4 = -x_1$ に注意して，

$$\begin{pmatrix} x_1 & x_2 \\ x_3 & -x_1 \end{pmatrix} = x_1\begin{pmatrix} 1 & 0 \\ 0 & -1 \end{pmatrix} + x_2\begin{pmatrix} 0 & 1 \\ 0 & 0 \end{pmatrix} + x_3\begin{pmatrix} 0 & 0 \\ 1 & 0 \end{pmatrix}$$

と書ける．よって，1組の基底は $\left\{ \begin{pmatrix} 1 & 0 \\ 0 & -1 \end{pmatrix}, \begin{pmatrix} 0 & 1 \\ 0 & 0 \end{pmatrix}, \begin{pmatrix} 0 & 0 \\ 1 & 0 \end{pmatrix} \right\}$ であり，次元は3である．

（b） $X = \begin{pmatrix} 1 & 0 \\ 0 & 0 \end{pmatrix}$, $Y = \begin{pmatrix} 0 & 0 \\ 0 & 1 \end{pmatrix}$ とおくと，$|X| = |Y| = 0$ より $X, Y \in W$. しかし，$X + Y = \begin{pmatrix} 1 & 0 \\ 0 & 1 \end{pmatrix}$ より $|X + Y| = 1 \neq 0$ であるから

$$X + Y \notin W.$$

したがって，W は $M_2(\mathbf{R})$ の部分空間ではない．

（c） $a(x), b(x) \in W$ に対して，$a(1) = b(1) = 0$ であるから，$a(1) + b(1) = 0$ より

$$a(x) + b(x) \in W.$$

$pa(1) = 0$（p はスカラー）より

$$pa(x) \in W.$$

したがって，W は $\mathbf{R}[x]_2$ の部分空間である．

W の元 $a(x)$ は，$a_3 = -a_1 - a_2$ に注意すると，

$$a(x) = a_1 + a_2 x - (a_1 + a_2)\,x^2 = a_1(1 - x^2) + a_2(x - x^2)$$

と書ける．よって，1組の基底は $\{1 - x^2, x - x^2\}$ であり，次元は2である．

（d） $a(x), b(x) \in W$ に対して，$a(1) = b(1) = 1$ であるから，$a(1) + b(1) = 2 \neq 1$ より

$$a(x) + b(x) \notin W.$$

したがって，W は $\mathbf{R}[x]_2$ の部分空間ではない．

問題 1 次の V, W について，W は V の部分空間であるか？ 部分空間であるものについてはその1組の基底と次元を求めよ．ただし，$a'(x) = \dfrac{d\,a(x)}{dx}$.

（a） $V = \mathbf{R}[x]_3$,
$W = \{\, a(x) = a_0 + a_1 x + a_2 x^2 + a_3 x^3 \in V \mid a'(0) = 0 \,\}$

（b） $V = \mathbf{R}[x]_3$,
$W = \{\, a(x) = a_0 + a_1 x + a_2 x^2 + a_3 x^3 \in V \mid a(0)\,a'(0) = 0 \,\}$

（c） $V = \mathbf{R}[x]_3$,
$W = \{\, a(x) = a_0 + a_1 x + a_2 x^2 + a_3 x^3 \in V \mid a(0) - a(1) = 0 \,\}$

（d） $V = M_2(\mathbf{R})$,　$W = \{\, X \in M_2(\mathbf{R}) \mid X^2 = O \,\}$

（e） $V = M_3(\mathbf{R})$,　$W = \{\, X \in M_3(\mathbf{R}) \mid {}^t X + X = O \,\}$

第6章 練習問題

1. 次の V, W について，W は V の部分空間であるか？ 部分空間であるものについてはその1組の基底と次元を求めよ．

(a) $V = \mathbf{R}^3$, $\quad W = \{\, \boldsymbol{x} \in \mathbf{R}^3 \mid x_1 + 3x_2 - 2x_3 = x_1 - 3x_3 = 0 \,\}$

(b) $V = \mathbf{R}^3$, $\quad W = \{\, \boldsymbol{x} \in \mathbf{R}^3 \mid x_1 + 3x_2 - 2x_3 = 1,\ x_1 - 3x_3 = 0 \,\}$

(c) $V = \mathbf{R}^4$, $\quad W = \{\, \boldsymbol{x} \in \mathbf{R}^4 \mid x_1 - x_2 = x_2 - x_3 + x_4 = 0 \,\}$

(d) $V = \mathbf{R}[x]_3$, $\quad W = \left\{ p(x) \in \mathbf{R}[x]_3 \,\middle|\, \int_0^1 p(x)\, dx = 0 \right\}$

(e) $V = M_2(\mathbf{R})$, $\quad W = \left\{ A \in M_2(\mathbf{R}) \,\middle|\, A\begin{pmatrix} 1 \\ 1 \end{pmatrix} = \begin{pmatrix} 0 \\ 0 \end{pmatrix} \right\}$

(f) $V = M_2(\mathbf{R})$, $\quad W = \left\{ A \in M_2(\mathbf{R}) \,\middle|\, A\begin{pmatrix} 0 & 1 \\ -1 & 0 \end{pmatrix} = \begin{pmatrix} 0 & 1 \\ -1 & 0 \end{pmatrix}A \right\}$

(g)* $V = C^2(\mathbf{R})$, $\quad W = \{\, f(x) \in C^2(\mathbf{R}) \mid f''(x) = f(x) \,\}$

ただし，$C^2(\mathbf{R})$ は $\mathbf{R}$ 上で定義された2階連続微分可能な実数値関数全体の集合．

2. a を定数とする．$\mathbf{R}^5$ のベクトル

$$\boldsymbol{a}_1 = \begin{pmatrix} 1 \\ -1 \\ 2 \\ -1 \\ 1 \end{pmatrix},\ \boldsymbol{a}_2 = \begin{pmatrix} 2 \\ -1 \\ 4 \\ 1 \\ -3 \end{pmatrix},\ \boldsymbol{a}_3 = \begin{pmatrix} 1 \\ 1 \\ 2 \\ 5 \\ -9 \end{pmatrix},\ \boldsymbol{a}_4 = \begin{pmatrix} 2 \\ 1 \\ 5 \\ 1 \\ 5 \end{pmatrix},\ \boldsymbol{a}_5 = \begin{pmatrix} 3 \\ 1 \\ 7 \\ 3 \\ a \end{pmatrix}$$

で生成される線形空間 V について，V の次元を最小にする a の値を求めよ．また，このときの V の基底，次元，直交補空間 $V^\perp$ を求めよ．

第7章

線形写像

写像とは，本章の冒頭で述べるとおり，1つの入力に1つの出力を対応させるルールのことである．特に，入出力がベクトルの場合を本章では扱う．

入力ベクトルと出力ベクトルとの間にいわゆる「正比例関係」が成り立つ写像を線形写像という．本章では，線形写像の定義と線形写像に対応する表現行列を学ぶ．これまでに学んだ行列の各種計算を通して，線形写像の核と像の概念，基底の変換，2次曲線および2次曲面を解説する．

7.1 線形写像

7.1.1 関数と写像

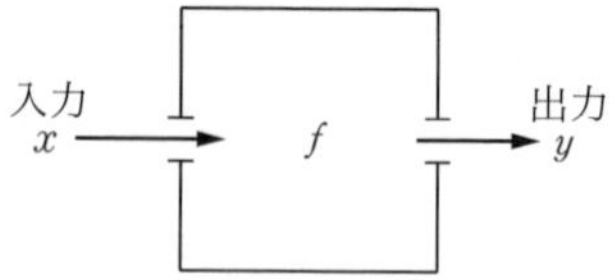

写像の説明の前にその特殊なケースである関数について説明しよう．関数とは「函数」とも書き，名前の通り「はこすう」である．ブラックボックスがあって，入口と出口がついている．ある数 x が入口から入り（入力），ブラックボックスの中で f という操作を行い，出口から数 y がでてくる（出力）．このとき，y は x の**関数**(**函数**) であるといって $y = f(x)$ と書く．関数とは，いわばブラックボックスの中身，つまり入力 x から出力 y を作り出す仕組みのことである．例えば，2 次関数 $y = x^2$ において，関数の本質は 2 乗するという操作，つまり「 ^{2}」の部分にある．

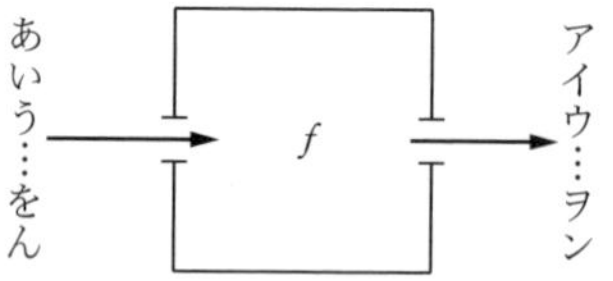

次に写像について説明する．概念図は関数と同じだが，入出力が数以外でもよい．ベクトルでも行列でもアルファベットでもよい．例えば右図も写像の一例である．f は，入力された平仮名を片仮名に対応させる操作を表す．

入力 x の集合を X，出力 y の集合を Y として，f を X から Y への**写像**と呼び，$f: X \to Y$ と書く．関数は写像の特別な場合で，入出力の集合 X, Y を数の集合 ($\mathbf{R}$ や $\mathbf{C}$ など) に限ったものである[1]．

ここでは，入力が m 次元空間 $\mathbf{R}^m$ の元（げん）(つまり m 次元実ベクトル)，出力が n 次元空間 $\mathbf{R}^n$ の元である場合に話を限定する．このとき f は，$\mathbf{R}^m$ から $\mathbf{R}^n$ への写像といって，$f: \mathbf{R}^m \to \mathbf{R}^n$ と書く．以後の議論は $\mathbf{R}$ を $\mathbf{C}$ (あるいは「体」と呼ばれる集合) で置き換えてもよいが，話を簡単にするため実数に限定する．

---

1) 関数を含め，写像は「1 つの入力に対して，出力もただ 1 つ」が条件である．

7.1.2 線形写像と表現行列

定義 7.1 $f: \mathbf{R}^m \to \mathbf{R}^n$ が**線形写像**であるとは，任意の $\boldsymbol{x}, \boldsymbol{y} \in \mathbf{R}^m$ および $p \in \mathbf{R}$ に対して以下の (i), (ii) が成り立つことをいう：

(i) $f(\boldsymbol{x}+\boldsymbol{y}) = f(\boldsymbol{x}) + f(\boldsymbol{y})$,

(ii) $f(p\boldsymbol{x}) = pf(\boldsymbol{x})$.

特に $m = n$ のとき，線形写像 $f: \mathbf{R}^n \to \mathbf{R}^n$ を**線形変換**または**1次変換**ともいう．

コメント 性質 (i), (ii) はまとめて次のように書くこともできる：

(iii) $f(p\boldsymbol{x}+q\boldsymbol{y}) = pf(\boldsymbol{x}) + qf(\boldsymbol{y}), \quad p, q \in \mathbf{R}, \ \boldsymbol{x}, \boldsymbol{y} \in \mathbf{R}^m.$

ブラックボックスを使うと線形写像は次のようなシステムである．

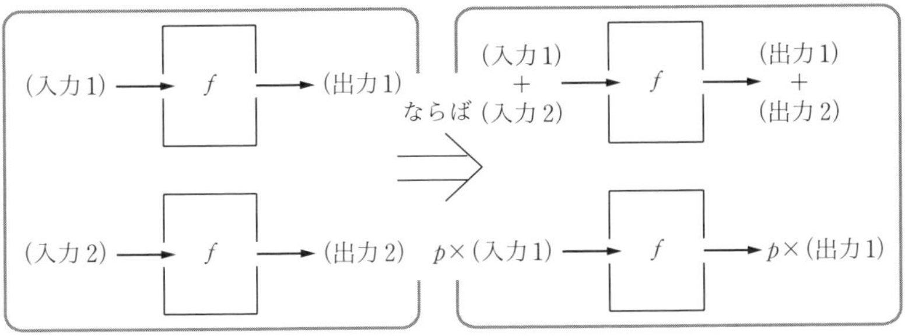

例題 7.1

次式で定義される $f: \mathbf{R}^2 \to \mathbf{R}^2$ は線形写像であるか？

(a) $f\begin{pmatrix} x_1 \\ x_2 \end{pmatrix} = \begin{pmatrix} x_1 + x_2 \\ x_1 - x_2 \end{pmatrix}$ (b) $f\begin{pmatrix} x_1 \\ x_2 \end{pmatrix} = \begin{pmatrix} x_1 + x_2 \\ x_1 x_2 \end{pmatrix}$

【解】 $\boldsymbol{x} = \begin{pmatrix} x_1 \\ x_2 \end{pmatrix}, \ \boldsymbol{y} = \begin{pmatrix} y_1 \\ y_2 \end{pmatrix}$ とする．

(a) $$f(\boldsymbol{x}+\boldsymbol{y}) = f\begin{pmatrix} x_1 + y_1 \\ x_2 + y_2 \end{pmatrix} = \begin{pmatrix} (x_1+y_1)+(x_2+y_2) \\ (x_1+y_1)-(x_2+y_2) \end{pmatrix}$$

$$= \begin{pmatrix} x_1 + x_2 \\ x_1 - x_2 \end{pmatrix} + \begin{pmatrix} y_1 + y_2 \\ y_1 - y_2 \end{pmatrix} = f(\boldsymbol{x}) + f(\boldsymbol{y}),$$

$$f(p\boldsymbol{x}) = f\begin{pmatrix} px_1 \\ px_2 \end{pmatrix} = \begin{pmatrix} px_1 + px_2 \\ px_1 - px_2 \end{pmatrix} = p\begin{pmatrix} x_1 + x_2 \\ x_1 - x_2 \end{pmatrix} = pf(\boldsymbol{x}).$$

以上によって，f は線形写像である．

（b） $$f(p\boldsymbol{x}) = f\begin{pmatrix} px_1 \\ px_2 \end{pmatrix} = \begin{pmatrix} px_1 + px_2 \\ px_1 \times px_2 \end{pmatrix} = \begin{pmatrix} p(x_1 + x_2) \\ p^2 x_1 x_2 \end{pmatrix},$$

$$pf(\boldsymbol{x}) = \begin{pmatrix} p(x_1 + x_2) \\ px_1 x_2 \end{pmatrix}.$$

$p \neq 0, 1$ ならばこれらは等しくない．よって，f は線形写像ではない． □

線形写像について次の定理が成立する．

定理 7.1 $f: \mathbf{R}^m \to \mathbf{R}^n$ が線形写像であるための必要十分条件は，適当な $n \times m$ 行列 $A = (a_{ij})$ $(1 \leq i \leq n,\ 1 \leq j \leq m)$ が存在して，任意の $\boldsymbol{x} \in \mathbf{R}^m$ に対して関係式

$$f(\boldsymbol{x}) = A\boldsymbol{x}$$

が成り立つことである．行列 A を線形写像 f の**表現行列**という．

この定理は一言でいうと，「線形写像は行列によって表される」ということである．「線形写像」という抽象的な概念が「行列」という具体的なものと対応することで計算が可能になる．

【略証】 $m = n = 2$ の場合について証明しよう．$\boldsymbol{e}_1 = \begin{pmatrix} 1 \\ 0 \end{pmatrix}$, $\boldsymbol{e}_2 = \begin{pmatrix} 0 \\ 1 \end{pmatrix}$ とする．$f(\boldsymbol{e}_i) \in \mathbf{R}^2$ $(i = 1, 2)$ であるので，

$$f(\boldsymbol{e}_1) = \begin{pmatrix} a_{11} \\ a_{21} \end{pmatrix}, \qquad f(\boldsymbol{e}_2) = \begin{pmatrix} a_{12} \\ a_{22} \end{pmatrix}$$

とおくことにすると，任意の $\mathbf{R}^2$ の元 $\boldsymbol{x} = \begin{pmatrix} x_1 \\ x_2 \end{pmatrix}$ は $\boldsymbol{x} = x_1\boldsymbol{e}_1 + x_2\boldsymbol{e}_2$ と書けるので，f が線形写像であれば

$$\begin{aligned} f(\boldsymbol{x}) &= f(x_1\boldsymbol{e}_1 + x_2\boldsymbol{e}_2) = x_1 f(\boldsymbol{e}_1) + x_2 f(\boldsymbol{e}_2) \\ &= x_1\begin{pmatrix} a_{11} \\ a_{21} \end{pmatrix} + x_2\begin{pmatrix} a_{12} \\ a_{22} \end{pmatrix} = \begin{pmatrix} a_{11}x_1 + a_{12}x_2 \\ a_{21}x_1 + a_{22}x_2 \end{pmatrix} = \begin{pmatrix} a_{11} & a_{12} \\ a_{21} & a_{22} \end{pmatrix}\begin{pmatrix} x_1 \\ x_2 \end{pmatrix} \end{aligned}$$

である．したがって，線形写像である f の表現行列は $A=\begin{pmatrix} a_{11} & a_{12} \\ a_{21} & a_{22} \end{pmatrix}$ で与えられる．　□

f が線形写像であることを確かめる際，定義 7.1 の (i), (ii) を丁寧に調べてもよいが，写像の形から容易に表現行列が見当付けられる場合には，表現行列を求められれば定理 7.1 より f は線形写像である．また，線形写像の定義 7.1 (ii) で $p=0$ とおくことによって，次の事実がわかる．

(♠)　**線形写像 $f:\mathbf{R}^m \to \mathbf{R}^n$ は $\mathbf{R}^m$ の零ベクトルを $\mathbf{R}^n$ の零ベクトルに移す．**

例 1

例題 7.1 (a) においては，$f(\boldsymbol{x})=\begin{pmatrix} x_1+x_2 \\ x_1-x_2 \end{pmatrix}=\begin{pmatrix} 1 & 1 \\ 1 & -1 \end{pmatrix}\begin{pmatrix} x_1 \\ x_2 \end{pmatrix}$ と書けるので，f の表現行列は $A=\begin{pmatrix} 1 & 1 \\ 1 & -1 \end{pmatrix}$ である．　◆

例 2

$\boldsymbol{x}\in\mathbf{R}^n$ に対し，$i(\boldsymbol{x})=\boldsymbol{x}$ で定まる写像 $i:\mathbf{R}^n\to\mathbf{R}^n$ を**恒等写像**と呼ぶ．

$$i(\boldsymbol{x})=\boldsymbol{x}=E\boldsymbol{x} \qquad (E \text{ は単位行列})$$

と書けるので，恒等写像の表現行列は単位行列である．　◆

例題 7.2

次の写像 f は線形写像であるか？　線形写像である場合には表現行列 A を求めよ．

(a)　$f:\mathbf{R}^3\to\mathbf{R}^3$　$f({}^t(x_1\ \ x_2\ \ x_3))={}^t(x_1+x_2+x_3\ \ x_2+x_3\ \ x_3)$

(b)　$f:\mathbf{R}^3\to\mathbf{R}^2$　$f({}^t(x_1\ \ x_2\ \ x_3))={}^t(x_1+2x_2+x_3\ \ -x_1-x_2+5x_3)$

(c)　$f:\mathbf{R}^3\to\mathbf{R}^2$　$f({}^t(x_1\ \ x_2\ \ x_3))={}^t(x_1+x_2+x_3\ \ x_1^2+x_2^2+x_3^2)$

(d)　$f:\mathbf{R}^3\to\mathbf{R}^3$　$f({}^t(x_1\ \ x_2\ \ x_3))={}^t(x_1+1\ \ x_2\ \ x_3)$

(e)　$f:\mathbf{R}^3\to\mathbf{R}^3$　$f({}^t(x_1\ \ x_2\ \ x_3))={}^t(0\ \ 0\ \ 0)$

【解】 $\boldsymbol{x} = {}^t(x_1 \ \ x_2 \ \ x_3)$ とおく.

（a） 表現行列 $A = \begin{pmatrix} 1 & 1 & 1 \\ 0 & 1 & 1 \\ 0 & 0 & 1 \end{pmatrix}$ を用いて，$f(\boldsymbol{x}) = A\boldsymbol{x}$ と書けるので，f は線形写像である.

（b） 表現行列 $A = \begin{pmatrix} 1 & 2 & 1 \\ -1 & -1 & 5 \end{pmatrix}$ を用いて，$f(\boldsymbol{x}) = A\boldsymbol{x}$ と書けるので，f は線形写像である.

（c） $f(2\boldsymbol{x}) = \begin{pmatrix} 2(x_1 + x_2 + x_3) \\ 4({x_1}^2 + {x_2}^2 + {x_3}^2) \end{pmatrix} \neq 2f(\boldsymbol{x})$ なので，f は線形写像ではない.

（d） 事実 (♠) (➡ p. 179)を用いる. $f(\mathbf{0}) = {}^t(1 \ \ 0 \ \ 0) \neq \mathbf{0}$ より，f は線形写像ではない.

（e） 表現行列 $O = \begin{pmatrix} 0 & 0 & 0 \\ 0 & 0 & 0 \\ 0 & 0 & 0 \end{pmatrix}$ を用いて，$f(\boldsymbol{x}) = O\boldsymbol{x}$ と書けるので，f は線形写像である. □

7.1.3 合成写像と逆写像

f, g を線形写像 $f: \mathbf{R}^l \to \mathbf{R}^m$，$g: \mathbf{R}^m \to \mathbf{R}^n$ とする. $\boldsymbol{x} \in \mathbf{R}^l$ を与えたとき，

$$\boldsymbol{y} = f(\boldsymbol{x}) \in \mathbf{R}^m, \qquad \boldsymbol{z} = g(\boldsymbol{y}) \in \mathbf{R}^n$$

とする. このとき，$\boldsymbol{x} \in \mathbf{R}^l$ に対して $\boldsymbol{z} \in \mathbf{R}^n$ を対応させる写像を

$$\boldsymbol{z} = g \circ f(\boldsymbol{x}) \equiv g(f(\boldsymbol{x}))$$

のように書き，$g \circ f: \mathbf{R}^l \to \mathbf{R}^n$ を**合成写像**と呼ぶ.

線形写像 f, g の表現行列をそれぞれ A, B とするとき，合成写像 $g \circ f$ の表現行列は BA である[1].

---

1) 合成写像の表示は，

〔後に行う写像〕∘〔先に行う写像〕$(\boldsymbol{x})$

であることに注意せよ. 対応する表現行列の積も〔後の表現行列〕〔先の表現行列〕の順である.

次に，線形写像 $f:\mathbf{R}^n \to \mathbf{R}^n$ の表現行列を A として，$\boldsymbol{y} = f(\boldsymbol{x}) = A\boldsymbol{x}$ とする．A が正則行列であるとき，A^{-1} を左から掛けて

$$\boldsymbol{x} = A^{-1}\boldsymbol{y}$$

を得る．表現行列が A^{-1} で表される線形写像を f の**逆変換**と呼んで，f^{-1} で表す．合成写像 $f\circ f^{-1}$ と $f^{-1}\circ f$ の表現行列は単位行列である．

例題 7.3

f, g を $\mathbf{R}^2 \to \mathbf{R}^2$ の次式で与えられる線形写像とする：

$$f\begin{pmatrix} x_1 \\ x_2 \end{pmatrix} = \begin{pmatrix} x_1 - x_2 \\ -x_1 + x_2 \end{pmatrix}, \qquad g\begin{pmatrix} x_1 \\ x_2 \end{pmatrix} = \begin{pmatrix} 2x_1 + x_2 \\ 2x_2 \end{pmatrix}.$$

このとき，次の写像が存在すればその表現行列を求めよ．

（a） $g\circ f$ （b） $f\circ g$ （c） f^{-1} （d） g^{-1}

【解】 f, g の表現行列はそれぞれ $A = \begin{pmatrix} 1 & -1 \\ -1 & 1 \end{pmatrix}$, $B = \begin{pmatrix} 2 & 1 \\ 0 & 2 \end{pmatrix}$ である．

（a） 表現行列は $BA = \begin{pmatrix} 1 & -1 \\ -2 & 2 \end{pmatrix}$.

（b） 表現行列は $AB = \begin{pmatrix} 2 & -1 \\ -2 & 1 \end{pmatrix}$.

（c） $|A| = 1 - 1 = 0$ より A は正則行列ではないので，f^{-1} は存在しない．

（d） $|B| = 4 \neq 0$ より B は正則．表現行列は $B^{-1} = \begin{pmatrix} \frac{1}{2} & -\frac{1}{4} \\ 0 & \frac{1}{2} \end{pmatrix}$. □

7.1.4 直交変換

定義 7.2 線形変換 $f:\mathbf{R}^n \to \mathbf{R}^n$ が内積を不変に保つとき，この変換を**直交変換**という．このとき，$\mathbf{R}^n$ の任意の元 $\boldsymbol{x}$, $\boldsymbol{y}$ に対して次式が成り立つ：

$$(f(\boldsymbol{x}), f(\boldsymbol{y})) = (\boldsymbol{x}, \boldsymbol{y}). \tag{7.1}$$

また，直交変換 f の表現行列を A とすると，(7.1) の左辺は

$$(f(\boldsymbol{x}),\ f(\boldsymbol{y})) = (A\boldsymbol{x},\ A\boldsymbol{y}) = (\boldsymbol{x},\ {}^tAA\boldsymbol{y})$$

となって，これが任意の $\boldsymbol{x}, \boldsymbol{y} \in \mathbf{R}^n$ について $(\boldsymbol{x}, \boldsymbol{y})$ に等しいので，${}^tAA = E$ である．つまり次の定理が成立する．

定理 7.2 直交変換 f の表現行列 A は直交行列である．つまり ${}^tAA = E$ を満たす．

例題 7.4

$f : \mathbf{R}^2 \to \mathbf{R}^2$ が直交変換であるとき，f の表現行列 $A = \begin{pmatrix} a & b \\ c & d \end{pmatrix}$ は次の 2 通りの形に限られることを示せ．ただし $0 \leq \theta < 2\pi$ とする．

（i） $A = \begin{pmatrix} \cos\theta & -\sin\theta \\ \sin\theta & \cos\theta \end{pmatrix}$ （ii） $A = \begin{pmatrix} \cos\theta & \sin\theta \\ \sin\theta & -\cos\theta \end{pmatrix}$

【解】 定理 7.2 より，A は直交行列であるので

$${}^tAA = \begin{pmatrix} a & c \\ b & d \end{pmatrix}\begin{pmatrix} a & b \\ c & d \end{pmatrix} = \begin{pmatrix} a^2+c^2 & ab+cd \\ ab+cd & b^2+d^2 \end{pmatrix} = \begin{pmatrix} 1 & 0 \\ 0 & 1 \end{pmatrix}$$

$$\Leftrightarrow \begin{cases} a^2+c^2 = b^2+d^2 = 1 \\ ab+cd = 0 \end{cases}$$

よって，$(a, c) = (\cos\theta, \sin\theta)$，$(b, d) = (\cos\varphi, \sin\varphi)$ とパラメータ表示したとき，$ab+cd = \cos(\theta-\varphi) = 0$．したがって $\theta - \varphi = \pm\dfrac{\pi}{2}$ である．

（i） $\theta - \varphi = -\dfrac{\pi}{2}$ のとき $(b, d) = (-\sin\theta, \cos\theta)$．つまり

$$A = \begin{pmatrix} \cos\theta & -\sin\theta \\ \sin\theta & \cos\theta \end{pmatrix}.$$

（ii） $\theta - \varphi = \dfrac{\pi}{2}$ のとき $(b, d) = (\sin\theta, -\cos\theta)$．つまり

$$A = \begin{pmatrix} \cos\theta & \sin\theta \\ \sin\theta & -\cos\theta \end{pmatrix}. \quad \square$$

コメント （i）の行列 A が表す線形変換は，原点反時計周りの θ 回転を表す．

(ii) の行列 A が表す線形変換は，直線 $y = x\tan\dfrac{\theta}{2}$ に関する折り返し(すなわち，直線対称)を表す．

問題 1 定理 7.1 を一般の m, n について証明せよ．

問題 2 次の写像 f は線形写像か？ 線形写像であるものはその表現行列 A を求めよ．

(a) $f: \mathbf{R}^2 \to \mathbf{R}^2 \quad f({}^t(x_1 \ \ x_2)) = {}^t(x_1 + 1 \ \ x_2 - 1)$

(b) $f: \mathbf{R}^3 \to \mathbf{R}^3 \quad f({}^t(x_1 \ \ x_2 \ \ x_3)) = {}^t(x_2 \ \ x_3 \ \ x_1)$

(c) $f: \mathbf{R}^2 \to \mathbf{R}^3 \quad f({}^t(x_1 \ \ x_2)) = {}^t(x_1 + x_2 \ \ 0 \ \ x_1 - x_2)$

(d) $f: \mathbf{R}^3 \to \mathbf{R}^3 \quad f({}^t(x_1 \ \ x_2 \ \ x_3)) = {}^t(0 \ \ x_1 \ \ 2x_2)$

(e) $f: \mathbf{R}^3 \to \mathbf{R} \quad f({}^t(x_1 \ \ x_2 \ \ x_3)) = a_1x_1 + a_2x_2 + a_3x_3$

(f) $f: \mathbf{R}^3 \to \mathbf{R}^3 \quad f({}^t(x_1 \ \ x_2 \ \ x_3)) = {}^t(a_1 \ \ a_2 \ \ a_3) \times {}^t(x_1 \ \ x_2 \ \ x_3)$

なお，(e), (f) で $a_1, a_2, a_3 \in \mathbf{R}$ は定数とする．また "×" は外積を表す．

問題 3 f, g を次式で与えられる $\mathbf{R}^3 \to \mathbf{R}^3$ の線形変換とする：

$$f\begin{pmatrix} x_1 \\ x_2 \\ x_3 \end{pmatrix} = \begin{pmatrix} x_1 + x_2 + x_3 \\ x_2 + x_3 \\ x_3 \end{pmatrix}, \qquad g\begin{pmatrix} x_1 \\ x_2 \\ x_3 \end{pmatrix} = \begin{pmatrix} x_2 - 2x_3 \\ -x_1 - 3x_3 \\ 2x_1 + 3x_2 \end{pmatrix}.$$

このとき，次の線形変換が存在すればその表現行列を求めよ．

(a) $g \circ f$ (b) $f \circ g$ (c) f^{-1} (d) g^{-1}

7.2 線形写像の像と核

$f: V \to W$ を線形写像とするとき，像と核を次で定義する．

定義 7.3 (i) V のすべての元を f で移した集合 $\{f(\boldsymbol{x}) \mid \boldsymbol{x} \in V\}$ は W の部分空間である．これを f の**像**(**イメージ**)と呼び，$\mathrm{Im} f$ で表す．

(ii) 集合 $\{\boldsymbol{x} \in V \mid f(\boldsymbol{x}) = \mathbf{0}\}$ は V の部分空間である．これを f の**核**(**カーネル**)と呼び，$\mathrm{Ker} f$ で表す．

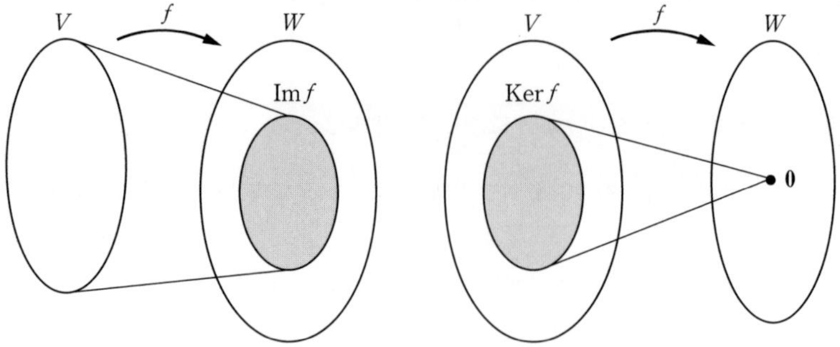

線形写像 $f: \mathbf{R}^m \to \mathbf{R}^n$ の表現行列 A を (a_{ij}) $(1 \leq i \leq n,\ 1 \leq j \leq m)$ として，$\mathrm{Ker} f$ および $\mathrm{Im} f$ を求めるには次のようにすればよい．

初めに，$\mathrm{Ker} f$ は $f(\boldsymbol{x}) = A\boldsymbol{x} = \mathbf{0}$ となる $\boldsymbol{x} = {}^t(x_1 \ \ x_2 \ \ \cdots \ \ x_m) \in \mathbf{R}^m$ 全体の集合なので，同次方程式 $A\boldsymbol{x} = \mathbf{0}$ を解けばよい(2.3 節の例題 2.5 と 2.6 参照)．

次に，$\mathrm{Im} f$ は $\boldsymbol{y} = A\boldsymbol{x}$ $(\boldsymbol{x} \in \mathbf{R}^m)$ を満たす $\boldsymbol{y} \in \mathbf{R}^n$ 全体の集合である．これは，f の表現行列 A を

$$A = (\boldsymbol{a}_1 \ \ \boldsymbol{a}_2 \ \ \cdots \ \ \boldsymbol{a}_m), \qquad \boldsymbol{a}_i = \begin{pmatrix} a_{1i} \\ a_{2i} \\ \vdots \\ a_{ni} \end{pmatrix}$$

のように列ベクトルに分割すると，$\mathrm{Im} f$ の元 $\boldsymbol{y}$ は

$$\boldsymbol{y} = (\boldsymbol{a}_1 \ \ \boldsymbol{a}_2 \ \ \cdots \ \ \boldsymbol{a}_m)\begin{pmatrix} x_1 \\ x_2 \\ \vdots \\ x_m \end{pmatrix} = x_1\boldsymbol{a}_1 + x_2\boldsymbol{a}_2 + \cdots + x_m\boldsymbol{a}_m$$

と書けるので，$\{\boldsymbol{a}_1, \boldsymbol{a}_2, \cdots, \boldsymbol{a}_m\}$ のうちで1次独立な最大個数のベクトルの組を求めればよい(4.1 節の例題 4.2 参照)．

以上のことから，$\mathrm{Ker} f$ も $\mathrm{Im} f$ も**表現行列 A に行基本変形を行えばよい**ことがわかる．次の例題でこれらを具体的に求めてみよう．

例題 7.5

次の線形写像 f の $\mathrm{Ker} f$ および $\mathrm{Im} f$ を求めよ.

$$f : \mathbf{R}^4 \to \mathbf{R}^3 \qquad f\begin{pmatrix} x_1 \\ x_2 \\ x_3 \\ x_4 \end{pmatrix} = \begin{pmatrix} x_1 - x_2 - x_3 - x_4 \\ 2x_1 - x_2 - 4x_3 - 3x_4 \\ 3x_1 - 4x_2 - x_3 - 2x_4 \end{pmatrix}$$

【解】 f の表現行列は $A = \begin{pmatrix} 1 & -1 & -1 & -1 \\ 2 & -1 & -4 & -3 \\ 3 & -4 & -1 & -2 \end{pmatrix}$ である. $\mathrm{Ker} f$ は同次方程式 $A\boldsymbol{x} = \mathbf{0}$ を解けばよく, $\mathrm{Im} f$ は

$$f(\boldsymbol{x}) = k_1 \boldsymbol{a}_1 + k_2 \boldsymbol{a}_2 + k_3 \boldsymbol{a}_3 + k_4 \boldsymbol{a}_4,$$

$$\boldsymbol{a}_1 = \begin{pmatrix} 1 \\ 2 \\ 3 \end{pmatrix}, \quad \boldsymbol{a}_2 = \begin{pmatrix} -1 \\ -1 \\ -4 \end{pmatrix}, \quad \boldsymbol{a}_3 = \begin{pmatrix} -1 \\ -4 \\ -1 \end{pmatrix}, \quad \boldsymbol{a}_4 = \begin{pmatrix} -1 \\ -3 \\ -2 \end{pmatrix}$$

と書けることから, 表現行列を作る 4 つの列ベクトルのうち 1 次独立な最大個数のものを求めればよい. 表現行列 A に行基本変形を行って,

$$A = \begin{pmatrix} 1 & -1 & -1 & -1 \\ 2 & -1 & -4 & -3 \\ 3 & -4 & -1 & -2 \end{pmatrix} \xrightarrow[③-3\times①]{②-2\times①} \begin{pmatrix} 1 & -1 & -1 & -1 \\ 0 & 1 & -2 & -1 \\ 0 & -1 & 2 & 1 \end{pmatrix}$$

$$\xrightarrow{③+②} \begin{pmatrix} 1 & -1 & -1 & -1 \\ 0 & 1 & -2 & -1 \\ 0 & 0 & 0 & 0 \end{pmatrix} \xrightarrow{①+②} \begin{pmatrix} 1 & 0 & -3 & -2 \\ 0 & 1 & -2 & -1 \\ 0 & 0 & 0 & 0 \end{pmatrix} \quad \cdots (*)$$

$\mathrm{Ker} f$ は, 同次連立方程式

$$A\boldsymbol{x} = \mathbf{0} \quad \Leftrightarrow \quad \begin{cases} x_1 - 3x_3 - 2x_4 = 0 \\ x_2 - 2x_3 - x_4 = 0 \end{cases}$$

を解いて,

$$\mathrm{Ker} f = \{\, \boldsymbol{x} = k_1\,{}^t(3\ \ 2\ \ 1\ \ 0) + k_2\,{}^t(2\ \ 1\ \ 0\ \ 1) \mid k_1, k_2 \in \mathbf{R} \,\}.$$

次に $(*)$ より, $\boldsymbol{a}_i$ $(i = 1, 2, 3, 4)$ のうち 1 次独立なベクトルの最大個数は 2 つで, そのベクトルの組の 1 つは $\{\boldsymbol{a}_1, \boldsymbol{a}_2\}$ である. よって $\mathrm{Im} f$ は

$$\mathrm{Im} f = \{\, \boldsymbol{y} = l_1\,{}^t(1\ \ 2\ \ 3) + l_2\,{}^t(-1\ \ -1\ \ -4) \mid l_1, l_2 \in \mathbf{R} \,\}$$

である. □

Ker$f$ と Imf との間に，次の次元定理が成立する．

定理 7.3（次元定理） $f : V \to W$ を線形写像として，$\dim V$ が有限であるとする．このとき次式が成り立つ：

$$\dim V = \dim(\mathrm{Ker}\, f) + \dim(\mathrm{Im}\, f).$$

問題 1 次の線形写像 $f : \mathbf{R}^5 \to \mathbf{R}^3$ について Ker$f$，Imf を求めよ．

$$f(\boldsymbol{x}) = \begin{pmatrix} x_1 - x_3 - 4x_4 + 2x_5 \\ -x_1 + x_2 + 2x_3 + x_4 - x_5 \\ 2x_1 - x_2 - 3x_3 - 5x_4 + 3x_5 \end{pmatrix}, \qquad \boldsymbol{x} = {}^t(x_1 \ \ x_2 \ \ x_3 \ \ x_4 \ \ x_5)$$

7.3 基底の変換

原点をOとする2次元平面において，1次独立な2つのベクトルの組 $\{\boldsymbol{e}_1, \boldsymbol{e}_2\}$ は基底となりえた．ところで，1次独立なベクトルはいくらでもあるから，別の基底 $\{\tilde{\boldsymbol{e}}_1, \tilde{\boldsymbol{e}}_2\}$ が古い基底 $\{\boldsymbol{e}_1, \boldsymbol{e}_2\}$ を用いて，

$$\begin{cases} \tilde{\boldsymbol{e}}_1 = p_{11}\boldsymbol{e}_1 + p_{21}\boldsymbol{e}_2 \\ \tilde{\boldsymbol{e}}_2 = p_{12}\boldsymbol{e}_1 + p_{22}\boldsymbol{e}_2 \end{cases}, \qquad (\tilde{\boldsymbol{e}}_1 \ \ \tilde{\boldsymbol{e}}_2) = (\boldsymbol{e}_1 \ \ \boldsymbol{e}_2)\begin{pmatrix} p_{11} & p_{12} \\ p_{21} & p_{22} \end{pmatrix} = (\boldsymbol{e}_1 \ \ \boldsymbol{e}_2)P \tag{7.2}$$

と表されているものとする．$P = \begin{pmatrix} p_{11} & p_{12} \\ p_{21} & p_{22} \end{pmatrix}$ は，基底 $\{\boldsymbol{e}_1, \boldsymbol{e}_2\}$ を基底 $\{\tilde{\boldsymbol{e}}_1, \tilde{\boldsymbol{e}}_2\}$ に線形変換する行列であり，**基底変換を表す行列**または単に**変換行列**と呼ぶ．

さて，1つのベクトルが与えられたとき，その成分は基底が異なれば当然に異なる．$\boldsymbol{x} = \overrightarrow{\mathrm{OA}}$ が基底 $\{\boldsymbol{e}_1, \boldsymbol{e}_2\}$ および $\{\tilde{\boldsymbol{e}}_1, \tilde{\boldsymbol{e}}_2\}$ を用いて，

$$\boldsymbol{x} = x_1\boldsymbol{e}_1 + x_2\boldsymbol{e}_2 \quad \Leftrightarrow \quad \mathrm{A}(x_1, x_2),$$
$$\boldsymbol{x} = \tilde{x}_1\tilde{\boldsymbol{e}}_1 + \tilde{x}_2\tilde{\boldsymbol{e}}_2 \quad \Leftrightarrow \quad \mathrm{A}(\tilde{x}_1, \tilde{x}_2)$$

のように2通りに成分表示されるとき，古い成分 (x_1, x_2) と新しい成分 $(\tilde{x}_1, \tilde{x}_2)$ との関係を調べてみよう．(7.2) を $\boldsymbol{x} = \tilde{x}_1\tilde{\boldsymbol{e}}_1 + \tilde{x}_2\tilde{\boldsymbol{e}}_2$ に代入する

と

$$\boldsymbol{x} = (p_{11}\tilde{x}_1 + p_{12}\tilde{x}_2)\boldsymbol{e}_1 + (p_{21}\tilde{x}_1 + p_{22}\tilde{x}_2)\boldsymbol{e}_2$$

なので，$\boldsymbol{x} = x_1\boldsymbol{e}_1 + x_2\boldsymbol{e}_2$ より次式を得る：

$$\begin{cases} x_1 = p_{11}\tilde{x}_1 + p_{12}\tilde{x}_2 \\ x_2 = p_{21}\tilde{x}_1 + p_{22}\tilde{x}_2 \end{cases} \Leftrightarrow \begin{pmatrix} x_1 \\ x_2 \end{pmatrix} = \begin{pmatrix} p_{11} & p_{12} \\ p_{21} & p_{22} \end{pmatrix}\begin{pmatrix} \tilde{x}_1 \\ \tilde{x}_2 \end{pmatrix} = P\begin{pmatrix} \tilde{x}_1 \\ \tilde{x}_2 \end{pmatrix}.$$

変換行列 P は正則行列なので，逆行列 P^{-1} が存在し，2つの成分の間には次の関係式が成り立つ：

$$\begin{pmatrix} \tilde{x}_1 \\ \tilde{x}_2 \end{pmatrix} = P^{-1}\begin{pmatrix} x_1 \\ x_2 \end{pmatrix}.$$

例 1

$\{\boldsymbol{e}_1, \boldsymbol{e}_2\}$ を標準基底，基底 $\{\tilde{\boldsymbol{e}}_1, \tilde{\boldsymbol{e}}_2\}$ を

$$\tilde{\boldsymbol{e}}_1 = \frac{1}{\sqrt{5}}\begin{pmatrix} 2 \\ 1 \end{pmatrix}, \quad \tilde{\boldsymbol{e}}_2 = \frac{1}{\sqrt{5}}\begin{pmatrix} 1 \\ 2 \end{pmatrix}$$

にとるとき，それぞれの基底に対するベクトル $\boldsymbol{x}$ の成分 (x_1, x_2) と $(\tilde{x}_1, \tilde{x}_2)$ との間の関係式を求めよう．(7.2) より

$$\frac{1}{\sqrt{5}}\begin{pmatrix} 2 & 1 \\ 1 & 2 \end{pmatrix} = \begin{pmatrix} 1 & 0 \\ 0 & 1 \end{pmatrix}P = P,$$

したがって，$P^{-1} = \dfrac{\sqrt{5}}{3}\begin{pmatrix} 2 & -1 \\ -1 & 2 \end{pmatrix}$ は簡単に求められる．これより

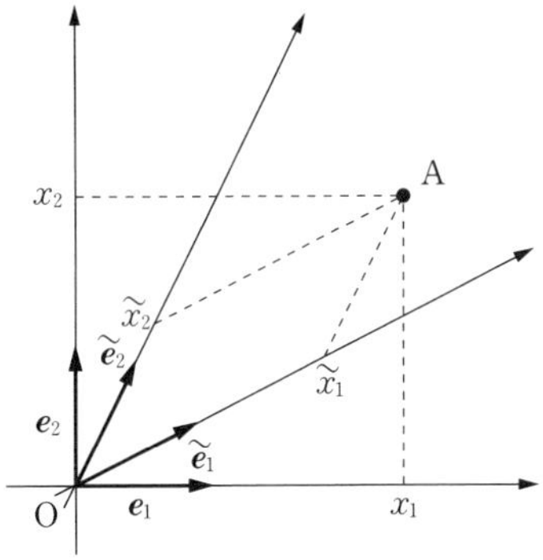

$$\begin{pmatrix} \tilde{x}_1 \\ \tilde{x}_2 \end{pmatrix} = \frac{\sqrt{5}}{3}\begin{pmatrix} 2 & -1 \\ -1 & 2 \end{pmatrix}\begin{pmatrix} x_1 \\ x_2 \end{pmatrix} \Leftrightarrow \begin{cases} \tilde{x}_1 = \dfrac{\sqrt{5}}{3}(2x_1 - x_2), \\ \tilde{x}_2 = \dfrac{\sqrt{5}}{3}(-x_1 + 2x_2). \end{cases}$$

$\boldsymbol{x} = \boldsymbol{e}_1 + 2\boldsymbol{e}_2$ の場合，$x_1 = 1$，$x_2 = 2$ なので $\tilde{x}_1 = 0$，$\tilde{x}_2 = \sqrt{5}$ となり，$\boldsymbol{x} = \sqrt{5}\,\tilde{\boldsymbol{e}}_2$ と表される．　◆

一般に，V を n 次元線形空間として，その2組の基底を $\mathcal{U} = \{\boldsymbol{u}_1, \boldsymbol{u}_2, \cdots, \boldsymbol{u}_n\}$，$\tilde{\mathcal{U}} = \{\tilde{\boldsymbol{u}}_1, \tilde{\boldsymbol{u}}_2, \cdots, \tilde{\boldsymbol{u}}_n\}$ とするとき，$\tilde{\mathcal{U}}$ の基底をなす各ベクトルは

基底 $\mathcal{U}$ の1次結合で書ける．これを次のように書く：

$$\tilde{\boldsymbol{u}}_j = \sum_{i=1}^{n} p_{ij}\boldsymbol{u}_i$$

$$\Leftrightarrow \quad (\tilde{\boldsymbol{u}}_1 \ \cdots \ \tilde{\boldsymbol{u}}_n) = (\boldsymbol{u}_1 \ \cdots \ \boldsymbol{u}_n)P, \qquad P = (\,p_{ij}\,). \tag{7.3}$$

また，$\boldsymbol{x} \in V$ が2つの基底によって次の2通りに書けるとする：

$$\boldsymbol{x} = x_1\boldsymbol{u}_1 + \cdots + x_n\boldsymbol{u}_n = \tilde{x}_1\tilde{\boldsymbol{u}}_1 + \cdots + \tilde{x}_n\tilde{\boldsymbol{u}}_n.$$

ここで，$(x_1, \cdots, x_n)$，$(\tilde{x}_1, \cdots, \tilde{x}_n)$ をそれぞれ $\mathcal{U}, \tilde{\mathcal{U}}$ に関する**成分**と呼ぶ．右辺に (7.3) を代入して

$$\boldsymbol{x} = \sum_{j=1}^{n} \tilde{x}_j\tilde{\boldsymbol{u}}_j = \sum_{j=1}^{n} \tilde{x}_j \sum_{i=1}^{n} p_{ij}\boldsymbol{u}_i = \sum_{i=1}^{n}\left(\sum_{j=1}^{n} p_{ij}\tilde{x}_j\right)\boldsymbol{u}_i.$$

ここで，基底による $\boldsymbol{x}$ の表示(成分)は一意に定まるから，

$$x_i = \sum_{j=1}^{n} p_{ij}\tilde{x}_j \quad \Leftrightarrow \quad \begin{pmatrix} x_1 \\ \vdots \\ x_n \end{pmatrix} = P\begin{pmatrix} \tilde{x}_1 \\ \vdots \\ \tilde{x}_n \end{pmatrix}, \ \ P = (\,p_{ij}\,) \tag{7.4}$$

が成り立つ．

コメント 2つの基底間の変換 (7.3) と，2つの基底で表されたベクトル表示間の変換 (7.4) を比較するとわかるように，左辺にあるのが，(7.3) では $\tilde{\mathcal{U}}$ の基底ベクトルであるのに対し，(7.4) では $\mathcal{U}$ に関する成分である．また，右辺の変換行列 P が (7.3) では右側から掛けられているのに対し，(7.4) では左側から掛けられていることに注意されたい．

基底変換において，一方が標準基底である必要はない．2つの基底が標準基底を用いて表されていれば，この2つの基底間に対する変換行列が定まる．これを次の例題で示す．

例題 7.6

$\mathbf{R}^2$ の2組の基底を

$$\mathcal{U} = \left\{\boldsymbol{u}_1 = \begin{pmatrix} 1 \\ 1 \end{pmatrix},\ \boldsymbol{u}_2 = \begin{pmatrix} -2 \\ -1 \end{pmatrix}\right\}, \qquad \tilde{\mathcal{U}} = \left\{\tilde{\boldsymbol{u}}_1 = \begin{pmatrix} -1 \\ 1 \end{pmatrix},\ \tilde{\boldsymbol{u}}_2 = \begin{pmatrix} 3 \\ -2 \end{pmatrix}\right\}$$

とする．基底の変換行列を求めよ．また，$\mathcal{U}$ に関する成分を (x_1, x_2) とするとき，$\tilde{\mathcal{U}}$ に関する成分 $(\tilde{x}_1, \tilde{x}_2)$ を (x_1, x_2) を用いて表せ．

【解】 変換行列を P とすると,

$$(\tilde{\boldsymbol{u}}_1 \ \ \tilde{\boldsymbol{u}}_2) = (\boldsymbol{u}_1 \ \ \boldsymbol{u}_2)\,P \quad \Leftrightarrow \quad \begin{pmatrix} -1 & 3 \\ 1 & -2 \end{pmatrix} = \begin{pmatrix} 1 & -2 \\ 1 & -1 \end{pmatrix} P$$

を解いて $P = \begin{pmatrix} 3 & -7 \\ 2 & -5 \end{pmatrix}$. よって, 成分に関しては次のとおりである：

$$\begin{pmatrix} \tilde{x}_1 \\ \tilde{x}_2 \end{pmatrix} = P^{-1}\begin{pmatrix} x_1 \\ x_2 \end{pmatrix} = \begin{pmatrix} 5 & -7 \\ 2 & -3 \end{pmatrix}\begin{pmatrix} x_1 \\ x_2 \end{pmatrix}$$
$$= \begin{pmatrix} 5x_1 - 7x_2 \\ 2x_1 - 3x_2 \end{pmatrix}. \qquad \square$$

問題 1　$\mathbf{R}^3$ の 2 組の基底を

$$\mathcal{U} = \left\{ \boldsymbol{u}_1 = \begin{pmatrix} 3 \\ 2 \\ 1 \end{pmatrix},\ \boldsymbol{u}_2 = \begin{pmatrix} 2 \\ 2 \\ 1 \end{pmatrix},\ \boldsymbol{u}_3 = \begin{pmatrix} 1 \\ 1 \\ 1 \end{pmatrix} \right\},$$

$$\widetilde{\mathcal{U}} = \left\{ \tilde{\boldsymbol{u}}_1 = \begin{pmatrix} 1 \\ -1 \\ 1 \end{pmatrix},\ \tilde{\boldsymbol{u}}_2 = \begin{pmatrix} 1 \\ 1 \\ 0 \end{pmatrix},\ \tilde{\boldsymbol{u}}_3 = \begin{pmatrix} 1 \\ 0 \\ 1 \end{pmatrix} \right\}$$

とする. 基底の変換行列 P を求めよ. また, $\mathcal{U}, \widetilde{\mathcal{U}}$ に関する成分をそれぞれ (x_1, x_2, x_3), $(\tilde{x}_1, \tilde{x}_2, \tilde{x}_3)$ とするとき, $(\tilde{x}_1, \tilde{x}_2, \tilde{x}_3)$ を (x_1, x_2, x_3) を用いて表せ.

7.4　2 次曲線と 2 次曲面

高校で学んだ通り, $a, b > 0$, $p \neq 0$ を定数として,

$$\frac{x^2}{a^2} + \frac{y^2}{b^2} = 1, \qquad \frac{x^2}{a^2} - \frac{y^2}{b^2} = \pm 1, \qquad x = py^2$$

は 2 次曲線の**標準形**と呼ばれ, それぞれ楕円, 双曲線, 放物線を表す. これを一般化した

$$ax^2 + 2bxy + cy^2 = d \qquad (d > 0) \tag{7.5}$$

が表す曲線を調べてみよう.

例題 7.7

（∗）：$3x^2+4xy+3y^2=5$ で表される曲線を以下の手順で求めよ．

（a）　$3x^2+4xy+3y^2={}^t\boldsymbol{x}A\boldsymbol{x}$，$\boldsymbol{x}=\begin{pmatrix} x \\ y \end{pmatrix}$ を満たす2次対称行列 A を求め，A を直交行列 P によって対角化せよ．

（b）　新たな座標系（$\tilde{x}$，$\tilde{y}$）を $\tilde{\boldsymbol{x}}=\begin{pmatrix} \tilde{x} \\ \tilde{y} \end{pmatrix}=P^{-1}\boldsymbol{x}={}^tP\boldsymbol{x}$ で定義して，（$\tilde{x}$，$\tilde{y}$）によって2次曲線（∗）を標準形に直し，（∗）で表される曲線の種類を求めよ．

【解】（a）　$A=\begin{pmatrix} a & b \\ b & c \end{pmatrix}$ とおく．

$$(x\ \ y)\begin{pmatrix} a & b \\ b & c \end{pmatrix}\begin{pmatrix} x \\ y \end{pmatrix}=ax^2+2bxy+cy^2=3x^2+4xy+3y^2$$

から，$a=3$，$b=2$，$c=3$．したがって，$A=\begin{pmatrix} 3 & 2 \\ 2 & 3 \end{pmatrix}$ である．この A の固有値は $\lambda^2-6\lambda+5=0$ を解いて，$\lambda=5, 1$．対応する単位固有ベクトルは $\frac{1}{\sqrt{2}}\begin{pmatrix} 1 \\ 1 \end{pmatrix}$，$\frac{1}{\sqrt{2}}\begin{pmatrix} -1 \\ 1 \end{pmatrix}$．

$P=\frac{1}{\sqrt{2}}\begin{pmatrix} 1 & -1 \\ 1 & 1 \end{pmatrix}$ は原点反時計回りの 45° 回転を表し，${}^tPAP=\begin{pmatrix} 5 & 0 \\ 0 & 1 \end{pmatrix}$ と対角化される．

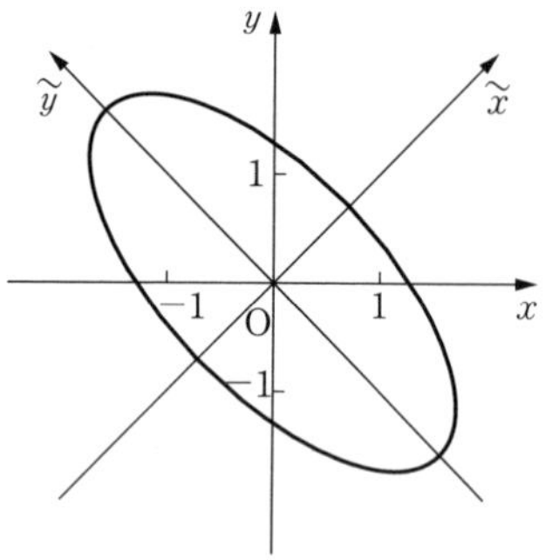

（b）　$\tilde{\boldsymbol{x}}={}^tP\boldsymbol{x}\ \Leftrightarrow\ \boldsymbol{x}=P\tilde{\boldsymbol{x}}$ とおくと

$$\begin{aligned} 3x^2+4xy+3y^2&={}^t\boldsymbol{x}A\boldsymbol{x} \\ &={}^t\tilde{\boldsymbol{x}}\,{}^tPAP\tilde{\boldsymbol{x}}=5\tilde{x}^2+\tilde{y}^2=5. \end{aligned}$$

よって，座標系（$\tilde{x}$，$\tilde{y}$）における方程式は

$$\tilde{x}^2+\left(\frac{\tilde{y}}{\sqrt{5}}\right)^2=1$$

であり，これは楕円を表す．　□

一般に，(7.5) は次の形(**2 次形式**と呼ぶ)に書ける：

$$ {}^t\boldsymbol{x}A\boldsymbol{x} = d, \qquad \boldsymbol{x} = \begin{pmatrix} x \\ y \end{pmatrix},\ A = \begin{pmatrix} a & b \\ b & c \end{pmatrix}. $$

実対称行列 A を適当な直交行列によって対角化(5.3 節参照)することによって，(7.5) の表す曲線を求めることができる.

コメント　1 次の項を含む関係式

$$ ax^2 + 2bxy + cy^2 + 2px + 2qy = d $$

も，適当な平行移動 $(x, y) \to (x+\alpha, y+\beta)$ によって (7.5) の形に帰着できる.

次に，3 次元空間において，2 次式

$$ ax^2 + by^2 + cz^2 + 2pxy + 2qxz + 2ryz = d \qquad (d > 0) \qquad (7.6) $$

$$ \Leftrightarrow\quad {}^t\boldsymbol{x}A\boldsymbol{x} = d, \qquad \boldsymbol{x} = \begin{pmatrix} x \\ y \\ z \end{pmatrix},\ A = \begin{pmatrix} a & p & q \\ p & b & r \\ q & r & c \end{pmatrix} \qquad (7.7) $$

は **2 次曲面**を表し，2 次曲線同様の議論ができる.

A の 3 つの固有値を $\alpha \geq \beta \geq \gamma$ とすると，これらの正負によって，(7.6) は下の表に示す (i) ～ (iv) のいずれかに帰着する．なお，A が固有値 0 をもつ場合は本書では扱わない.

固有値の符号	標準形	曲面の種類
(i)　$\alpha, \beta, \gamma > 0$	$\dfrac{x^2}{a^2} + \dfrac{y^2}{b^2} + \dfrac{z^2}{c^2} = 1$	楕円面
(ii)　$\alpha, \beta > 0,\ \gamma < 0$	$\dfrac{x^2}{a^2} + \dfrac{y^2}{b^2} - \dfrac{z^2}{c^2} = 1$	1 葉双曲面
(iii)　$\alpha > 0,\ \beta, \gamma < 0$	$\dfrac{x^2}{a^2} - \dfrac{y^2}{b^2} - \dfrac{z^2}{c^2} = 1$	2 葉双曲面
(iv)　$\alpha, \beta, \gamma < 0$	$-\dfrac{x^2}{a^2} - \dfrac{y^2}{b^2} - \dfrac{z^2}{c^2} = 1$	存在しない

曲面の概形を次ページに示す.

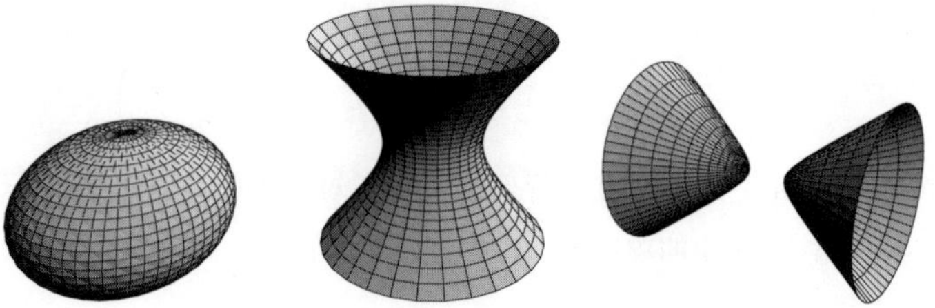

楕 円 面　　1葉双曲面　　2葉双曲面

例題 7.8

次の関係式が表す2次曲面の標準形を求め，曲面の種類を述べよ．

$$x^2 - y^2 + z^2 - 2xy - 2zx - 2yz = 2$$

【解】 上の関係式は ${}^t\boldsymbol{x}A\boldsymbol{x} = 2$，$\boldsymbol{x} = {}^t(x \ \ y \ \ z)$，$A = \begin{pmatrix} 1 & -1 & -1 \\ -1 & -1 & -1 \\ -1 & -1 & 1 \end{pmatrix}$ の形に書ける．

A の固有方程式 $|A - \lambda E| = -(\lambda - 2)(\lambda - 1)(\lambda + 2) = 0$ を解いて，固有値は $\lambda = 2, 1, -2$．対応する単位固有ベクトルは

$$\boldsymbol{u}_1 = {}^t\left(-\frac{1}{\sqrt{2}} \ \ 0 \ \ \frac{1}{\sqrt{2}}\right),\ \boldsymbol{u}_2 = {}^t\left(\frac{1}{\sqrt{3}} \ \ -\frac{1}{\sqrt{3}} \ \ \frac{1}{\sqrt{3}}\right),\ \boldsymbol{u}_3 = {}^t\left(\frac{1}{\sqrt{6}} \ \ \frac{2}{\sqrt{6}} \ \ \frac{1}{\sqrt{6}}\right)$$

である．よって，直交行列 $P = (\boldsymbol{u}_1 \ \ \boldsymbol{u}_2 \ \ \boldsymbol{u}_3)$ を定義すると，座標変換 $\boldsymbol{x} = P\tilde{\boldsymbol{x}}$，$\tilde{\boldsymbol{x}} = {}^t(\tilde{x} \ \ \tilde{y} \ \ \tilde{z})$ によって，曲面の方程式は

$$2\tilde{x}^2 + \tilde{y}^2 - 2\tilde{z}^2 = 2 \iff \tilde{x}^2 + \frac{\tilde{y}^2}{(\sqrt{2}\,)^2} - \tilde{z}^2 = 1$$

に変換される．これは1葉双曲面である． □

問題 1 次の関係式で表される曲線を標準形にして，曲線の種類を述べよ．

（a） $x^2 - 6xy + y^2 = 4$　　（b） $3x^2 + 2\sqrt{3}\,xy + 5y^2 = 6$

問題 2 次の関係式で表される曲面を標準形にして，曲面の種類を述べよ．

（a） $2xy + 2xz + 2yz = 1$　　（b） $3x^2 + 3y^2 + z^2 - 2xy = 1$

（c） $y^2 + z^2 - 2xy - 2xz - 2yz = 1$

第7章　練習問題

1. 変換 $f: \mathbf{R}^n \to \mathbf{R}^n$ によって任意の $\boldsymbol{x}, \boldsymbol{y} \in \mathbf{R}^n$ の間の距離が不変，つまり

$$\|\boldsymbol{x}-\boldsymbol{y}\| = \|f(\boldsymbol{x})-f(\boldsymbol{y})\|$$

が成り立つとき，f を**等長変換**という．f が線形変換であるとき，f が等長変換であることと，f が直交変換であることは等価であることを示せ．

コメント　一般に等長変換は線形とは限らない．例えば，平行移動を表す変換は等長であるが，線形ではない．

ヒント　f が線形変換ならば，等長変換の定義式は $\|\boldsymbol{x}\| = \|f(\boldsymbol{x})\|$ と同じである．

2. 次の行列 A を表現行列にもつ線形写像 f について，$\mathrm{Ker}\, f$ および $\mathrm{Im}\, f$ を求めよ．

（a）$A = \begin{pmatrix} 3 & 9 & -6 \\ 1 & 3 & -2 \\ -2 & -6 & 4 \end{pmatrix}$　　（b）$A = \begin{pmatrix} 1 & 1 & 3 \\ 2 & 1 & 4 \\ 1 & 2 & 0 \end{pmatrix}$

（c）$A = \begin{pmatrix} 1 & 1 & 1 & 1 \\ 3 & 4 & 1 & 6 \\ 2 & 3 & 0 & 5 \end{pmatrix}$　　（d）$A = \begin{pmatrix} 1 & -2 & -1 & -1 \\ -2 & 4 & 3 & 4 \\ 1 & -2 & 1 & 2 \\ 3 & -6 & 2 & 7 \end{pmatrix}$

3. 線形写像 $f: \mathbf{R}^3 \to \mathbf{R}^3$ を

$$f({}^t(x_1\ \ x_2\ \ x_3)) = {}^t(-x_1+3x_2\ \ x_1+x_2+x_3\ \ x_1-2x_2-3x_3)$$

とするとき，以下を求めよ．

（a）f の表現行列 A を求めよ．

（b）$\mathbf{R}^3$ の別の基底 $\widetilde{E} = \left\{ \tilde{\boldsymbol{e}}_1 = \begin{pmatrix} 1 \\ 0 \\ 1 \end{pmatrix},\ \tilde{\boldsymbol{e}}_2 = \begin{pmatrix} 0 \\ 1 \\ 1 \end{pmatrix},\ \tilde{\boldsymbol{e}}_3 = \begin{pmatrix} 1 \\ 2 \\ 0 \end{pmatrix} \right\}$ をとるとき，$f(\tilde{\boldsymbol{e}}_j) = \sum_{i=1}^{3} \tilde{a}_{ij} \tilde{\boldsymbol{e}}_i$ となるような，行列 $\widetilde{A} = (\,\tilde{a}_{ij}\,)$ を求めよ．$\widetilde{A}$ を基底 $\widetilde{E}$ に関する f の表現行列と呼ぶ．

4.* 定理 7.3 を証明せよ．つまり f を V から W への線形写像として，$\dim V = n$ が有限であるとき，次式を示せ．

$$\dim(\mathrm{Ker}\,f) + \dim(\mathrm{Im}\,f) = n.$$

ヒント $\dim(\mathrm{Ker}\,f) = p$, $\dim(\mathrm{Im}\,f) = q$ とする．このとき $\mathrm{Ker}\,f$, $\mathrm{Im}\,f$ の基底として $\{\boldsymbol{a}_1, \cdots, \boldsymbol{a}_p\}$ および $\{\boldsymbol{w}_1, \cdots, \boldsymbol{w}_q\}$ がとれる．次に，$\mathrm{Im}\,f$ の定義より $f(\boldsymbol{v}_i) = \boldsymbol{w}_i$ なる $\boldsymbol{v}_i \in V$ が存在する．このとき以下を示せばよい．

（a） $\{\boldsymbol{v}_1, \cdots, \boldsymbol{v}_q\}$ が1次独立であること．

（b） $(*)$：$\{\boldsymbol{a}_1, \cdots, \boldsymbol{a}_p, \boldsymbol{v}_1, \cdots, \boldsymbol{v}_q\}$ が1次独立であること．

（c） 任意の $\boldsymbol{x} \in V$ が $(*)$ の1次結合で一意的に表せること．

5.* 以下の問に答えよ．

（a） 対称行列 $A = \begin{pmatrix} 3 & 0 & 1 \\ 0 & 3 & 1 \\ 1 & 1 & 2 \end{pmatrix}$ を適当な直交行列により対角化せよ．

（b） 条件 $x^2 + y^2 + z^2 = 1$ の下で，

$$Q(x, y, z) = 3x^2 + 3y^2 + 2z^2 + 2yz + 2zx$$

の最大値，最小値を求めよ．

第8章

線形常微分方程式への応用

各章の練習問題でも扱ったように，線形代数はそれのみで閉じた分野ではなく，理工学や社会科学などの幅広い分野に応用がある．

多くの大学において微分積分学に続いて学ぶであろう微分方程式においても，線形代数の知識が必要となるものがある．本章では，その中でも基本的で重要な線形常微分方程式を例にとって解説する．線形代数の考え方がどのように使われているのか実感してほしい．

線形代数にはいろいろな応用があるが，本章では多くの大学で微分積分，線形代数に引き続いて学ぶであろう常微分方程式のうち，最も基本的かつ重要な線形常微分方程式について，線形代数の知識を活用するものを中心に解説する．

関数 $y = y(x)$ を未知関数とする n 階線形常微分方程式は次の形で書かれる：

$$y^{(n)} + p_1(x)\,y^{(n-1)} + \cdots + p_n(x)\,y = f(x). \tag{8.1}$$

ここで，$p_1(x), \cdots, p_n(x), f(x)$ は与えられた関数である．特に $f(x) \equiv 0$ のとき，

$$y^{(n)} + p_1(x)\,y^{(n-1)} + \cdots + p_n(x)\,y = 0 \tag{8.2}$$

は**同次常微分方程式**，または単に同次方程式と呼ばれる．同次方程式 (8.2) の解全体の集合は線形空間であり[1]，$y = y_1(x)$，$y_2(x)$ を (8.2) の解とすると，その和 $y = y_1(x) + y_2(x)$ およびスカラー倍 $y = Cy_1(x)$（C は定数）も (8.2) の解である (**重ね合わせの原理**).

8.1 1階線形常微分方程式

本節では1階線形常微分方程式

$$a(x)\,y' + b(x)\,y = c(x)$$

または $p(x) := \dfrac{b(x)}{a(x)}$，$f(x) := \dfrac{c(x)}{a(x)}$ として

$$y' + p(x)\,y = f(x)$$

を考える．

例題 8.1

次の常微分方程式の一般解を求めよ．

（a） $y' \sin x + y \cos x = 1$ （b） $xy' + y = e^x$

（c） $y' \sin^{-1} x + \dfrac{y}{\sqrt{1-x^2}} = 2x$

---

1) $y = y_1(x) + y_2(x)$ および $y = Cy_1(x)$ を (8.2) に代入すれは，解であることが示される．また，線形空間の定義 6.1 を満たしていることも確かめられる．

【解】　上の3つの微分方程式には共通点があるのに気付いたであろうか？

$$y' \text{の係数：}\quad \sin x,\quad x,\quad \sin^{-1}x,$$
$$y \text{の係数：}\quad \cos x,\quad 1,\quad \frac{1}{\sqrt{1-x^2}}$$

を比較するとわかるとおり，y' の係数の微分が y の係数になっている．つまり上の3つの微分方程式はそれぞれ次のように書き換えることができる：

（a）　$y'\sin x + y(\sin x)' = 1,$

（b）　$xy' + x'y = e^x,$

（c）　$y'\sin^{-1}x + y(\sin^{-1}x)' = 2x.$

ここで積の微分公式 $(f(x)g(x))' = f'(x)g(x) + f(x)g'(x)$ を逆に用いると，これらはそれぞれ次のように書ける：

（a）　$(y\sin x)' = 1,$　　（b）　$(xy)' = e^x,$　　（c）　$(y\sin^{-1}x)' = 2x.$

両辺を積分して，方程式の一般解（任意定数 C を含む解）は次のとおりである：

（a）　$y = \dfrac{x+C}{\sin x},$　　（b）　$y = \dfrac{e^x+C}{x},$　　（c）　$y = \dfrac{x^2+C}{\sin^{-1}x}.$　□

この例題から，

$$a(x)\,y' + a'(x)\,y = c(x) \quad\Leftrightarrow\quad (a(x)\,y)' = c(x) \tag{8.3}$$

の形の微分方程式の一般解は次式で与えられる：

$$y = \frac{1}{a(x)}\left(\int c(x)\,dx + C\right) \qquad (C\text{ は任意定数}).$$

例題 8.2

次の常微分方程式の一般解を，両辺に〔　〕内の関数 $\mu(x)$（**積分因子**と呼ぶ）を掛けることによって求めよ．

（a）　$y' - 2y = e^x$　　〔$\mu(x) = e^{-2x}$〕

（b）　$y' + y\cos x = \sin x\cos x$　　〔$\mu(x) = \exp(\sin x)$〕

（c）　$y' + 2xy = e^{-x^2}\cos x$　　〔$\mu(x) = e^{x^2}$〕

（d）　$y' + y\tan x = \cos x$　　$\left[\mu(x) = \dfrac{1}{\cos x}\right]$

【解】　任意定数を C で表す．

（a）　両辺に $\mu(x) = e^{-2x}$ を乗じて

$$e^{-2x} y' - 2e^{-2x} y = e^{-x}.$$

y の係数は $-2e^{2x} = (e^{-2x})'$ と書けるので，積の微分公式より

$e^{-2x} y' + (e^{-2x})' y = (e^{-2x} y)' = e^{-x}$.　両辺を積分して　$e^{-2x} y = -e^{-x} + C$.

よって，一般解は

$$y = -e^{x} + Ce^{2x}.$$

（b）　両辺に $\mu(x) = \exp(\sin x)$ を乗じて，

$$\exp(\sin x)\, y' + \cos x \exp(\sin x)\, y = \sin x \cos x \exp(\sin x).$$

y の係数は $\cos x \exp(\sin x) = \{\exp(\sin x)\}'$ と書けるので，積の微分公式より

$$\{\exp(\sin x)\, y\}' = \sin x \cos x \exp(\sin x).$$

両辺を積分して，

$$\begin{aligned} \exp(\sin x)\, y &= \int \sin x \cos x \exp(\sin x)\, dx + C \\ &= \int t\, e^t\, dt + C \qquad (\text{置換積分：} t = \sin x,\ dt = \cos x\, dx) \\ &= (t-1)\, e^t + C = (\sin x - 1)\exp(\sin x) + C. \end{aligned}$$

よって，一般解は

$$y = \sin x - 1 + C \exp(-\sin x).$$

（c）　両辺に $\mu(x) = e^{x^2}$ を乗じて，$2x e^{x^2} = (e^{x^2})'$ に注意すると，

$$(y e^{x^2})' = \cos x. \quad \text{両辺を積分して} \quad y e^{x^2} = \sin x + C.$$

よって，一般解は

$$y = e^{-x^2} \sin x + C e^{-x^2}.$$

（d）　両辺に $\mu(x) = \dfrac{1}{\cos x}$ を乗じて，

$$\frac{1}{\cos x} y' + \frac{\sin x}{\cos^2 x} y = 1.$$

y の係数は $\dfrac{\sin x}{\cos^2 x} = \left(\dfrac{1}{\cos x}\right)'$ であるから，

$$\left(\frac{1}{\cos x} y\right)' = 1. \quad \text{両辺を積分して} \quad \frac{1}{\cos x} y = x + C.$$

よって，一般解は

$$y = x \cos x + C \cos x. \qquad \square$$

この例題からわかるとおり,
$$y' + p(x)\,y = f(x) \tag{8.4}$$
の形の微分方程式は,適当な積分因子 $\mu(x)$ を両辺に乗ずることで,(8.3) の形の微分方程式に帰着し,y を求めることができる[1]. では積分因子をどのように求めればよいだろうか. 例題 8.2 (a)〜(c) において積分因子 $\mu(x)$ は指数関数の形であることがわかる. さらに指数関数の中身と y の係数を比較すると,

$$y \text{ の係数}: \qquad -2, \qquad \cos x, \qquad 2x$$
$$\mu(x) \text{ の指数関数の中身}: \quad -2x, \qquad \sin x, \qquad x^2$$

これを見るとわかるように,$\mu(x)$ の指数関数の中身は y の係数の原始関数になっている. この事実をヒントに微分方程式 (8.4) の一般解を求めよう.

y の係数 $p(x)$ の原始関数を $P(x) = \int p(x)\,dx$ とし[2],(8.4) の両辺に $\mu(x) = \exp(P(x))$ を乗じて,

$$(*): \quad \exp(P(x))\,y' + p(x)\exp(P(x))\,y = f(x)\exp(P(x))$$

を得る. y の係数 $p(x)\exp(P(x)) = P'(x)\exp(P(x)) = \{\exp(P(x))\}'$ であるので,$(*)$ は

$$\{\exp(P(x))\,y\}' = f(x)\exp(P(x))$$

と書ける. 両辺を積分して一般解の公式は次式で与えられることがわかる:

$$y = \exp(-P(x))\int f(x)\exp(P(x))\,dx + C\exp(-P(x)). \tag{8.5}$$

コメント 例題 8.2 (d) は積分因子が指数関数の形でないが,$\int \tan x\,dx = -\log(\cos x)$ なので,積分因子は $\exp(-\log(\cos x)) = \dfrac{1}{\exp(\log \cos x)} = \dfrac{1}{\cos x}$ と見なせる.

---

1) 微分方程式が与えられている x の定義域内で $\mu(x) \not\equiv 0$ であれば,微分方程式の両辺に $\mu(x)$ を掛けても等式の成立に影響がない. 特に,指数関数 $\not\equiv 0$ であるため,指数関数は積分因数に適している.
2) 不定積分を積分因子とする場合,任意定数を省略しても問題は生じない.

線形常微分方程式 $y' + p(x)y = f(x)$ の一般解の公式

$$y = y_0(x) + C y_1(x),$$

$$y_0(x) = \exp(-P(x)) \int f(x) \exp(P(x))\, dx,$$

$$y_1(x) = \exp(-P(x))$$

において，$y_0(x)$ は $y' + p(x)y = f(x)$ を満たす解の1つで**特解**と呼ばれる．また $y_1(x)$ は**余関数**と呼ばれ，同次方程式 $y' + p(x)y = 0$ を満たす．

一般に，n 階線形常微分方程式 (8.1) の一般解は，特解を $y = y_0(x)$，同次方程式 (8.2) の1次独立[1]な n 個の解を $y = y_1(x), \cdots, y_n(x)$ として，次のように書くことができる：

$$y = y_0(x) + C_1 y_1(x) + \cdots + C_n y_n(x) \qquad (C_1, \cdots, C_n \text{ は任意定数}).$$

つまり連立方程式の解の公式 (2.6) と同様の次の公式が成り立つ：

> (非同次方程式 (8.1) の一般解)
>
> ＝(非同次方程式 (8.1) の特解)＋(同次方程式 (8.2) の一般解)．

問題 1 次の常微分方程式の一般解を求めよ．

(a) $y' + 3y = e^{-3x}$　　(b) $y' + y \cot x = \dfrac{1}{\cos x}$

(c) $y' + \left(1 + \dfrac{1}{x}\right) y = 1$

8.2 連立常微分方程式

8.2.1 2元連立常微分方程式の解法

未知関数 $y_1(x)$, $y_2(x)$ に関する1階の2元連立常微分方程式

$$\begin{cases} y_1' = a_{11} y_1 + a_{12} y_2 + f_1(x), \\ y_2' = a_{21} y_1 + a_{22} y_2 + f_2(x) \end{cases} \tag{8.6}$$

---

1) 恒等式 $C_1 y_1(x) + \cdots + C_n y_n(x) \equiv 0$ を満たす定数 $C_1, \cdots, C_n$ が $C_1 = \cdots = C_n = 0$ 以外に存在しないとき，関数 $y_1(x), \cdots, y_n(x)$ は1次独立であるという．

を考える．ここで，$a_{11}, a_{12}, a_{21}, a_{22}$ は与えられた実数で，$f_1(x)$, $f_2(x)$ は与えられた関数である．

$$\boldsymbol{y}(x) = \begin{pmatrix} y_1(x) \\ y_2(x) \end{pmatrix}, \qquad \boldsymbol{y}'(x) = \begin{pmatrix} y_1'(x) \\ y_2'(x) \end{pmatrix}$$

とおき，2 次正方行列 A とベクトル $\boldsymbol{f}(x)$ を

$$A = \begin{pmatrix} a_{11} & a_{12} \\ a_{21} & a_{22} \end{pmatrix}, \qquad \boldsymbol{f}(x) = \begin{pmatrix} f_1(x) \\ f_2(x) \end{pmatrix}$$

とおくと，(8.6) は次のように行列表示される：

$$\boldsymbol{y}' = A\boldsymbol{y} + \boldsymbol{f}(x). \tag{8.7}$$

行列 A が対角化可能な場合　行列 A の固有値を λ_1, λ_2，対応する固有ベクトルを $\boldsymbol{u}_1, \boldsymbol{u}_2$ とすると，正則行列 $P = (\boldsymbol{u}_1 \ \ \boldsymbol{u}_2)$ によって，A は

$$P^{-1}AP = \widehat{A} = \begin{pmatrix} \lambda_1 & 0 \\ 0 & \lambda_2 \end{pmatrix}$$

と対角化される．従属変数変換

$$\boldsymbol{z}(x) = \begin{pmatrix} z_1(x) \\ z_2(x) \end{pmatrix} = P^{-1}\boldsymbol{y}(x) \quad \Leftrightarrow \quad \boldsymbol{y}(x) = P\boldsymbol{z}(x)$$

を行い，$A = P\widehat{A}P^{-1}$ であるから，(8.7) は $\boldsymbol{y}' = P\widehat{A}P^{-1}\boldsymbol{y} + \boldsymbol{f}(x)$ と表される．この式の両辺に左側から P^{-1} を掛けると，(8.7) は

$$\boldsymbol{z}' = \widehat{A}\boldsymbol{z} + P^{-1}\boldsymbol{f}(x)$$

と変換される$\left(P^{-1}\dfrac{d\boldsymbol{y}}{dx} = \dfrac{d}{dx}P^{-1}\boldsymbol{y} = \dfrac{d\boldsymbol{z}}{dx}\right)$．成分で表すと

$$\begin{pmatrix} z_1' \\ z_2' \end{pmatrix} = \begin{pmatrix} \lambda_1 & 0 \\ 0 & \lambda_2 \end{pmatrix}\begin{pmatrix} z_1 \\ z_2 \end{pmatrix} + \begin{pmatrix} g_1(x) \\ g_2(x) \end{pmatrix}, \qquad P^{-1}\boldsymbol{f}(x) = \begin{pmatrix} g_1(x) \\ g_2(x) \end{pmatrix}.$$

この式は $z_1(x)$, $z_2(x)$ について分離した微分方程式 $\begin{cases} z_1' = \lambda_1 z_1 + g_1(x) \\ z_2' = \lambda_2 z_2 + g_2(x) \end{cases}$

なので，これを解くと

$$z_i(x) = C_i e^{\lambda_i x} + \int_0^x e^{\lambda_i(x-\xi)} g_i(\xi)\, d\xi \qquad (i = 1, 2)$$

を得る．最後に，$\boldsymbol{y}(x) = P\boldsymbol{z}(x)$ より $y_1(x)$, $y_2(x)$ が求まる．

例題 8.3

$y_1 = y_1(x)$, $y_2 = y_2(x)$ に関する次の連立常微分方程式を次の手順で解け.

$$(*):\quad \begin{pmatrix} y_1{}' \\ y_2{}' \end{pmatrix} = \begin{pmatrix} 2 & -1 \\ 4 & -3 \end{pmatrix}\begin{pmatrix} y_1 \\ y_2 \end{pmatrix} + \begin{pmatrix} 3e^{-x} \\ 3e^{x} \end{pmatrix}.$$

(a) $A = \begin{pmatrix} 2 & -1 \\ 4 & -3 \end{pmatrix}$ を対角化する行列 P を1つ求め, 対角化せよ.

(b) 従属変数変換 $\boldsymbol{z} = \begin{pmatrix} z_1 \\ z_2 \end{pmatrix} = P^{-1}\begin{pmatrix} y_1 \\ y_2 \end{pmatrix}$ によって, $(*)$ を z_1, z_2 についての方程式に直し, これを解け.

(c) y_1, y_2 を求めよ.

【解】 (a) A の固有値は $\lambda^2 + \lambda - 2 = 0$ より $\lambda = 1, -2$. 対応する固有ベクトルの1つはそれぞれ $\boldsymbol{u}_1 = \begin{pmatrix} 1 \\ 1 \end{pmatrix}$, $\boldsymbol{u}_2 = \begin{pmatrix} 1 \\ 4 \end{pmatrix}$ である. したがって, 行列 $P = (\boldsymbol{u}_1\ \ \boldsymbol{u}_2) = \begin{pmatrix} 1 & 1 \\ 1 & 4 \end{pmatrix}$ によって $P^{-1}AP = \widehat{A} = \begin{pmatrix} 1 & 0 \\ 0 & -2 \end{pmatrix}$ と対角化される.

(b) $A = P\widehat{A}P^{-1}$ より,

$$(*)\quad \Leftrightarrow\quad \begin{pmatrix} y_1{}' \\ y_2{}' \end{pmatrix} = P\widehat{A}P^{-1}\begin{pmatrix} y_1 \\ y_2 \end{pmatrix} + \begin{pmatrix} 3e^{-x} \\ 3e^{x} \end{pmatrix}$$

と変換される. この式の両辺に, 左から $P^{-1} = \dfrac{1}{3}\begin{pmatrix} 4 & -1 \\ -1 & 1 \end{pmatrix}$ を掛けて

$$\begin{pmatrix} z_1{}' \\ z_2{}' \end{pmatrix} = \widehat{A}\begin{pmatrix} z_1 \\ z_2 \end{pmatrix} + \begin{pmatrix} 4e^{-x} - e^{x} \\ -e^{-x} + e^{x} \end{pmatrix}\qquad すなわち\quad \begin{cases} z_1{}' = z_1 + 4e^{-x} - e^{x}, \\ z_2{}' = -2z_2 - e^{-x} + e^{x}. \end{cases}$$

これらを解いて,

$$z_1 = -xe^{x} - 2e^{-x} + C_1e^{x},\ z_2 = \frac{1}{3}e^{x} - e^{-x} + C_2e^{-2x}\ (C_1,\ C_2 は任意定数).$$

(c) $$\begin{pmatrix} y_1 \\ y_2 \end{pmatrix} = P\begin{pmatrix} z_1 \\ z_2 \end{pmatrix} = \begin{pmatrix} -xe^{x} - 3e^{-x} + C_1e^{x} + C_2e^{-2x} \\ (1-x)e^{x} - 6e^{-x} + C_1e^{x} + 4C_2e^{-2x} \end{pmatrix}$$

$$\left(C_1 + \frac{1}{3}\ を改めて\ C_1\ とおいた\right).$$ □

行列 A が対角化可能でない場合[1]　行列 A が重複固有値をもち，対応する1次独立な固有ベクトルが1つだけの場合，固有値を λ，対応する固有ベクトルを $\boldsymbol{u}$ とし，$\boldsymbol{v}$ が $(A-\lambda E)\boldsymbol{v}=\boldsymbol{u}$ を満たすものとすると，$P=(\boldsymbol{u}\ \ \boldsymbol{v})$ は正則行列で，

$$P^{-1}AP=\widehat{A}=\begin{pmatrix}\lambda & 1\\ 0 & \lambda\end{pmatrix}$$

となる．$\boldsymbol{v}$ を一般化固有ベクトル，行列 $\widehat{A}$ をジョルダン標準形と呼んだ．

従属変数変換 $\boldsymbol{z}(x)=\begin{pmatrix}z_1\\ z_2\end{pmatrix}=P^{-1}\boldsymbol{y}(x)$ によって，(8.7) は

$$\boldsymbol{z}'=\widehat{A}\boldsymbol{z}+P^{-1}\boldsymbol{f}(x)$$

と変換される．成分で表すと

$$\begin{pmatrix}z_1'\\ z_2'\end{pmatrix}=\begin{pmatrix}\lambda & 1\\ 0 & \lambda\end{pmatrix}\begin{pmatrix}z_1\\ z_2\end{pmatrix}+\begin{pmatrix}g_1(x)\\ g_2(x)\end{pmatrix},\qquad P^{-1}\boldsymbol{f}(x)=\begin{pmatrix}g_1(x)\\ g_2(x)\end{pmatrix}$$

となる．この微分方程式は $z_1(x)$, $z_2(x)$ に関する連立常微分方程式

$$\begin{cases} z_1'=\lambda z_1+z_2+g_1(x),\\ z_2'=\lambda z_2+g_2(x)\end{cases}$$

になっている．しかし，第2式が z_2 だけに関する式のため，まず z_2 について解き，次に z_1 に関する微分方程式を解けばよい．最後に，$\boldsymbol{y}(x)=P\boldsymbol{z}(x)$ より $y_1(x)$, $y_2(x)$ が求まる．

例題 8.4*

$y_1=y_1(x)$，$y_2=y_2(x)$ に関する次の連立常微分方程式を解け：

$$\begin{pmatrix}y_1'\\ y_2'\end{pmatrix}=\begin{pmatrix}4 & -1\\ 4 & 0\end{pmatrix}\begin{pmatrix}y_1\\ y_2\end{pmatrix}.$$

【解】　行列 $A=\begin{pmatrix}4 & -1\\ 4 & 0\end{pmatrix}$ の固有値は $\lambda^2-4\lambda+4=0$ を解いて，$\lambda=2$（重

---

1)　前項のように，連立微分方程式を“連立していない微分方程式”に分離できたのは，係数行列 A が対角化可能であったからである．

解). 対応する1次独立な固有ベクトルは $\begin{pmatrix} 1 \\ 2 \end{pmatrix}$ の1つだけなので, A は対角化不可能である. このときは A のジョルダン標準形を求めることにする. 例題5.8より, A のジョルダン標準形は次のとおりである:

$$P = (\boldsymbol{u} \quad \boldsymbol{v}) = \begin{pmatrix} 1 & 0 \\ 2 & -1 \end{pmatrix}, \qquad P^{-1}AP = \widehat{A} = \begin{pmatrix} 2 & 1 \\ 0 & 2 \end{pmatrix}.$$

次に, $\begin{pmatrix} z_1 \\ z_2 \end{pmatrix} = P^{-1}\begin{pmatrix} y_1 \\ y_2 \end{pmatrix}$ によって, z_1, z_2 を導入すると,

$$\begin{pmatrix} z_1' \\ z_2' \end{pmatrix} = \begin{pmatrix} 2 & 1 \\ 0 & 2 \end{pmatrix}\begin{pmatrix} z_1 \\ z_2 \end{pmatrix} \qquad \text{すなわち} \quad \begin{cases} z_1' = 2z_1 + z_2 \\ z_2' = 2z_2 \end{cases}$$

を得る. これを解いて,

$$z_1 = C_1 e^{2x} + C_2 x\, e^{2x}, \qquad z_2 = C_2 e^{2x} \qquad (C_1,\ C_2 \text{は任意定数}).$$

最後に y_1, y_2 を求めると,

$$\begin{pmatrix} y_1 \\ y_2 \end{pmatrix} = P\begin{pmatrix} z_1 \\ z_2 \end{pmatrix} = \begin{pmatrix} z_1 \\ 2z_1 - z_2 \end{pmatrix} = \begin{pmatrix} C_1 e^{2x} + C_2 x\, e^{2x} \\ (2C_1 - C_2)\, e^{2x} + 2C_2 x\, e^{2x} \end{pmatrix}. \qquad \square$$

8.2.2 $\boldsymbol{n}$ 元連立常微分方程式の解法

n 個の未知関数 $y_1(x)$, $y_2(x)$, $\cdots$, $y_n(x)$ に関する1階連立常微分方程式

$$\begin{cases} y_1' = a_{11}y_1 + a_{12}y_2 + \cdots + a_{1n}y_n + f_1(x) \\ y_2' = a_{21}y_1 + a_{22}y_2 + \cdots + a_{2n}y_n + f_2(x) \\ \cdots\cdots\cdots\cdots\cdots\cdots \\ y_n' = a_{n1}y_1 + a_{n2}y_2 + \cdots + a_{nn}y_n + f_n(x) \end{cases} \tag{8.8}$$

を考える. ここで, a_{ij} $(1 \leq i,\ j \leq n)$ は与えられた実数で, $f_i(x)$ $(i = 1,\ 2,\ \cdots,\ n)$ は与えられた関数である.

$$\boldsymbol{y}(x) = \begin{pmatrix} y_1(x) \\ \vdots \\ y_n(x) \end{pmatrix}, \qquad \boldsymbol{y}'(x) = \begin{pmatrix} y_1'(x) \\ \vdots \\ y_n'(x) \end{pmatrix},$$

$$A = (\,a_{ij}\,), \qquad \boldsymbol{f}(x) = \begin{pmatrix} f_1(x) \\ \vdots \\ f_n(x) \end{pmatrix}$$

とおくと，(8.8) は行列を用いて

$$\boldsymbol{y}' = A\boldsymbol{y} + \boldsymbol{f}(x) \tag{8.8$'$}$$

と書ける．

行列 A が対角化可能な場合を考える[1]．A の固有値を $\lambda_1, \cdots, \lambda_n$，対応する固有ベクトルを $\boldsymbol{u}_1, \cdots, \boldsymbol{u}_n$ とする．行列 $P = (\boldsymbol{u}_1 \ \cdots \ \boldsymbol{u}_n)$ によって，A は $P^{-1}AP = \hat{A} = (\lambda_i \delta_{ij})$ と対角化される．従属変数変換

$$\boldsymbol{z}(x) = {}^t(z_1(x) \ \cdots \ z_n(x)) = P^{-1}\boldsymbol{y}(x) \quad \Leftrightarrow \quad \boldsymbol{y}(x) = P\boldsymbol{z}(x)$$

によって，(8,8)′ は $\boldsymbol{z}$ についての連立常微分方程式

$$\boldsymbol{z}' = \hat{A}\boldsymbol{z} + P^{-1}\boldsymbol{f}(x)$$

に変換される．これは各 z_i について分離した 1 階線形常微分方程式

$$z_i' = \lambda_i z_i + g_i(x), \qquad P^{-1}\boldsymbol{f}(x) = {}^t(g_1(x) \ \cdots \ g_n(x))$$

になる．これを解いて

$$z_i(x) = C_i e^{\lambda_i x} + \int_0^x e^{\lambda_i(x-\xi)} g_i(\xi)\, d\xi$$

$$(C_i \text{ は任意定数，} i = 1, \cdots, n).$$

よって $\boldsymbol{y} = P\boldsymbol{z}$ より，$y_i(x)$ $(i = 1, \cdots, n)$ が求まる．

特に $\boldsymbol{f}(x) = \boldsymbol{0}$ のとき，一般解は次式で与えられる：

$$\boldsymbol{y} = \sum_{k=1}^{n} C_k e^{\lambda_k x} \boldsymbol{u}_k.$$

8.2.3 高階単独常微分方程式

未知関数 $y(x)$ に関する 2 階定数係数線形常微分方程式

$$y'' + p_1 y' + p_2 y = f(x) \tag{8.9}$$

について考えよう．p_1, p_2 は与えられた実数で，$f(x)$ は与えられた関数である．(8.9) にはさまざまな解き方があるが，ここでは 1 階連立常微分方程式に帰着させて解く方法を紹介する．

---

1) 対角化不可能な場合は省くが，ジョルダン標準形を使って解く．

$y_0 = y$, $y_1 = y'$ とおき，y_0' と y_1' を成分とするベクトルを考えると[1],

$$\begin{pmatrix} y_0' \\ y_1' \end{pmatrix} = \begin{pmatrix} y' \\ y'' \end{pmatrix} = \begin{pmatrix} y_1 \\ -p_2 y_0 - p_1 y_1 + f(x) \end{pmatrix} \qquad ((8.9)\text{ を使った})$$

$$= \begin{pmatrix} 0 & 1 \\ -p_2 & -p_1 \end{pmatrix}\begin{pmatrix} y_0 \\ y_1 \end{pmatrix} + \begin{pmatrix} 0 \\ f(x) \end{pmatrix} \qquad (8.10)$$

と表される．(8.10) は y_0 と y_1 についての1階連立常微分方程式

$$\boldsymbol{y}' = A\boldsymbol{y} + \boldsymbol{f}(x), \qquad \boldsymbol{y} = \begin{pmatrix} y_0 \\ y_1 \end{pmatrix},\ A = \begin{pmatrix} 0 & 1 \\ -p_2 & -p_1 \end{pmatrix},\ \boldsymbol{f}(x) = \begin{pmatrix} 0 \\ f(x) \end{pmatrix}$$

になっている．したがって，(8.10) の y_0 を求めれば，(8.9)が解けたことになる．

まず，行列 $A = \begin{pmatrix} 0 & 1 \\ -p_2 & -p_1 \end{pmatrix}$ の固有値と固有ベクトルを求めよう．いままでどおりの方法でも求まるが，次のようにして求めることもできる．初めに，λ についての恒等式

$$\begin{pmatrix} 0 & 1 \\ -p_2 & -p_1 \end{pmatrix}\begin{pmatrix} 1 \\ \lambda \end{pmatrix} + \begin{pmatrix} 0 \\ \lambda^2 + p_1\lambda + p_2 \end{pmatrix} = \lambda\begin{pmatrix} 1 \\ \lambda \end{pmatrix} \qquad (8.11)$$

を考える．2次方程式 $\lambda^2 + p_1\lambda + p_2 = 0$ の解を $\lambda = \lambda_1, \lambda_2$ とすると，(8.11) より

$$A\begin{pmatrix} 1 \\ \lambda_i \end{pmatrix} = \lambda_i\begin{pmatrix} 1 \\ \lambda_i \end{pmatrix} \qquad (i = 1,\ 2)$$

となる．この式から，$i = 1, 2$ のとき λ_i は A の固有値で，$\boldsymbol{u}_i = {}^t(1\ \ \lambda_i)$ は対応する固有ベクトルであることがわかる．以下，$\lambda_1 \neq \lambda_2$ と $\lambda_1 = \lambda_2$ の場合に分けて，$y = y_0$ を求めよう．

（i）　$\lambda_1 \neq \lambda_2$ の場合：A は

$$P = (\boldsymbol{u}_1\ \ \boldsymbol{u}_2) = \begin{pmatrix} 1 & 1 \\ \lambda_1 & \lambda_2 \end{pmatrix}, \qquad P^{-1}AP = \hat{A} = \begin{pmatrix} \lambda_1 & 0 \\ 0 & \lambda_2 \end{pmatrix}$$

---

1)　これまで，連立微分方程式の未知関数の添字は y_1, y_2, … のように1から始まっていた．高階常微分方程式を連立微分方程式にする場合は，$y_0 = y$, $y_1 = y'$, … のように，添字を0から始めて，y の微分回数と一致させたほうが都合がよい．

と対角化される．従属変数変換 $\boldsymbol{z} = \begin{pmatrix} z_0 \\ z_1 \end{pmatrix} = P^{-1}\boldsymbol{y}$ により 2 元連立微分方程式 (8.10) は

$$\begin{pmatrix} z_0{}' \\ z_1{}' \end{pmatrix} = \begin{pmatrix} \lambda_1 & 0 \\ 0 & \lambda_2 \end{pmatrix} \begin{pmatrix} z_0 \\ z_1 \end{pmatrix} + \begin{pmatrix} g_0(x) \\ g_1(x) \end{pmatrix} \qquad \text{すなわち} \quad \begin{cases} z_0{}' = \lambda_1 z_0 + g_0(x) \\ z_1{}' = \lambda_2 z_1 + g_1(x) \end{cases}$$

と変換される．ここで，$P^{-1}\boldsymbol{f}(x) = {}^t(g_0(x) \quad g_1(x))$ である．上の微分方程式を解くと，C_1, C_2 を任意定数として

$$z_0 = C_1 e^{\lambda_1 x} + \int_0^x e^{\lambda_1(x-\xi)} g_0(\xi)\, d\xi,$$

$$z_1 = C_2 e^{\lambda_2 x} + \int_0^x e^{\lambda_2(x-\xi)} g_1(\xi)\, d\xi$$

を得る．$\boldsymbol{y} = P\boldsymbol{z}$ より，$y_0 = z_0 + z_1$ なので，

$$y = y_0 = C_1 e^{\lambda_1 x} + C_2 e^{\lambda_2 x} + \int_0^x e^{\lambda_1(x-\xi)} g_0(\xi)\, d\xi + \int_0^x e^{\lambda_2(x-\xi)} g_1(\xi)\, d\xi$$

となる．また，

$$\begin{pmatrix} g_0(x) \\ g_1(x) \end{pmatrix} = P^{-1} \begin{pmatrix} 0 \\ f(x) \end{pmatrix} = \frac{1}{\lambda_2 - \lambda_1} \begin{pmatrix} \lambda_2 & -1 \\ -\lambda_1 & 1 \end{pmatrix} \begin{pmatrix} 0 \\ f(x) \end{pmatrix}$$

$$= \frac{1}{\lambda_2 - \lambda_1} \begin{pmatrix} -f(x) \\ f(x) \end{pmatrix}$$

なので，(8.9) の解は

$$y = C_1 e^{\lambda_1 x} + C_2 e^{\lambda_2 x} + \int_0^x \frac{e^{\lambda_1(x-\xi)} - e^{\lambda_2(x-\xi)}}{\lambda_1 - \lambda_2} f(\xi)\, d\xi$$

で与えられる．

特に $f(x) = 0$ の場合，(8.9) の解は

$$y = C_1 e^{\lambda_1 x} + C_2 e^{\lambda_2 x}$$

で与えられる．

（ii） $\lambda_1 = \lambda_2$ の場合： λ_1 が $\lambda^2 + p_1\lambda + p_2 = 0$ の重解の場合を考えよう．固有ベクトルは $\boldsymbol{u}_1$ の 1 つだけなので，A は対角化不可能である．そこで一般化固有ベクトルを求めて，A のジョルダン標準形を求めることにする．恒等式 (8.11) を λ で微分すると，

$$\begin{pmatrix} 0 & 1 \\ -p_2 & -p_1 \end{pmatrix}\begin{pmatrix} 0 \\ 1 \end{pmatrix}+\begin{pmatrix} 0 \\ 2\lambda+p_1 \end{pmatrix}=\lambda\begin{pmatrix} 0 \\ 1 \end{pmatrix}+\begin{pmatrix} 1 \\ \lambda \end{pmatrix} \qquad (8.12)$$

となり，この式に $\lambda=\lambda_1$ を代入すると $2\lambda_1+p_1=0$ (2 次方程式の解と係数の関係から)なので，

$$A\begin{pmatrix} 0 \\ 1 \end{pmatrix}=\lambda_1\begin{pmatrix} 0 \\ 1 \end{pmatrix}+\begin{pmatrix} 1 \\ \lambda_1 \end{pmatrix} \qquad \text{すなわち} \quad (A-\lambda_1 E)\begin{pmatrix} 0 \\ 1 \end{pmatrix}=\boldsymbol{u}_1$$

を得る．これより，$\boldsymbol{v}={}^t(0\ \ 1)$ は一般化固有ベクトルであることがわかる．このとき A は

$$P=(\boldsymbol{u}_1\ \ \boldsymbol{v})=\begin{pmatrix} 1 & 0 \\ \lambda_1 & 1 \end{pmatrix}, \qquad P^{-1}AP=\hat{A}=\begin{pmatrix} \lambda_1 & 1 \\ 0 & \lambda_1 \end{pmatrix}$$

のようにジョルダン標準形に変換される．従属変数変換 $\boldsymbol{z}=P^{-1}\boldsymbol{y}$ により，(8.10) は

$$\begin{pmatrix} z_0' \\ z_1' \end{pmatrix}=\begin{pmatrix} \lambda_1 & 1 \\ 0 & \lambda_1 \end{pmatrix}\begin{pmatrix} z_0 \\ z_1 \end{pmatrix}+\begin{pmatrix} g_0(x) \\ g_1(x) \end{pmatrix}$$

$$\text{すなわち} \quad \begin{cases} z_0'=\lambda_1 z_0+z_1+g_0(x) \\ z_1'=\lambda_1 z_1+g_1(x) \end{cases}$$

と変換される．この微分方程式を解くと，C_1, C_2 を任意定数として

$$\begin{aligned} z_0 &= (C_1+C_2x)\,e^{\lambda_1 x} \\ &\qquad +\int_0^x e^{\lambda_1(x-\xi)}g_0(\xi)\,d\xi+\int_0^x (x-\xi)\,e^{\lambda_1(x-\xi)}g_1(\xi)\,d\xi, \\ z_1 &= C_2e^{\lambda_1 x}+\int_0^x e^{\lambda_1(x-\xi)}g_1(\xi)\,d\xi \end{aligned}$$

を得る．$\boldsymbol{y}=P\boldsymbol{z}$ より $y_0=z_0$ なので，

$$\begin{aligned} y=y_0 &= (C_1+C_2x)\,e^{\lambda_1 x} \\ &\qquad +\int_0^x e^{\lambda_1(x-\xi)}g_0(\xi)\,d\xi+\int_0^x (x-\xi)\,e^{\lambda_1(x-\xi)}g_1(\xi)\,d\xi \end{aligned}$$

となる．また，

$$\begin{pmatrix} g_0(x) \\ g_1(x) \end{pmatrix}=P^{-1}\begin{pmatrix} 0 \\ f(x) \end{pmatrix}=\begin{pmatrix} 1 & 0 \\ -\lambda_1 & 1 \end{pmatrix}\begin{pmatrix} 0 \\ f(x) \end{pmatrix}=\begin{pmatrix} 0 \\ f(x) \end{pmatrix}$$

なので，(8.9) の解は

$$y=(C_1+C_2x)e^{\lambda_1 x}+\int_0^x(x-\xi)\,e^{\lambda_1(x-\xi)}f(\xi)\,d\xi$$

で与えられる．

特に $f(x)=0$ の場合，(8.9) の解は

$$y=(C_1+C_2x)e^{\lambda_1 x}$$

で与えられる．

次に，$n\geq 2$ のときの，未知関数 $y(x)$ に関する n 階定数係数線形常微分方程式

$$y^{(n)}+p_1y^{(n-1)}+\cdots+p_{n-1}y'+p_ny=f(x) \tag{8.13}$$

を考えよう．ここで，$p_1, p_2, \cdots, p_n$ は与えられた実数で，$f(x)$ は与えられた関数である．$y_0=y$, $y_1=y'$, $\cdots$, $y_{n-1}=y^{(n-1)}$ とおくと，(8.13) は

$$\begin{pmatrix} y_0' \\ y_1' \\ \vdots \\ y_{n-1}' \end{pmatrix}=\begin{pmatrix} y' \\ y'' \\ \vdots \\ y^{(n)} \end{pmatrix}=\begin{pmatrix} y_1 \\ \vdots \\ y_{n-1} \\ -p_ny_0-p_{n-1}y_1-\cdots-p_1y_{n-1}+f(x) \end{pmatrix}$$

$$=A\begin{pmatrix} y_0 \\ y_1 \\ \vdots \\ y_{n-1} \end{pmatrix}+\begin{pmatrix} 0 \\ \vdots \\ 0 \\ f(x) \end{pmatrix}$$

と等価になる．ここで，A は次の n 次正方行列である：

$$A=\begin{pmatrix} 0 & 1 & 0 & \cdots & 0 \\ 0 & 0 & 1 & \cdots & 0 \\ \vdots & \vdots & \ddots & \ddots & \vdots \\ 0 & 0 & \cdots & 0 & 1 \\ -p_n & -p_{n-1} & \cdots & -p_2 & -p_1 \end{pmatrix}.$$

したがって，$\boldsymbol{y}(x)$，$\boldsymbol{y}'(x)$，$\boldsymbol{f}(x)$ を

$$\boldsymbol{y}(x)=\begin{pmatrix} y_0(x) \\ y_1(x) \\ \vdots \\ y_{n-1}(x) \end{pmatrix},\quad \boldsymbol{y}'(x)=\begin{pmatrix} y_0'(x) \\ y_1'(x) \\ \vdots \\ y_{n-1}'(x) \end{pmatrix},\quad \boldsymbol{f}(x)=\begin{pmatrix} 0 \\ \vdots \\ 0 \\ f(x) \end{pmatrix}$$

とおくと，n 階常微分方程式 (8.13) は，次の 1 階連立常微分方程式の形に

書ける：

$$\boldsymbol{y}' = A\boldsymbol{y} + \boldsymbol{f}(x).$$

上の形の行列 A は**コンパニオン行列**と呼ばれ，固有値と固有ベクトルを以下の手順で同時に求めることができる．

列ベクトル $\boldsymbol{u} = {}^t(1\ \ \lambda\ \ \lambda^2\ \ \cdots\ \ \lambda^{n-1})$ に，A を左から掛けると，λ についての次の恒等式を得る：

$$A\boldsymbol{u} + {}^t(0\ \ \cdots\ \ 0\ \ \phi(\lambda)) = \lambda\boldsymbol{u}, \quad \phi(\lambda) = \lambda^n + p_1\lambda^{n-1} + \cdots + p_{n-1}\lambda + p_n. \tag{8.14}$$

なお，$\phi(\lambda) = 0$ は，(8.13) の同次方程式に対する固有方程式になっている．代入すればわかるとおり，この n 次方程式 $\phi(\lambda) = 0$ の解(重解を含めて) $\lambda = \lambda_i$ $(i = 1, 2, \cdots, n)$ が A の固有値，${}^t(1\ \ \lambda_i\ \ \cdots\ \ \lambda_i^{n-1})$ が固有値 λ_i に対応する固有ベクトルになる．

発展 $\phi(\lambda) = 0$ が重解をもち，A が対角化不可能な場合は，一般化固有ベクトルを求める．例えば，重解を $\lambda_1 = \lambda_2$ とすると，(8.14) の両辺を λ で微分して $\lambda = \lambda_1$ を代入すると，一般化固有ベクトルは ${}^t(0\ \ 1\ \ 2\lambda_1\ \ \cdots\ \ (n-1)\lambda_1^{n-2})$ である．$\phi(\lambda) = 0$ が m 重解 $(m \geq 2)$ をもつ場合についても，同様に (8.14) を λ で k 回微分して m 重解の値を代入するという操作を，$k = 0, 1, \cdots, m-1$ について行えばよい．

例題 8.5*

$y = y(x)$ に関する次の4階常微分方程式について以下の問に答えよ．

$$(*):\quad y^{(4)} - y''' - 7y'' + y' + 6y = e^x.$$

(a) $\boldsymbol{y} := {}^t(y_0\ \ y_1\ \ y_2\ \ y_3)$，$y_j(x) := y^{(j)}(x)$ $(0 \leq j \leq 3)$ とおき，$(*)$ を $\boldsymbol{y}$ に関する連立常微分方程式 $\boldsymbol{y}' = A\boldsymbol{y} + \boldsymbol{f}(x)$ に帰着させよ．

(b) A を対角化して，一般解を求めよ．

【解】 (a) $\boldsymbol{y}' = {}^t(y'\ \ y''\ \ y'''\ \ y^{(4)}) = {}^t(y_1\ \ y_2\ \ y_3\ \ y_3 + 7y_2 - y_1 - 6y_0 + e^x)$ より，行列 A およびベクトル $\boldsymbol{f}(x)$ を

$$A = \begin{pmatrix} 0 & 1 & 0 & 0 \\ 0 & 0 & 1 & 0 \\ 0 & 0 & 0 & 1 \\ -6 & -1 & 7 & 1 \end{pmatrix}, \qquad \boldsymbol{f}(x) = \begin{pmatrix} 0 \\ 0 \\ 0 \\ e^x \end{pmatrix}$$

で定義すると，4 階常微分方程式（＊）は次の 1 階連立常微分方程式に帰着する：

$$\boldsymbol{y}' = A\boldsymbol{y} + \boldsymbol{f}(x).$$

（b） A はコンパニオン行列であり，λ についての次の恒等式を満たす：

$$A\begin{pmatrix} 1 \\ \lambda \\ \lambda^2 \\ \lambda^3 \end{pmatrix} + \begin{pmatrix} 0 \\ 0 \\ 0 \\ \psi(\lambda) \end{pmatrix} = \lambda\begin{pmatrix} 1 \\ \lambda \\ \lambda^2 \\ \lambda^3 \end{pmatrix},$$

$$\psi(\lambda) = \lambda^4 - \lambda^3 - 7\lambda^2 + \lambda + 6 = (\lambda+2)(\lambda+1)(\lambda-1)(\lambda-3).$$

よって，$\psi(\lambda) = 0$ なる λ を求めれば，固有値と固有ベクトルが同時に求まる．固有値は $\lambda = -2, -1, 1, 3$，対応する固有ベクトルはそれぞれ

$${}^t(1\ \ -2\ \ 4\ \ -8), \quad {}^t(1\ \ -1\ \ 1\ \ -1), \quad {}^t(1\ \ 1\ \ 1\ \ 1), \quad {}^t(1\ \ 3\ \ 9\ \ 27)$$

である．したがって，A は次のように対角化される：

$$A = P\hat{A}P^{-1}, \qquad P = \begin{pmatrix} 1 & 1 & 1 & 1 \\ -2 & -1 & 1 & 3 \\ 4 & 1 & 1 & 9 \\ -8 & -1 & 1 & 27 \end{pmatrix}, \quad \hat{A} = \begin{pmatrix} -2 & 0 & 0 & 0 \\ 0 & -1 & 0 & 0 \\ 0 & 0 & 1 & 0 \\ 0 & 0 & 0 & 3 \end{pmatrix}.$$

ここで従属変数変換 $\boldsymbol{z} = {}^t(z_0\ \ z_1\ \ z_2\ \ z_3) = P^{-1}\boldsymbol{y}$ によって，$\boldsymbol{z}$ は微分方程式

$$\boldsymbol{z}' = \hat{A}\boldsymbol{z} + P^{-1}\boldsymbol{f}(x)$$

に従う．$P^{-1}\,{}^t(0\ \ 0\ \ 0\ \ 1) = {}^t\!\left(-\frac{1}{15}\ \ \frac{1}{8}\ \ -\frac{1}{12}\ \ \frac{1}{40}\right)$ に注意する（下の計算上の注意を参照）と，成分ごとに次のように書ける：

$$z_0' = -2z_0 - \frac{1}{15}e^x, \quad z_1' = -z_1 + \frac{1}{8}e^x, \quad z_2' = z_2 - \frac{1}{12}e^x, \quad z_3' = 3z_3 + \frac{1}{40}e^x$$

を満たす．これらの微分方程式の一般解はそれぞれ

$$z_0 = -\frac{e^x}{45} + C_0e^{-2x}, \qquad z_1 = \frac{e^x}{16} + C_1e^{-x},$$

$$z_2 = -\frac{xe^x}{12} + C_2e^x, \qquad z_3 = -\frac{e^x}{80} + C_3e^{3x}$$

である．したがって，微分方程式（＊）の解 $y = y_0$ は

$$y = y_0 = (1\ \ 1\ \ 1\ \ 1)\,\boldsymbol{z} = -\frac{x\,e^x}{12} + C_0 e^{-2x} + C_1 e^{-x} + C_2 e^x + C_3 e^{3x}$$

$$\left(C_2 + \frac{1}{36} \text{ を改めて } C_2 \text{ とおく}\right). \qquad \square$$

計算上の注意　$a_1, \cdots, a_n$ は互いに異なる複素数として，$P = (\,a_j{}^{i-1}\,)$ $(1 \leq i, j \leq n)$ とする．このとき $P^{-1}\,{}^t(0\ \cdots\ 0\ 1)$，つまり逆行列 P^{-1} の第 n 列目は次式で与えられる：

$$P^{-1}\begin{pmatrix} 0 \\ \vdots \\ 0 \\ 1 \end{pmatrix} = \begin{pmatrix} \dfrac{1}{\phi'(a_1)} \\ \dfrac{1}{\phi'(a_2)} \\ \vdots \\ \dfrac{1}{\phi'(a_n)} \end{pmatrix} = \begin{pmatrix} \dfrac{1}{\prod_{i \neq 1}(a_1 - a_i)} \\ \dfrac{1}{\prod_{i \neq 2}(a_2 - a_i)} \\ \vdots \\ \dfrac{1}{\prod_{i \neq n}(a_n - a_i)} \end{pmatrix}, \quad \phi(\lambda) := (\lambda - a_1)\cdots(\lambda - a_n). \tag{8.15}$$

P^{-1} の計算は面倒だが，最終列は上の公式を用いて比較的楽に計算できる．

問題 1　次の連立常微分方程式の一般解を求めよ．

（a）$\begin{cases} y_1{}' = y_1 + y_2 \\ y_2{}' = -2y_1 + 4y_2 \end{cases}$　　（b）$\begin{cases} y_1{}' = y_1 + y_2 + e^x \\ y_2{}' = -2y_1 + 4y_2 \end{cases}$

（c）* $\begin{cases} y_1{}' = 2y_1 + y_2 \\ y_2{}' = -y_1 + 4y_2 \end{cases}$　　（d）$\begin{cases} y_1{}' = -y_2 + y_3 \\ y_2{}' = -y_1 + y_3 \\ y_3{}' = y_1 - y_2 \end{cases}$

問題 2*　例題 3.12 を利用して，上の計算上の注意の (8.15) を示せ．

第 8 章　練習問題

1.　次の常微分方程式の一般解を求めよ．

（a）$y' + 2y = x\,e^{-x}$　　（b）$y' + ay = \cos x$

（c）$y' + e^x y = e^{3x}$　　（d）$y' \sin x + 2y = \sin^3 x$

2.　次の連立常微分方程式の一般解を求めよ．

（a）$\begin{cases} y_1{}' = y_1 + y_2 \\ y_2{}' = 7y_1 - 5y_2 \end{cases}$　（b）$\begin{cases} y_1{}' = 5y_1 + 4y_2 \\ y_2{}' = -y_1 + y_2 \end{cases}$

（c）$\begin{cases} y_1{}' = y_1 + y_2 \\ y_2{}' = -2y_1 + 3y_2 \end{cases}$　（d）$\begin{cases} y_1{}' = 2y_1 + y_2 + x \\ y_2{}' = 2y_1 + 3y_2 \end{cases}$

（e）$\begin{cases} y_1{}' = -y_2 + y_3 \\ y_2{}' = -y_1 - y_3 \\ y_3{}' = y_1 + y_2 \end{cases}$　（f）$\begin{cases} y_1{}' = y_1 - 2y_2 \\ y_2{}' = 2y_1 - 2y_2 - y_3 \\ y_3{}' = -y_2 \end{cases}$

3.*　$f(x)$ を与えられた関数，$a > 0$ を定数として，$u = u(x)$ に関する 2 階線形常微分方程式

$$-u'' + a^2 u = f(x) \qquad (0 < x < L) \quad \cdots\cdots (\clubsuit)$$

で境界条件

$$u(0) = \alpha, \quad u(L) = \beta \qquad \cdots\cdots (\spadesuit)$$

を満たす解を，次の手順で求めよ．

（a）$u_0 = u$，$u_1 = u'$ として，$(\clubsuit)$ を $\boldsymbol{u} = \begin{pmatrix} u_0 \\ u_1 \end{pmatrix}$ についての連立常微分方程式

$$\boldsymbol{u}' = M\boldsymbol{u} + \boldsymbol{f}(x) \qquad \cdots\cdots (\heartsuit)$$

の形にせよ．M は定数行列とする．

（b）適当な行列 P を用いて，$P^{-1}MP = \widehat{M}$ の形に対角化せよ．

（c）$\boldsymbol{v} = \begin{pmatrix} v_0 \\ v_1 \end{pmatrix} = P^{-1}\boldsymbol{u}$ として，$(\heartsuit)$ を $\boldsymbol{v}$ についての連立常微分方程式の形に書き直して，これを解け．ただし $v_0(0) = \gamma_0$，$v_1(0) = \gamma_1$ とする．

（d）境界条件 $(\spadesuit)$ を用いて，$u\ (= u_0(x))$ を，γ_0, γ_1 を含まない形で求めよ．

参考文献

本書を執筆するにあたって参考にした書を以下に挙げる．はじめに本書と同じく初学者(高校を卒業した学生)を対象に書かれた以下の3冊を挙げる．

[1] 薩摩順吉，四ツ谷晶二：『キーポイント 線形代数』，岩波書店，1992.

[2] 筧 三郎：『工科系線形代数』，数理科学社，2000.

[3] 桑村雅隆：『リメディアル線形代数』，裳華房，2007.

[1] は学生がつまずきやすいポイントに絞ってわかりやすく書いている．[2] は大学入試や大学院入試の問題も豊富に盛り込んでおり，編入試験や大学院入試対策にも役立つ．[3] は第1章で2次正方行列を通して線形代数の全貌を俯瞰でき，高校の「数学C」を未履修の学生でも十分理解できる．いずれの書も読んでいて，筆者の「読者に理解してほしい」という意気込みが伝わる良書である．

線形代数は工学や自然科学，社会科学とも接点の多い分野である．その観点から書かれた本として次の書を挙げたい．

[4] マイベルク/ファヘンアウア(薩摩順吉 訳)：『工科系の数学3 線形代数』，サイエンス社，2000.

[5] 矢嶋 徹，及川正行：『工学基礎 線形代数』，サイエンス社，2003.

[6] 伊理正夫，韓 大舜：『線形代数』，教育出版，1977.

[4]，[5]は教科書というより演習書に近いが，線形代数の考え方や使い方を，理工学や社会科学における豊富な例を通して解説している．[6] は工学的応用はもちろん，線形代数の基本事項について証明もついており，証明を丁寧にフォローすれば線形代数の力は間違いなくつくであろう．

最後に本格的に線形代数を学びたい方のために以下の書を挙げる．

[7] 佐武一郎：『線型代数学』，裳華房，1974.

[8] 齋藤正彦：『線型代数入門』，東京大学出版会，1966.

問 題 解 答

第 1 章

1.1 問題 1 （a） $\|\boldsymbol{a}\| = \sqrt{13},\ \|\boldsymbol{b}\| = 5,\ \|\boldsymbol{c}\| = \sqrt{5}$

（b） $(\boldsymbol{a},\ \boldsymbol{b}) = -17,\ (\boldsymbol{a},\ \boldsymbol{c}) = -8,\ (\boldsymbol{b},\ \boldsymbol{c}) = 10$

（c） $p = -\dfrac{1}{5},\ q = -\dfrac{6}{5}.$

（d） $(3\boldsymbol{a} + 2\boldsymbol{b},\ \boldsymbol{a} - \boldsymbol{b}) = 3\|\boldsymbol{a}\|^2 - (\boldsymbol{a},\ \boldsymbol{b}) - 2\|\boldsymbol{b}\|^2 = 6$

問題 2 （a） $\begin{pmatrix} -7 \\ 7 \\ -1 \end{pmatrix}$ （b） $\|\boldsymbol{a}\| = 3,\ \|\boldsymbol{b}\| = \sqrt{10},\ \|\boldsymbol{c}\| = \sqrt{65}$

（c） $(\boldsymbol{a},\ \boldsymbol{b}) = 4,\ (\boldsymbol{b},\ \boldsymbol{c}) = 0,\ (\boldsymbol{c},\ \boldsymbol{a}) = 11$

（d） $(\boldsymbol{a} + \boldsymbol{b} - \boldsymbol{c},\ 2\boldsymbol{b} + \boldsymbol{c}) = 2(\boldsymbol{a},\ \boldsymbol{b}) + (\boldsymbol{a},\ \boldsymbol{c}) + 2\|\boldsymbol{b}\|^2 - \|\boldsymbol{c}\|^2 - (\boldsymbol{b},\ \boldsymbol{c}) = -26$

（e） $\boldsymbol{a} \times \boldsymbol{b} = \begin{pmatrix} -8 \\ 1 \\ 3 \end{pmatrix},\ \boldsymbol{b} \times \boldsymbol{c} = \begin{pmatrix} 20 \\ 5 \\ 15 \end{pmatrix},\ \boldsymbol{a} \times \boldsymbol{b} = \begin{pmatrix} -8 \\ 16 \\ -12 \end{pmatrix}$

（f） $(\boldsymbol{a} - \boldsymbol{c}) \times (\boldsymbol{a} + \boldsymbol{b} - 2\boldsymbol{c}) = \boldsymbol{a} \times \boldsymbol{b} - \boldsymbol{c} \times \boldsymbol{b} + \boldsymbol{c} \times \boldsymbol{a} = \begin{pmatrix} 4 \\ 22 \\ 6 \end{pmatrix}$

（g） $\|\boldsymbol{a} \times \boldsymbol{b}\| = \sqrt{74}$ （h） $|(\boldsymbol{a},\ \boldsymbol{b},\ \boldsymbol{c})| = |(\boldsymbol{a} \times \boldsymbol{b},\ \boldsymbol{c})| = 60$

1.2 問題 1 （a） $\begin{pmatrix} -7 \\ -8 \\ 0 \\ 16 \end{pmatrix}$ （b） $\|\boldsymbol{a}\| = \sqrt{15},\ \|\boldsymbol{b}\| = \sqrt{46}$ （c） 14

（d） $\begin{pmatrix} 1/\sqrt{15} \\ -1/\sqrt{15} \\ 3/\sqrt{15} \\ 2/\sqrt{15} \end{pmatrix}$[1] （e） $-\dfrac{14}{15}$

---

1) 紙面の節約のため，解答においては，分数 $\dfrac{\triangle}{\square}$ を $\triangle/\square$ のように表示することがある．

問題 2 (a) $\boldsymbol{a}=\boldsymbol{0}$ のときは明らかなので，$\boldsymbol{a}\neq\boldsymbol{0}$ と仮定する．$\|x\boldsymbol{a}+\boldsymbol{b}\|^2=\|\boldsymbol{a}\|^2x^2+2(\boldsymbol{a},\boldsymbol{b})x+\|\boldsymbol{b}\|^2\geq 0$．これが任意の実数 x について成り立つので，判別式 $D/4=(\boldsymbol{a},\boldsymbol{b})^2-\|\boldsymbol{a}\|^2\|\boldsymbol{b}\|^2\leq 0$．これから $|(\boldsymbol{a},\boldsymbol{b})|\leq\|\boldsymbol{a}\|\|\boldsymbol{b}\|$ が従う．

(b) $(右辺)^2-(左辺)^2=2\|\boldsymbol{a}\|\|\boldsymbol{b}\|-2(\boldsymbol{a},\boldsymbol{b})\geq 0$ (∵ (a) の結果より)

1.3 問題 1 (a) $\begin{pmatrix}1&1&1\\1&2&2\\1&2&3\\1&2&3\end{pmatrix}$ (b) $\begin{pmatrix}-2&1&1\\1&-2&1\\1&1&-2\end{pmatrix}$

(c) $\begin{pmatrix}1&y&y^2&y^3\\x&xy&xy^2&xy^3\\x^2&x^2y&x^2y^2&x^2y^3\\x^3&x^3y&x^3y^2&x^3y^3\end{pmatrix}$ (d) $\begin{pmatrix}1&0&-1&0\\0&1&0&-1\\-1&0&1&0\\0&-1&0&1\end{pmatrix}$

問題 2 (a) $\begin{pmatrix}18&44&-36&7\\-40&-15&8&16\end{pmatrix}$ (b) $\begin{pmatrix}-1&-10/3&10/3&-1/6\\4&3/2&0&-4/3\end{pmatrix}$

(c) $\begin{pmatrix}-9&8&-27&-11\\-40&-15&-19&7\end{pmatrix}$

問題 3 (a) $\begin{pmatrix}-10&2&8\\6&-2&-5\end{pmatrix}$ (b) 定義できない (c) 定義できない

(d) $\begin{pmatrix}-3&7\\-8&19\\-1&3\end{pmatrix}$ (e) $\begin{pmatrix}-7&14\\-1&8\end{pmatrix}$ (f) $\begin{pmatrix}6&-2&-5\\14&-6&-12\\-2&-2&1\end{pmatrix}$

(g) $\begin{pmatrix}-4&-10\\5&2\end{pmatrix}$ (h) $\begin{pmatrix}-21&49\\-9&19\end{pmatrix}$

1.4 問題 1 (a) $\begin{pmatrix}a_{11}&a_{12}&a_{13}&a_{14}\\a_{21}+pa_{41}&a_{22}+pa_{42}&a_{23}+pa_{43}&a_{24}+pa_{44}\\a_{31}&a_{32}&a_{33}&a_{34}\\a_{41}&a_{42}&a_{43}&a_{44}\end{pmatrix}$

(b) $\begin{pmatrix}a_{11}&a_{12}&a_{13}&a_{14}+pa_{12}\\a_{21}&a_{22}&a_{23}&a_{24}+pa_{22}\\a_{31}&a_{32}&a_{33}&a_{34}+pa_{32}\\a_{41}&a_{42}&a_{43}&a_{44}+pa_{42}\end{pmatrix}$ (c) $\begin{pmatrix}a_{11}&a_{12}&a_{13}&a_{14}\\a_{41}&a_{42}&a_{43}&a_{44}\\a_{31}&a_{32}&a_{33}&a_{34}\\a_{21}&a_{22}&a_{23}&a_{24}\end{pmatrix}$

(d) $\begin{pmatrix}a_{11}&a_{14}&a_{13}&a_{12}\\a_{21}&a_{24}&a_{23}&a_{22}\\a_{31}&a_{34}&a_{33}&a_{32}\\a_{41}&a_{44}&a_{43}&a_{42}\end{pmatrix}$

問題 2　(a) $\begin{pmatrix} a_1b_1 & 0 & \cdots & 0 \\ 0 & a_2b_2 & \ddots & \vdots \\ \vdots & \ddots & \ddots & 0 \\ 0 & \cdots & 0 & a_nb_n \end{pmatrix}$　(b) $\begin{pmatrix} a_1b_1 & 0 & \cdots & 0 \\ 0 & a_2b_2 & \ddots & \vdots \\ \vdots & \ddots & \ddots & 0 \\ 0 & \cdots & 0 & a_nb_n \end{pmatrix}$

(c) $\begin{pmatrix} {a_1}^2 & 0 & \cdots & 0 \\ 0 & {a_2}^2 & \ddots & \vdots \\ \vdots & \ddots & \ddots & 0 \\ 0 & \cdots & 0 & {a_n}^2 \end{pmatrix}$　(d) $\begin{pmatrix} {a_1}^k & 0 & \cdots & 0 \\ 0 & {a_2}^k & \ddots & \vdots \\ \vdots & \ddots & \ddots & 0 \\ 0 & \cdots & 0 & {a_n}^k \end{pmatrix}$

問題 3　(a)　$a_1b_1 + a_2b_2 + \cdots + a_nb_n$　(b) $\begin{pmatrix} a_1b_1 & a_1b_2 & \cdots & a_1b_n \\ a_2b_1 & a_2b_2 & \cdots & a_2b_n \\ \vdots & \vdots & \ddots & \vdots \\ a_nb_1 & a_nb_2 & \cdots & a_nb_n \end{pmatrix}$

問題 4　${}^tAA$ の (i, i) 成分 $= \sum_{j=1}^n ({}^tA)_{ij}a_{ji} = \sum_{j=1}^n {a_{ji}}^2$. したがって，$\mathrm{tr}({}^tAA) = \sum_{i=1}^n \sum_{j=1}^n {a_{ij}}^2$ (A のすべての要素の 2 乗和)

問題 5　(a) $\begin{pmatrix} -5 & 3 \\ 2 & -1 \end{pmatrix}$　(b) $\begin{pmatrix} 2\sqrt{2} & \sqrt{3} \\ \sqrt{3}/2 & \sqrt{2}/2 \end{pmatrix}$　(c)　逆行列は存在しない

問題 6　(a)　$AX = \begin{pmatrix} -2u & 0 & 0 \\ -4u-v & -w & 0 \\ u-2v+x & -2w+y & z \end{pmatrix}$, $XA = \begin{pmatrix} -2u & 0 & 0 \\ -2v-4w & -w & 0 \\ -2x-4y+z & -y-2z & z \end{pmatrix}$

(b) $\begin{pmatrix} -1/2 & 0 & 0 \\ 2 & -1 & 0 \\ 9/2 & -2 & 1 \end{pmatrix}$

1.5　問題 1　(a) $\begin{pmatrix} 3-5i \\ 4+i \\ 3-i \end{pmatrix}$　(b)　$3-8i$　(c)　$\|\boldsymbol{x}\| = 4$, $\|\boldsymbol{y}\| = \sqrt{7}$

(d)　$-12-32i$　(e)　$-22-7i$

問題 2　(a) $\begin{pmatrix} 5+3i & 0 & 1+3i \\ -1+i & -i & 5-2i \end{pmatrix}$　(b) $\begin{pmatrix} 1+3i & -4 & -1+3i \\ -1+i & -i & 3-2i \end{pmatrix}$

(c) $\begin{pmatrix} 2+2i & -2 & 2-2i \\ -4-2i & 1+i & 7+7i \end{pmatrix}$

問題 3　(a)　$q_1 = r_1$, $q_2 = r_2$　(b)　$p_1 = p_2 = s_1 = s_2 = 0$, $q_1 + r_1 = q_2 + r_2 = 0$　(c)　$p_2 = s_2 = 0$, $q_1 = r_1$, $q_2 + r_2 = 0$　(d)　$p_1 = s_1 = 0$, $q_1 + r_1 = 0$, $q_2 = r_2$

練習問題

1. (a) $\begin{pmatrix} 20 & 30 & 20 \\ 15 & 50 & 30 \end{pmatrix}\begin{pmatrix} 30 & 20 & 10 \\ 6 & 3 & 2 \\ 4 & 2 & 1 \end{pmatrix} = \begin{pmatrix} 860 & 530 & 280 \\ 870 & 510 & 280 \end{pmatrix}$

右表のとおり(単位:万円)

	A	B	C
商店1	860	530	280
商店2	870	510	280

(b) $\begin{pmatrix} 860 & 530 & 280 \\ 870 & 510 & 280 \end{pmatrix}\begin{pmatrix} 3 \\ 1 \\ 2 \end{pmatrix} = \begin{pmatrix} 3670 \\ 3680 \end{pmatrix}$. よって,商店1の場合3670(万円),商店2の場合3680(万円).

2. (a) 定義できない (b) $\begin{pmatrix} a_1+pb_1 & a_2+pb_2 & a_3+pb_3 & a_4+pb_4 \\ b_1 & b_2 & b_3 & b_4 \end{pmatrix}$

(c) $\begin{pmatrix} a_4 & a_1 & a_2 & a_3 \\ b_4 & b_1 & b_2 & b_3 \end{pmatrix}$ (d) 定義できない (e) $\begin{pmatrix} 1 & 3p \\ 0 & 1 \end{pmatrix}$

3. Bとして,$B = \begin{pmatrix} 3a & 3b \\ 2a & 2b \end{pmatrix}$の形の行列($a, b$の少なくとも一方は0でない)をとればよい.

4. (a) $x = 1,\ y = 1,\ z = -2$ (b) ${}^tAA = \begin{pmatrix} 3 & 0 & 0 \\ 0 & 2 & 0 \\ 0 & 0 & 6 \end{pmatrix}$

(c) (b)の結果の両辺に左側から $\begin{pmatrix} 3 & 0 & 0 \\ 0 & 2 & 0 \\ 0 & 0 & 6 \end{pmatrix}^{-1} = \begin{pmatrix} 1/3 & 0 & 0 \\ 0 & 1/2 & 0 \\ 0 & 0 & 1/6 \end{pmatrix} = P$ を乗じて,$P\,{}^tAA = E = A^{-1}A$. これから,$A^{-1} = P\,{}^tA = \begin{pmatrix} 1/3 & 1/3 & 1/3 \\ -1/2 & 1/2 & 0 \\ 1/6 & 1/6 & -1/3 \end{pmatrix}$

5. (a) $\begin{pmatrix} 2+2i & 2-i & 1 \\ 2-i & 0 & 1 \\ 1 & 1 & 2i \end{pmatrix}$ (b) $\begin{pmatrix} 0 & -4+3i & 3 \\ 4-3i & 0 & -5+2i \\ -3 & 5-2i & 0 \end{pmatrix}$

(c) $\begin{pmatrix} 2 & 2+3i & 1 \\ 2-3i & 0 & 1+2i \\ 1 & 1-2i & 0 \end{pmatrix}$ (d) $\begin{pmatrix} 2i & -4-i & 3 \\ 4-i & 0 & -5 \\ -3 & 5 & 2i \end{pmatrix}$

(e) $X = \frac{1}{2}(X + {}^tX) + \frac{1}{2}(X - {}^tX)$

(f) $X = \frac{1}{2}(X + X^*) + \frac{1}{2}(X - X^*)$

6. （a）　$\boldsymbol{w}_i{}^*\boldsymbol{w}_j = 4\delta_{ij}$

（b）　$P_1 = \begin{pmatrix} 1/4 & 1/4 & 1/4 & 1/4 \\ 1/4 & 1/4 & 1/4 & 1/4 \\ 1/4 & 1/4 & 1/4 & 1/4 \\ 1/4 & 1/4 & 1/4 & 1/4 \end{pmatrix}$, $P_2 = \begin{pmatrix} 1/4 & -i/4 & -1/4 & i/4 \\ i/4 & 1/4 & -i/4 & -1/4 \\ -1/4 & i/4 & 1/4 & -i/4 \\ -i/4 & -1/4 & i/4 & 1/4 \end{pmatrix}$,

$P_3 = \begin{pmatrix} 1/4 & -1/4 & 1/4 & -1/4 \\ -1/4 & 1/4 & -1/4 & 1/4 \\ 1/4 & -1/4 & 1/4 & -1/4 \\ -1/4 & 1/4 & -1/4 & 1/4 \end{pmatrix}$, $P_4 = \begin{pmatrix} 1/4 & i/4 & -1/4 & -i/4 \\ -i/4 & 1/4 & i/4 & -1/4 \\ -1/4 & -i/4 & -1/4 & i/4 \\ i/4 & -1/4 & i/4 & 1/4 \end{pmatrix}$

（c）　$P_iP_j = \dfrac{1}{16}(\boldsymbol{w}_i\boldsymbol{w}_i{}^*)(\boldsymbol{w}_j\boldsymbol{w}_j{}^*) = \dfrac{1}{16}\boldsymbol{w}_i(\boldsymbol{w}_i{}^*\boldsymbol{w}_j)\boldsymbol{w}_j{}^* = \dfrac{1}{4}\delta_{ij}\boldsymbol{w}_i\boldsymbol{w}_j{}^* = \delta_{ij}P_i$ であるから，$i = j$ のとき $P_i{}^2 = P_i$，$i \neq j$ のとき $P_iP_j = O$.

7. （a）　(i) は $\begin{pmatrix} 3 & -2 \\ 4 & -5 \end{pmatrix} = \begin{pmatrix} 1 & 0 \\ l_1 & 1 \end{pmatrix}\begin{pmatrix} u_1 & u_2 \\ 0 & u_3 \end{pmatrix} \Leftrightarrow \begin{cases} 3 = u_1, & -2 = u_2, \\ 4 = l_1u_1, & -5 = l_1u_2 + u_3 \end{cases}$

を解けばよい．(ii), (iii) も同様.

(i)　$A = \begin{pmatrix} 1 & 0 \\ 4/3 & 1 \end{pmatrix}\begin{pmatrix} 3 & -2 \\ 0 & -7/3 \end{pmatrix}$　　(ii)　$B = \begin{pmatrix} 1 & 0 & 0 \\ -2 & 1 & 0 \\ -1 & 0 & 1 \end{pmatrix}\begin{pmatrix} -1 & 2 & -3 \\ 0 & 1 & -5 \\ 0 & 0 & -3 \end{pmatrix}$

(iii)　$C = \begin{pmatrix} 1 & 0 & 0 & 0 \\ 1 & 1 & 0 & 0 \\ 1 & 0 & 1 & 0 \\ 1 & 0 & 0 & 1 \end{pmatrix}\begin{pmatrix} 1 & 1 & 1 & 1 \\ 0 & -1 & 0 & 0 \\ 0 & 0 & -1 & 0 \\ 0 & 0 & 0 & -1 \end{pmatrix}$

（b）　$B = LU$ と LU 分解して，L, U が正則行列ならば $B^{-1} = (LU)^{-1} = U^{-1}L^{-1}$.

$L^{-1} = \begin{pmatrix} 1 & 0 & 0 \\ x_1 & 1 & 0 \\ x_2 & x_3 & 1 \end{pmatrix}$ として，$L^{-1}L = E$ を成分比較すると，$L^{-1} = \begin{pmatrix} 1 & 0 & 0 \\ 2 & 1 & 0 \\ 1 & 0 & 1 \end{pmatrix}$.

$U^{-1} = \begin{pmatrix} y_1 & y_2 & y_3 \\ 0 & y_4 & y_5 \\ 0 & 0 & y_6 \end{pmatrix}$ として，$U^{-1}U = E$ より，$U^{-1} = \begin{pmatrix} -1 & 2 & -7/3 \\ 0 & 1 & -5/3 \\ 0 & 0 & -1/3 \end{pmatrix}$.

よって，$B^{-1} = U^{-1}L^{-1} = \begin{pmatrix} 2/3 & 2 & -7/3 \\ 1/3 & 1 & -5/3 \\ -1/3 & 0 & -1/3 \end{pmatrix}$.

C についても $C = LU$ と LU 分解して，

$$C^{-1} = U^{-1}L^{-1} = \begin{pmatrix} 1 & 1 & 1 & 1 \\ 0 & -1 & 0 & 0 \\ 0 & 0 & -1 & 0 \\ 0 & 0 & 0 & -1 \end{pmatrix}\begin{pmatrix} 1 & 0 & 0 & 0 \\ -1 & 1 & 0 & 0 \\ -1 & 0 & 1 & 0 \\ -1 & 0 & 0 & 1 \end{pmatrix} = \begin{pmatrix} -2 & 1 & 1 & 1 \\ 1 & -1 & 0 & 0 \\ 1 & 0 & -1 & 0 \\ 1 & 0 & 0 & -1 \end{pmatrix}$$

第 2 章

2.1 問題 1 (a) $\begin{pmatrix} x \\ y \\ z \end{pmatrix} = \begin{pmatrix} -1 \\ 4 \\ -2 \end{pmatrix}$ (b) $\begin{pmatrix} x \\ y \\ z \end{pmatrix} = \begin{pmatrix} 0 \\ -2 \\ 3 \end{pmatrix}$

(c) $\begin{pmatrix} x \\ y \\ z \\ w \end{pmatrix} = \begin{pmatrix} -5 \\ -1 \\ -1 \\ 4 \end{pmatrix}$

2.2 問題 1 (a) $\begin{pmatrix} x \\ y \\ z \end{pmatrix} = \begin{pmatrix} 1/4 \\ 7/4 \\ 0 \end{pmatrix} + k\begin{pmatrix} -3 \\ 7 \\ 4 \end{pmatrix}$ (b) 解なし

(c) $\begin{pmatrix} x \\ y \\ z \end{pmatrix} = \begin{pmatrix} 1 \\ 0 \\ 0 \end{pmatrix} + k_1\begin{pmatrix} 2 \\ 1 \\ 0 \end{pmatrix} + k_2\begin{pmatrix} -3 \\ 0 \\ 1 \end{pmatrix}$

(d) $\begin{pmatrix} x \\ y \\ z \\ w \end{pmatrix} = \begin{pmatrix} 2 \\ 1 \\ 0 \\ 0 \end{pmatrix} + k_1\begin{pmatrix} 11 \\ 4 \\ 5 \\ 0 \end{pmatrix} + k_2\begin{pmatrix} -4 \\ -1 \\ 0 \\ 5 \end{pmatrix}$

(e) $\begin{pmatrix} x \\ y \\ z \\ w \end{pmatrix} = \begin{pmatrix} 3 \\ 0 \\ 2 \\ 0 \end{pmatrix} + k\begin{pmatrix} -9 \\ 4 \\ 2 \\ 3 \end{pmatrix}$

問題 2 $\left(\begin{array}{ccc|c} 1 & 3 & -4 & 1 \\ -2 & -1 & 3 & -2 \\ 7 & -4 & p & q \end{array}\right) \to \cdots \to \left(\begin{array}{ccc|c} 1 & 0 & -1 & 1 \\ 0 & 1 & -1 & 0 \\ 0 & 0 & 3+p & -7+q \end{array}\right)$

$\Leftrightarrow \begin{cases} x - z = 1, \\ y - z = 0, \\ (3+p)z = -7+q. \end{cases}$ $p \neq -3$ のとき $\begin{pmatrix} x \\ y \\ z \end{pmatrix} = \dfrac{1}{p+3}\begin{pmatrix} p+q-4 \\ q-7 \\ q-7 \end{pmatrix}$.

$p = -3$, $q \neq 7$ のとき解なし.

$p=-3,\ q=7$ のとき $\begin{pmatrix} x \\ y \\ z \end{pmatrix}=\begin{pmatrix} 1 \\ 0 \\ 0 \end{pmatrix}+k\begin{pmatrix} 1 \\ 1 \\ 1 \end{pmatrix}$.

問題 3　(a)　$\begin{pmatrix} x \\ y \\ z \end{pmatrix}=\begin{pmatrix} -1 \\ 1 \\ 0 \end{pmatrix}+k\begin{pmatrix} 1 \\ -2 \\ 1 \end{pmatrix}$

(b)　$\begin{pmatrix} x \\ y \\ z \\ w \end{pmatrix}=\begin{pmatrix} -3 \\ 4 \\ 0 \\ 0 \end{pmatrix}+k_1\begin{pmatrix} -3 \\ 2 \\ 1 \\ 0 \end{pmatrix}+k_2\begin{pmatrix} -1 \\ -1 \\ 0 \\ 1 \end{pmatrix}$

(c)　$\begin{pmatrix} x \\ y \\ z \\ w \end{pmatrix}=\begin{pmatrix} 1 \\ 1 \\ 1 \\ 0 \end{pmatrix}+k\begin{pmatrix} -5 \\ -1 \\ 2 \\ 1 \end{pmatrix}$　　(d)　$\begin{pmatrix} x \\ y \\ z \end{pmatrix}=\begin{pmatrix} -3 \\ 5 \\ 0 \end{pmatrix}+k\begin{pmatrix} 3 \\ -4 \\ 1 \end{pmatrix}$

(e)　$\begin{pmatrix} x_1 \\ x_2 \\ x_3 \\ x_4 \\ x_5 \end{pmatrix}=\begin{pmatrix} -11 \\ 0 \\ -6 \\ 1 \\ -2 \end{pmatrix}+k\begin{pmatrix} 1 \\ 1 \\ 0 \\ 0 \\ 0 \end{pmatrix}$　　(f)　解なし

2.3　問題 1　(a)　$\begin{pmatrix} x \\ y \\ z \end{pmatrix}=k\begin{pmatrix} -2 \\ 1 \\ 7 \end{pmatrix}$　　(b)　$\begin{pmatrix} x \\ y \\ z \end{pmatrix}=k\begin{pmatrix} -5 \\ 2 \\ 1 \end{pmatrix}$

(c)　$\begin{pmatrix} x \\ y \\ z \\ w \end{pmatrix}=k_1\begin{pmatrix} -1 \\ -2 \\ 1 \\ 0 \end{pmatrix}+k_2\begin{pmatrix} 1 \\ -3 \\ 0 \\ 2 \end{pmatrix}$

問題 2　(a)　$\begin{pmatrix} x_1 \\ x_2 \\ x_3 \\ x_4 \\ x_5 \end{pmatrix}=k_1\begin{pmatrix} -7 \\ -4 \\ 1 \\ 0 \\ 0 \end{pmatrix}+k_2\begin{pmatrix} 0 \\ 11 \\ 0 \\ 4 \\ 1 \end{pmatrix}$

(b)　(i) は $(x_1,\ x_2,\ x_3,\ x_4,\ x_5)=(0,\ -1,\ 0,\ 0,\ 0)$ の，(ii) は $(\sqrt{2},\ 0,\ 0,\ \sqrt{3},\ 0)$ の特解をもつことに注意する．

(i) $\begin{pmatrix} x_1 \\ x_2 \\ x_3 \\ x_4 \\ x_5 \end{pmatrix} = \begin{pmatrix} 0 \\ -1 \\ 0 \\ 0 \\ 0 \end{pmatrix} + k_1 \begin{pmatrix} -7 \\ -4 \\ 1 \\ 0 \\ 0 \end{pmatrix} + k_2 \begin{pmatrix} 0 \\ 11 \\ 0 \\ 4 \\ 1 \end{pmatrix}$

(ii) $\begin{pmatrix} x_1 \\ x_2 \\ x_3 \\ x_4 \\ x_5 \end{pmatrix} = \begin{pmatrix} \sqrt{2} \\ 0 \\ 0 \\ \sqrt{3} \\ 0 \end{pmatrix} + k_1 \begin{pmatrix} -7 \\ -4 \\ 1 \\ 0 \\ 0 \end{pmatrix} + k_2 \begin{pmatrix} 0 \\ 11 \\ 0 \\ 4 \\ 1 \end{pmatrix}$

2.4 問題 1 (a) 3 (b) 2 (c) $a \neq -5$ のときランク 4, $a = -5$ のときランク 3.

問題 2 $\operatorname{rank} \boldsymbol{a}\,{}^t\boldsymbol{b} = 1$

2.5 問題 1 (a) $\begin{pmatrix} -1 & 0 & 1 \\ -2 & 2 & -3 \\ 4 & -3 & 4 \end{pmatrix}$ (b) $\begin{pmatrix} -1/2 & 1 & 1/2 \\ -1 & 2 & 0 \\ -5/2 & 4 & 1/2 \end{pmatrix}$

(c) 逆行列は存在しない

練習問題

1. (a) $\begin{pmatrix} x \\ y \\ z \end{pmatrix} = \begin{pmatrix} -1/2 \\ -1 \\ 3/2 \end{pmatrix}$ (b) $\begin{pmatrix} x \\ y \\ z \end{pmatrix} = \begin{pmatrix} 3 \\ 5 \\ -2 \end{pmatrix}$

(c) $\begin{pmatrix} x \\ y \\ z \end{pmatrix} = \begin{pmatrix} 0 \\ 1 \\ 0 \end{pmatrix} + k \begin{pmatrix} 1 \\ -1 \\ 1 \end{pmatrix}$ (d) 解なし (e) $\begin{pmatrix} x_1 \\ x_2 \\ x_3 \\ x_4 \end{pmatrix} = \begin{pmatrix} 6 \\ 2 \\ 3 \\ -2 \end{pmatrix}$

(f) $\begin{pmatrix} x_1 \\ x_2 \\ x_3 \\ x_4 \end{pmatrix} = \begin{pmatrix} 2 \\ 1 \\ 2 \\ 0 \end{pmatrix} + k \begin{pmatrix} 5 \\ -8 \\ 4 \\ 1 \end{pmatrix}$

(g) $\begin{pmatrix} x_1 \\ x_2 \\ x_3 \\ x_4 \end{pmatrix} = k_1 \begin{pmatrix} -5 \\ 6 \\ 1 \\ 0 \end{pmatrix} + k_2 \begin{pmatrix} -5 \\ 7 \\ 0 \\ 1 \end{pmatrix}$

(h) $\begin{pmatrix} x_1 \\ x_2 \\ x_3 \\ x_4 \end{pmatrix} = \begin{pmatrix} 0 \\ 0 \\ 1/9 \\ 0 \end{pmatrix} + k_1 \begin{pmatrix} -5 \\ 6 \\ 1 \\ 0 \end{pmatrix} + k_2 \begin{pmatrix} -5 \\ 7 \\ 0 \\ 1 \end{pmatrix}$

(i) $\begin{pmatrix} x_1 \\ x_2 \\ x_3 \\ x_4 \\ x_5 \end{pmatrix} = \begin{pmatrix} 4 \\ -1 \\ 0 \\ 0 \\ 0 \end{pmatrix} + k_1 \begin{pmatrix} 1 \\ -1 \\ -1 \\ 1 \\ 0 \end{pmatrix} + k_2 \begin{pmatrix} 4 \\ -3 \\ 1 \\ 0 \\ 1 \end{pmatrix}$

2. (a) $\begin{pmatrix} 1 & 2 & -3 \\ 3 & -3 & 1 \\ -3 & 12 & a \end{pmatrix} \to \cdots \to \begin{pmatrix} 1 & 2 & -3 \\ 0 & -9 & 10 \\ 0 & 0 & a+11 \end{pmatrix} \Leftrightarrow \begin{cases} x + 2y - 3z = 0, \\ -9y + 10z = 0, \\ (a+11)z = 0. \end{cases}$

これが非自明解をもつ条件は $a = -11$. また, 非自明解は $(x, y, z) = (7k, 10k, 9k)$.

(b) $\begin{pmatrix} 1 & 2 & 1 & 1 \\ 1 & 3 & 3 & 1 \\ 3 & 5 & 2 & 0 \\ 5 & 9 & a & 2 \end{pmatrix} \to \cdots \to \begin{pmatrix} 1 & 0 & 0 & -8 \\ 0 & 1 & 0 & 6 \\ 0 & 0 & 1 & -3 \\ 0 & 0 & 0 & 3a-12 \end{pmatrix} \Leftrightarrow \begin{cases} x - 8w = 0, \\ y + 6w = 0, \\ z - 3w = 0, \\ (3a-12)w = 0. \end{cases}$ これが非自明解をもつ条件は $a = 4$. また, 非自明解は $(x, y, z, w) = (8k, -6k, 3k, k)$.

3. A に行基本変形を行って,

$$A \to \begin{pmatrix} 1 & 1 & \cdots & 1 & a \\ a & 1 & \cdots & 1 & 1 \\ 1 & a & 1 & \cdots & 1 \\ \vdots & \ddots & \ddots & \ddots & \vdots \\ 1 & \cdots & 1 & a & 1 \end{pmatrix} \xrightarrow[2 \leq k \leq n]{ⓚ - ①} \begin{pmatrix} 1 & 1 & \cdots & 1 & a \\ a-1 & 0 & \cdots & 0 & 1-a \\ 0 & a-1 & 0 & \cdots & 1-a \\ \vdots & \ddots & \ddots & \ddots & \vdots \\ 0 & \cdots & 0 & a-1 & 1-a \end{pmatrix}$$

(i) $a = 1$ のとき, 第 1 行を除いてすべて 0 になる.

(ii) $a \neq 1$ のときはさらに行基本変形を続けて, $\xrightarrow[2 \leq k \leq n]{ⓚ \div (a-1)}$; [1]

$\xrightarrow{① - (② + \cdots + ⓝ)}$; $\xrightarrow[\text{行を順々に入れ替える}]{\text{第 1 行が第 } n \text{ 行になるよう}}$

$$\begin{pmatrix} 1 & 0 & \cdots & 0 & -1 \\ 0 & 1 & 0 & \cdots & -1 \\ \vdots & \ddots & \ddots & \ddots & \vdots \\ 0 & \cdots & 0 & 1 & -1 \\ 0 & 0 & \cdots & 0 & a+n-1 \end{pmatrix}.$$

---

1) 行列の基本変形については, 操作のみ記し, 行列の具体的形は省略する. 「;」で区切ったところで行列の形が変わる.

(i), (ii) をまとめて $\mathrm{rank}\,A=1$ $(a=1)$, $n-1$ $(a=1-n)$, n (それ以外の a).

4. 拡大係数行列 $(A\mid E)$ に対して，第 k 行を第 $k+1$ 行に加える操作を $k=1,2,\cdots,n-1$ について順に行う；第 k 行を第 $k-1$ 行に加える操作を $k=n,n-1,\cdots,2$ について順に行う．以上によって，

$$A^{-1}=\begin{pmatrix} n & n-1 & \cdots & 2 & 1 \\ n-1 & n-1 & \cdots & 2 & 1 \\ \vdots & \vdots & \ddots & \vdots & \vdots \\ 2 & 2 & \cdots & 2 & 1 \\ 1 & 1 & \cdots & 1 & 1 \end{pmatrix}.$$

5. PA：A の1行目と2行目を交換 (①↔②). QA：A の2行目を p 倍 ($p\times$②), RA：A の2行目の p 倍を1行目に加える (①$+p\times$②).

6. (a) 第1法則より $I_1-I_2-I_3+I_4=0$. 第2法則より $R_1I_1+R_2I_2=V_1$, $R_2I_2-R_3I_3=0$, $R_3I_3+R_4I_4=V_2$. 行列の形にすると，

$$\begin{pmatrix} 1 & -1 & -1 & 1 \\ R_1 & R_2 & 0 & 0 \\ 0 & R_2 & -R_3 & 0 \\ 0 & 0 & R_3 & R_4 \end{pmatrix}\begin{pmatrix} I_1 \\ I_2 \\ I_3 \\ I_4 \end{pmatrix}=\begin{pmatrix} 0 \\ V_1 \\ 0 \\ V_2 \end{pmatrix}.$$

(b) (a) の式から，$\left(\begin{array}{cccc|c} 1 & -1 & -1 & 1 & 0 \\ 1 & 1 & 0 & 0 & 8 \\ 0 & 1 & -1 & 0 & 0 \\ 0 & 0 & 1 & 2 & 5 \end{array}\right)\to\cdots\to\left(\begin{array}{cccc|c} 1 & 0 & 0 & 0 & 5 \\ 0 & 1 & 0 & 0 & 3 \\ 0 & 0 & 1 & 0 & 3 \\ 0 & 0 & 0 & 1 & 1 \end{array}\right)$.

よって，$I_1=5$, $I_2=3$, $I_3=3$, $I_4=1$.

7.

x_1	0	x_2
x_3	x_4	x_5
x_6	x_7	x_8

とおくと，次のような行列表示の方程式が得られる．

$$\begin{pmatrix} 1 & 1 & 0 & 0 & 0 & 0 & 0 & 0 \\ 1 & 0 & 1 & 0 & 0 & 1 & 0 & 0 \\ 1 & 0 & 0 & 1 & 0 & 0 & 0 & 1 \\ 0 & 1 & 0 & 1 & 0 & 1 & 0 & 0 \\ 0 & 1 & 0 & 0 & 1 & 0 & 0 & 1 \\ 0 & 0 & 1 & 1 & 1 & 0 & 0 & 0 \\ 0 & 0 & 0 & 1 & 0 & 0 & 1 & 0 \\ 0 & 0 & 0 & 0 & 0 & 1 & 1 & 1 \end{pmatrix}\begin{pmatrix} x_1 \\ x_2 \\ x_3 \\ x_4 \\ x_5 \\ x_6 \\ x_7 \\ x_8 \end{pmatrix}=\begin{pmatrix} 12 \\ 12 \\ 12 \\ 12 \\ 12 \\ 12 \\ 12 \\ 12 \end{pmatrix}.$$

掃き出し法でこれを解くと，

$$\left(\begin{array}{cccccccc|c} 1&1&0&0&0&0&0&0&12\\ 1&0&1&0&0&1&0&0&12\\ 1&0&0&1&0&0&0&1&12\\ 0&1&0&1&0&1&0&0&12\\ 0&1&0&0&1&0&0&1&12\\ 0&0&1&1&1&0&0&0&12\\ 0&0&0&1&0&0&1&0&12\\ 0&0&0&0&0&1&1&1&12 \end{array}\right) \to\cdots\to \left(\begin{array}{cccccccc|c} 1&1&0&0&0&0&0&0&12\\ 0&-1&1&0&0&1&0&0&0\\ 0&0&-1&1&0&-1&0&1&0\\ 0&0&0&1&1&0&0&2&12\\ 0&0&0&0&1&1&0&3&12\\ 0&0&0&0&0&1&0&1&4\\ 0&0&0&0&0&0&1&0&8\\ 0&0&0&0&0&0&0&0&0 \end{array}\right).$$

これを解いて，$x_8 = t$，$x_7 = 8$，$x_6 = 4 - t$，$x_5 = 8 - 2t$，$x_4 = 4$，$x_3 = 2t$，$x_2 = t + 4$，$x_1 = 8 - t$．$x_1 \sim x_8$ は1から8までの相異なる値をとることに注意すると，$t = 1, 3$．したがって，求める魔方陣は

7	0	5
2	4	6
3	8	1

または

5	0	7
6	4	2
1	8	3

の2つである．

第3章

3.1　問題1　(a)　-2　(b)　4　(c)　1　(d)　0　(e)　$r^2 \sin\theta$

問題2　(a)　-3　(b)　780　(c)　$-(a-b)(b-c)(c-a)$

3.2　問題1　(a)　1　(b)　1　(c)　$(-1)^{\frac{n(n-1)}{2}}$

問題2　(a)　$A = \begin{pmatrix} a_{11} & 0 & \cdots & 0 \\ a_{21} & a_{22} & \ddots & \vdots \\ \vdots & \vdots & \ddots & 0 \\ a_{n1} & a_{n2} & \cdots & a_{nn} \end{pmatrix}$ とおく．行列式

$$|A| = \sum_{(i_1 i_2 \cdots i_n)} \varepsilon(i_1\, i_2 \cdots i_n)\, a_{1i_1} a_{2i_2} \cdots a_{ni_n} \qquad \cdots (*)$$

において，a_{1i_1} は $i_1 = 1$ のとき以外0なので，

$$|A| = \sum_{(i_2 \cdots i_n)} \varepsilon(1\, i_2 \cdots i_n)\, a_{11} a_{2i_2} \cdots a_{ni_n} \qquad (i_2 \cdots i_n) \text{ は } 2, \cdots, n \text{ の順列.}$$

次に，a_{2i_2} は $i_2 = 2$ のとき以外0なので，

$$|A| = \sum_{(i_3 \cdots i_n)} \varepsilon(1\, 2\, i_3 \cdots i_n)\, a_{11} a_{22} a_{3i_3} \cdots a_{ni_n} \qquad (i_3 \cdots i_n) \text{ は } 3, \cdots, n \text{ の順列.}$$

以下同様にして，$i_3 = 3$，$i_4 = 4$，$\cdots$，$i_n = n$ となり，$|A| = \varepsilon(1\, 2 \cdots n)\, a_{11} a_{22} \cdots a_{nn} = a_{11} a_{22} \cdots a_{nn}$ が導かれる．

(b)　$(*)$ において，a_{ni_n} は $i_n = n$ のとき以外0なので，

$|A| = \sum_{(i_1 \cdots i_{n-1})} \varepsilon(i_1 \cdots i_{n-1}\, n)\, a_{1i_1} \cdots a_{n-1, i_{n-1}} a_{nn}$　$(i_1 \cdots i_{n-1})$ は $1, \cdots, n-1$ の順

列．以下同様にして，$i_{n-1} = n-1$，$i_{n-2} = n-2$，…，$i_1 = 1$ となり，$|A| = a_{11}a_{22}\cdots a_{nn}$ を得る．

問題 3 $|A| =$

$$a_{11}a_{22}a_{33}a_{44} + a_{11}a_{23}a_{34}a_{42} + a_{11}a_{24}a_{32}a_{43} - a_{11}a_{22}a_{34}a_{43} - a_{11}a_{24}a_{33}a_{42} - a_{11}a_{23}a_{32}a_{44} +$$
$$a_{12}a_{21}a_{34}a_{43} + a_{12}a_{23}a_{31}a_{44} + a_{12}a_{24}a_{33}a_{41} - a_{12}a_{21}a_{33}a_{44} - a_{12}a_{23}a_{34}a_{41} - a_{12}a_{24}a_{31}a_{43} +$$
$$a_{13}a_{21}a_{32}a_{44} + a_{13}a_{22}a_{34}a_{41} + a_{13}a_{24}a_{31}a_{42} - a_{13}a_{21}a_{34}a_{42} - a_{13}a_{22}a_{31}a_{44} - a_{13}a_{24}a_{32}a_{41} +$$
$$a_{14}a_{21}a_{33}a_{42} + a_{14}a_{22}a_{31}a_{43} + a_{14}a_{23}a_{32}a_{41} - a_{14}a_{21}a_{32}a_{43} - a_{14}a_{22}a_{33}a_{41} - a_{14}a_{23}a_{31}a_{42}$$

3.3 問題 1 （a） -1 （b） -96 （c） 86

3.4 問題 1 （a） $(a^2+b^2+c^2+d^2)E$

（b） （a）より $|A\,{}^tA| = (a^2+b^2+c^2+d^2)^4$ である．一方，$|A\,{}^tA| = |A|\,|{}^tA| = |A|^2$ より，$|A| = \pm(a^2+b^2+c^2+d^2)^2$．$a^4$ の係数を比較して $|A| = (a^2+b^2+c^2+d^2)^2$．

問題 2 $B = \begin{pmatrix} \boldsymbol{b}_1 \\ \vdots \\ \boldsymbol{b}_n \end{pmatrix}$ と行に分割すると，

$$|AB| = \begin{vmatrix} a_{11}\boldsymbol{b}_1 + \cdots + a_{1n}\boldsymbol{b}_n \\ \vdots \\ a_{n1}\boldsymbol{b}_1 + \cdots + a_{nn}\boldsymbol{b}_n \end{vmatrix}$$

$$= \sum_{i_1=1}^{n} \cdots \sum_{i_n=1}^{n} a_{1i_1}\cdots a_{ni_n} B(i_1, \cdots, i_n), \qquad B(i_1, \cdots, i_n) = \begin{vmatrix} \boldsymbol{b}_{i_1} \\ \vdots \\ \boldsymbol{b}_{i_n} \end{vmatrix}. \qquad \cdots(*)$$

$i_1, \cdots, i_n$ のうち少なくとも 2 つが等しいならば $B(i_1, \cdots, i_n) = 0$ なので，和をとるのは $(i_1 \cdots i_n)$ が $1, \cdots, n$ の順列のときである．ここで $B(i_1, \cdots, i_n) = \varepsilon(i_1 \cdots i_n)\,|B|$ なので，(∗)に代入して $|AB| = \sum_{(i_1\cdots i_n)} \varepsilon(i_1 \cdots i_n)\, a_{1i_1}\cdots a_{ni_n}|B| = |A|\,|B|$．

3.5 問題 1 （a） $\begin{pmatrix} 5/3 & -22/3 & 7/3 \\ 4 & -16 & 5 \\ -4/3 & 17/3 & -5/3 \end{pmatrix}$ （b） 逆行列は存在しない

（c） $\begin{pmatrix} 3/4 & 1/2 & 1/4 \\ 1/2 & 1 & 1/2 \\ 1/4 & 1/2 & 3/4 \end{pmatrix}$

問題 2 $\begin{pmatrix} \dfrac{bc}{(a-b)(a-c)} & \dfrac{ac}{(b-a)(b-c)} & \dfrac{ab}{(c-a)(c-b)} \\ \dfrac{-b-c}{(a-b)(a-c)} & \dfrac{-a-c}{(b-a)(b-c)} & \dfrac{-a-b}{(c-a)(c-b)} \\ \dfrac{1}{(a-b)(a-c)} & \dfrac{1}{(b-a)(b-c)} & \dfrac{1}{(c-a)(c-b)} \end{pmatrix}$

3.6 問題 1 (a) $(x, y) = \left(\dfrac{-1+\sqrt{2}}{3}, \dfrac{1+\sqrt{2}}{3}\right)$

(b) $(x, y, z) = \left(\dfrac{22}{13}, \dfrac{40}{13}, \dfrac{19}{13}\right)$ (c) $(x, y, z, w) = \left(\dfrac{6}{5}, -\dfrac{3}{5}, -\dfrac{2}{5}, -\dfrac{1}{5}\right)$

3.7 問題 1 (a) $A\,\mathrm{adj}\,A$ の (i, j) 成分 $= \sum_{k=1}^{n} a_{ik}\Delta_{jk} \cdots (*)$. $i=j$ のとき, $(*)$ は $|A|$ (の第 i 行での余因子展開)に等しい. $i \neq j$ のとき, $(*)$ は 0 に等しい行列式

$$\begin{array}{r} \\ \\ i) \\ \\ j) \\ \\ \\ \end{array}\begin{vmatrix} a_{11} & \cdots & a_{1n} \\ \vdots & & \vdots \\ a_{i1} & \cdots & a_{in} \\ \vdots & & \vdots \\ a_{i1} & \cdots & a_{in} \\ \vdots & & \vdots \\ a_{n1} & \cdots & a_{nn} \end{vmatrix}$$

の第 j 行での余因子展開である. よって, $A\,\mathrm{adj}\,A = (|A|\,\delta_{ij})$.

練習問題

1. (a) 88 (b) 8 (c) −899 (d) −22 (e) 27 (f) 45 (g) 0

2. (a) 第 1 行を第 2, 3 行に加えて共通因数をだし, 第 2 行を第 3 行に加える.

$$与式 = (a+b)(c+a)\begin{vmatrix} a+b+c & -c & -b \\ 1 & 1 & -1 \\ 2 & 0 & 0 \end{vmatrix} = 2(a+b)(b+c)(c+a)$$

(b) 第 1 行の (-1) 倍を第 2, 3 行に加え, 第 4 列で展開する.

$$与式 = -(c-a)\begin{vmatrix} b-a & a-b & b-c \\ 1 & 0 & -1 \\ 1 & 1 & 1 \end{vmatrix}$$

$$= -(c-a)\begin{vmatrix} b-a & a-b & 2b-a-c \\ 1 & 0 & 0 \\ 1 & 1 & 2 \end{vmatrix}$$

$$= (c-a)(3a-4b+c)$$

(c) 第 1 行の (-1) 倍を第 2, 3, 4 行に加え, 共通因数をだし, 第 1 列で展開する.

$$
与式 = -(a_2-a_1)(a_3-a_1)(a_4-a_1)\begin{vmatrix} 1 & a_1+a_2 & a_3a_4 \\ 1 & a_1+a_3 & a_2a_4 \\ 1 & a_1+a_4 & a_2a_3 \end{vmatrix}
$$

$$
= -(a_2-a_1)(a_3-a_1)(a_4-a_1)\begin{vmatrix} 1 & a_1+a_2 & a_3a_4 \\ 0 & a_3-a_2 & (a_2-a_3)a_4 \\ 0 & a_4-a_2 & (a_2-a_4)a_3 \end{vmatrix}
$$

$$
= -(a_2-a_1)(a_3-a_1)(a_4-a_1)(a_3-a_2)(a_4-a_2)(a_4-a_3)
$$

(d) 第2, 3, 4, 5行をすべて第1行に加え，共通因数をだす．その後，第1行の(-1)倍を第2, 3, 4, 5行に加える．

$$
与式 = (a+4)\begin{vmatrix} 1 & 1 & 1 & 1 & 1 \\ 0 & a-1 & 0 & 0 & 0 \\ 0 & 0 & a-1 & 0 & 0 \\ 0 & 0 & 0 & a-1 & 0 \\ 0 & 0 & 0 & 0 & a-1 \end{vmatrix} = (a+4)(a-1)^4
$$

3. (a) 第1列 − 第2列；第2列 − 第3列；第1列と第3列を入れ替える．

$$
与式 = -\begin{vmatrix} a_1 & a_2 & a_3 \\ b_1 & b_2 & b_3 \\ c_1 & c_2 & c_3 \end{vmatrix} = -1
$$

(b) 列に対して，式(3.16)と(3.19)の性質を組み合わせる．

$$
与式 = \begin{vmatrix} a_1 & b_1 & c_1 \\ a_2 & b_2 & c_2 \\ a_3 & b_3 & c_3 \end{vmatrix} + \begin{vmatrix} b_1 & c_1 & a_1 \\ b_2 & c_2 & a_2 \\ b_3 & c_3 & a_3 \end{vmatrix} = 2
$$

(c) (b)と同様に考えればよい．答は8.

4. (a) $W_n = W_n(x_1, \cdots, x_n)$ を x_j についての多項式と見て，$x_j = x_i$ $(j \neq i)$ を代入すると，i 列目と j 列目が一致するので，$W_n = 0$. したがって，W_n は $x_j - x_i$ を因数にもつ．

(b) (#)：$W_n = f(x_1, \cdots, x_n)\prod_{i<j}(x_j - x_i) = f(x_1, \cdots, x_n)V_n(x_1, \cdots, x_n)$

($f(x_1, \cdots, x_n)$ は多項式) の形に書ける．(#) の両辺の次数を比較すると f は斉1次式である．また，$f(x_1, \cdots, x_n) = W(x_1, \cdots, x_n)/V(x_1, \cdots, x_n)$ において x_i, x_j $(i \neq j)$ を入れ替えても右辺は不変なので，f は $x_1, \cdots, x_n$ についての対称式である．したがって，$f = C(x_1 + \cdots + x_n)$ (C は定数).

最後に，$W_n = C(x_1 + \cdots + x_n)\prod_{i<j}(x_j - x_i)$ の $x_2x_3{}^2 \cdots x_{n-1}{}^{n-2}x_n{}^n$ の係数を比較して，$C = 1$. よって，$W_n = (x_1 + \cdots + x_n)\prod_{1 \leq i < j \leq n}(x_j - x_i)$.

5．（a）右辺の $\begin{vmatrix} a_i & a_j \\ b_i & b_j \end{vmatrix}$ の部分のみ展開して，各 a_i についてまとめると，

$$a_1 \text{の項} = a_1\left(b_2\begin{vmatrix} c_3 & c_4 \\ d_3 & d_4 \end{vmatrix} - b_3\begin{vmatrix} c_2 & c_4 \\ d_2 & d_4 \end{vmatrix} + b_4\begin{vmatrix} c_2 & c_3 \\ d_2 & d_3 \end{vmatrix}\right) = a_1\begin{vmatrix} b_2 & b_3 & b_4 \\ c_2 & c_3 & c_4 \\ d_2 & d_3 & d_4 \end{vmatrix}.$$

a_2, a_3, a_4 の係数も同様に求めると，

$$\text{右辺} = a_1\begin{vmatrix} b_2 & b_3 & b_4 \\ c_2 & c_3 & c_4 \\ d_2 & d_3 & d_4 \end{vmatrix} - a_2\begin{vmatrix} b_1 & b_3 & b_4 \\ c_1 & c_3 & c_4 \\ d_1 & d_3 & d_4 \end{vmatrix} + a_3\begin{vmatrix} b_1 & b_2 & b_4 \\ c_1 & c_2 & c_4 \\ d_1 & d_2 & d_4 \end{vmatrix} - a_4\begin{vmatrix} b_1 & b_2 & b_3 \\ c_1 & c_2 & c_3 \\ d_1 & d_2 & d_3 \end{vmatrix}.$$

これは左辺を第 1 行について余因子展開したものである．

（b）$A = \begin{pmatrix} a_1 & a_2 & a_3 & a_4 \\ b_1 & b_2 & b_3 & b_4 \\ 0 & a_2 & a_3 & a_4 \\ 0 & b_2 & b_3 & b_4 \end{pmatrix}$ とおく．行列式 $|A|$ は（a）の式を適用すると，（b）の左辺に等しい．一方，$|A|$ は第 1 行から第 3 行を引いた後，第 1 行で余因子展開すると，0 に等しい．よって求める恒等式を得る．

第 4 章

4.1　問題 1（a）1 次独立　（b）1 次従属（$2\boldsymbol{a}_1 + \boldsymbol{a}_2 - 3\boldsymbol{a}_3 = \boldsymbol{0}$）

（c）1 次従属（$5\boldsymbol{a}_1 + 3\boldsymbol{a}_2 + \boldsymbol{a}_3 = \boldsymbol{0}$）

問題 2　$(\boldsymbol{a}_1\ \ \boldsymbol{a}_2\ \ \boldsymbol{a}_3\ \ \boldsymbol{a}_4\ \ \boldsymbol{a}_5) \to \cdots \to \begin{pmatrix} 1 & 0 & -1 & 0 & -1 \\ 0 & 1 & 1 & 0 & 2 \\ 0 & 0 & 0 & 1 & -1 \\ 0 & 0 & 0 & 0 & 0 \end{pmatrix}$ に行基本変形されるので，

1 次独立なベクトルは $\boldsymbol{a}_1$, $\boldsymbol{a}_2$, $\boldsymbol{a}_4$ で，その他のベクトルは $\boldsymbol{a}_3 = -\boldsymbol{a}_1 + \boldsymbol{a}_2$，$\boldsymbol{a}_5 = -\boldsymbol{a}_1 + 2\boldsymbol{a}_2 - \boldsymbol{a}_4$ と表される．

4.2　問題 1　$u = 1$，$v = -1$，$w = -2$，$x = -1$，$y = 1$，$z = 3$，

$a_1 = \dfrac{1}{2}$，$a_2 = \dfrac{1}{\sqrt{2}}$，$a_3 = \dfrac{1}{\sqrt{6}}$，$a_4 = \dfrac{1}{2\sqrt{3}}$

問題 2（$*$）：$a_1\boldsymbol{e}_1 + a_2\boldsymbol{e}_2 + \cdots + a_n\boldsymbol{e}_n = \boldsymbol{0}$ の両辺と $\boldsymbol{e}_1$ との内積をとると，

$a_1(\boldsymbol{e}_1, \boldsymbol{e}_1) + a_2(\boldsymbol{e}_2, \boldsymbol{e}_1) + \cdots + a_n(\boldsymbol{e}_n, \boldsymbol{e}_1) = a_1 \cdot 1 + a_2 \cdot 0 + \cdots + a_n \cdot 0 = a_1 = 0$（右辺）.

同様に，（$*$）の両辺と $\boldsymbol{e}_2, \cdots, \boldsymbol{e}_n$ との内積をとって，$a_2 = \cdots = a_n = 0$ を得る．

問題 3 $\boldsymbol{e}_1 = \dfrac{1}{\sqrt{3}}\begin{pmatrix} 1 \\ 1 \\ -1 \end{pmatrix}$, $\boldsymbol{e}_2 = \dfrac{1}{\sqrt{6}}\begin{pmatrix} -2 \\ 1 \\ -1 \end{pmatrix}$, $\boldsymbol{e}_3 = \dfrac{1}{\sqrt{2}}\begin{pmatrix} 0 \\ 1 \\ 1 \end{pmatrix}$

4.3 問題 1 ${}^tHH = {}^t(E - 2\boldsymbol{u}\,{}^t\boldsymbol{u})(E - 2\boldsymbol{u}\,{}^t\boldsymbol{u}) = (E - 2\,\boldsymbol{u}\,{}^t\boldsymbol{u})(E - 2\boldsymbol{u}\,{}^t\boldsymbol{u}) = E - 4\boldsymbol{u}\,{}^t\boldsymbol{u} + 4\boldsymbol{u}\,{}^t\boldsymbol{u}\boldsymbol{u}\,{}^t\boldsymbol{u} = E - 4\boldsymbol{u}\,{}^t\boldsymbol{u} + 4\boldsymbol{u}({}^t\boldsymbol{u}\boldsymbol{u})\,{}^t\boldsymbol{u} = E$ ($\because$ ${}^t\boldsymbol{u}\boldsymbol{u} = \|\boldsymbol{u}\|^2 = 1$).

問題 2 (a) $\begin{pmatrix} 7 & -12 & 0 & 0 & 0 & 0 \\ 4 & -7 & 0 & 0 & 0 & 0 \\ 0 & 0 & 9 & 4 & 0 & 0 \\ 0 & 0 & -7 & -3 & 0 & 0 \\ 0 & 0 & 0 & 0 & -7 & -8 \\ 0 & 0 & 0 & 0 & 5 & 6 \end{pmatrix}$

(b) $\begin{pmatrix} 3 & 4 & 0 & 0 & 0 & 0 \\ 2 & 3 & 0 & 0 & 0 & 0 \\ 0 & 0 & 25 & -18 & 0 & 0 \\ 0 & 0 & -18 & 13 & 0 & 0 \\ 0 & 0 & 0 & 0 & 7 & -12 \\ 0 & 0 & 0 & 0 & -4 & 7 \end{pmatrix}$ (c) $\begin{pmatrix} -1 & 2 & 0 & 0 & 0 & 0 \\ 1 & -1 & 0 & 0 & 0 & 0 \\ 0 & 0 & -2 & -3 & 0 & 0 \\ 0 & 0 & -3 & -4 & 0 & 0 \\ 0 & 0 & 0 & 0 & 2 & 3 \\ 0 & 0 & 0 & 0 & 1 & 2 \end{pmatrix}$

練習問題

1. 行列式 $|\,\boldsymbol{a}_1 \;\; \boldsymbol{a}_2 \;\; \boldsymbol{a}_3\,| = 6 \neq 0$ より, $\boldsymbol{a}_1, \boldsymbol{a}_2, \boldsymbol{a}_3$ は 1 次独立. また,

$$\boldsymbol{e}_1 = \frac{1}{2}\boldsymbol{a}_1 + \frac{1}{3}\boldsymbol{a}_2 + \frac{1}{6}\boldsymbol{a}_3, \quad \boldsymbol{e}_2 = -\frac{1}{2}\boldsymbol{a}_1 + \frac{1}{3}\boldsymbol{a}_2 + \frac{1}{6}\boldsymbol{a}_3,$$

$$\boldsymbol{e}_3 = -\frac{1}{3}\boldsymbol{a}_2 + \frac{1}{3}\boldsymbol{a}_3$$

2. (a) $AX = \begin{pmatrix} A_1X_1 & A_1X_{12} + A_{12}X_2 \\ O & A_2X_2 \end{pmatrix} = \begin{pmatrix} E_m & O_{m,n} \\ O_{n,m} & E_n \end{pmatrix}$ より,

$X_1 = A_1{}^{-1}$, $X_2 = A_2{}^{-1}$, $X_{12} = -A_1{}^{-1}A_{12}A_2{}^{-1}$.

(b) $B = \begin{pmatrix} B_1 & B_{12} \\ O & B_2 \end{pmatrix}$, $B_1 = \begin{pmatrix} 1 & 2 \\ 3 & 5 \end{pmatrix}$, $B_2 = \begin{pmatrix} 1 & 2 & -2 \\ 2 & 3 & -3 \\ -1 & -2 & 1 \end{pmatrix}$, $B_{12} = \begin{pmatrix} 1 & -1 & 1 \\ 4 & 1 & -2 \end{pmatrix}$ とブロック分割する. (a) の結果より,

$$B^{-1} = \begin{pmatrix} B_1{}^{-1} & -B_1{}^{-1}B_{12}B_2{}^{-1} \\ O & B_2{}^{-1} \end{pmatrix} = \begin{pmatrix} -5 & 2 & -7 & 1 & -2 \\ 3 & -1 & 6 & -2 & 1 \\ 0 & 0 & -3 & 2 & 0 \\ 0 & 0 & 1 & -1 & -1 \\ 0 & 0 & -1 & 0 & -1 \end{pmatrix}$$

3. (a) (i) $\boldsymbol{e}_1=\dfrac{1}{3}\begin{pmatrix}2\\1\\2\end{pmatrix},\ \boldsymbol{e}_2=\dfrac{1}{3\sqrt{2}}\begin{pmatrix}1\\-4\\1\end{pmatrix},\ \boldsymbol{e}_3=\dfrac{1}{\sqrt{2}}\begin{pmatrix}1\\0\\-1\end{pmatrix}$

(ii) $\boldsymbol{e}_1=\dfrac{1}{2}\begin{pmatrix}1\\1\\1\\1\end{pmatrix},\ \boldsymbol{e}_2=\dfrac{1}{2\sqrt{3}}\begin{pmatrix}-3\\1\\1\\1\end{pmatrix},\ \boldsymbol{e}_3=\dfrac{1}{\sqrt{6}}\begin{pmatrix}0\\-2\\1\\1\end{pmatrix},\ \boldsymbol{e}_4=\dfrac{1}{\sqrt{2}}\begin{pmatrix}0\\0\\-1\\1\end{pmatrix}$

(b) (i) $A=\begin{pmatrix}2/3 & \sqrt{2}/6 & 1/\sqrt{2}\\ 1/3 & -2\sqrt{2}/3 & 0\\ 2/3 & \sqrt{2}/6 & -1/\sqrt{2}\end{pmatrix}\begin{pmatrix}3 & 1 & 2/3\\ 0 & \sqrt{2} & \sqrt{2}/6\\ 0 & 0 & 1/\sqrt{2}\end{pmatrix}$

(ii) $B=\begin{pmatrix}1/2 & -\sqrt{3}/2 & 0 & 0\\ 1/2 & \sqrt{3}/6 & -2/\sqrt{6} & 0\\ 1/2 & \sqrt{3}/6 & 1/\sqrt{6} & -1/\sqrt{2}\\ 1/2 & \sqrt{3}/6 & 1/\sqrt{6} & 1/\sqrt{2}\end{pmatrix}\begin{pmatrix}2 & 3/2 & 1 & 1/2\\ 0 & \sqrt{3}/2 & 1/\sqrt{3} & \sqrt{3}/6\\ 0 & 0 & 2/\sqrt{6} & 1/\sqrt{6}\\ 0 & 0 & 0 & 1/\sqrt{2}\end{pmatrix}$

第 5 章

5.1 問題 1, 2, 5 については，固有値，対応する固有ベクトルの順に書く．$k\neq 0$ かつ，k_1, k_2 の少なくとも一方は 0 でない．また，固有値と固有ベクトルの複号は同順である．

問題 1 (a) $4,\ k\begin{pmatrix}3\\1\end{pmatrix}$； $8,\ k\begin{pmatrix}-1\\1\end{pmatrix}$ (b) $1\pm\sqrt{5},\ k\begin{pmatrix}-2\pm\sqrt{5}\\1\end{pmatrix}$

(c) $-1\pm 2i,\ k\begin{pmatrix}\mp i\\1\end{pmatrix}$ (d) -1 (重解)，$k\begin{pmatrix}-1\\1\end{pmatrix}$

問題 2 (a) $-1,\ k\begin{pmatrix}0\\1\\1\end{pmatrix}$；$2,\ k\begin{pmatrix}3\\-4\\2\end{pmatrix}$； $3,\ k\begin{pmatrix}2\\-1\\1\end{pmatrix}$

(b) $-1,\ k\begin{pmatrix}-3\\-3\\4\end{pmatrix}$； $2\pm 3i,\ k\begin{pmatrix}3\\\mp 3i\\2\end{pmatrix}$

(c) $0,\ k\begin{pmatrix}1\\1\\1\end{pmatrix}$； 3 (重解)，$k_1\begin{pmatrix}-1\\1\\0\end{pmatrix}+k_2\begin{pmatrix}-1\\0\\1\end{pmatrix}$

(d) $-1,\ k\begin{pmatrix}-1\\-1\\2\end{pmatrix}$； 2 (重解)，$k\begin{pmatrix}1\\1\\1\end{pmatrix}$

問題 3 $f_A(\lambda) = \lambda^2 - (a+d)\lambda + (ad-bc)$ より,

$$f_A(A) = A^2 - (a+d)A + (ad-bc)E$$
$$= \begin{pmatrix} a^2+bc & ab+bd \\ ca+cd & bc+d^2 \end{pmatrix} - \begin{pmatrix} a^2+ad & ab+bd \\ ca+cd & ad+d^2 \end{pmatrix} + \begin{pmatrix} ad-bc & 0 \\ 0 & ad-bc \end{pmatrix}$$
$$= O.$$

問題 4 A が逆行列をもたない $\Leftrightarrow |A| = 0 \Leftrightarrow \lambda_1\lambda_2\cdots\lambda_n = 0$ (定理 5.1 より)

問題 5 (a) -2, $k\begin{pmatrix} -1 \\ 1 \\ -1 \\ 1 \end{pmatrix}$; 2, $k\begin{pmatrix} 1 \\ 1 \\ 1 \\ 1 \end{pmatrix}$; 0 (重解), $k_1\begin{pmatrix} 0 \\ -1 \\ 0 \\ 1 \end{pmatrix} + k_2\begin{pmatrix} -1 \\ 0 \\ 1 \\ 0 \end{pmatrix}$

(b) -1 (重解), $k_1\begin{pmatrix} -1 \\ 0 \\ 0 \\ 1 \end{pmatrix} + k_2\begin{pmatrix} 0 \\ -1 \\ 1 \\ 0 \end{pmatrix}$; 1 (重解), $k_1\begin{pmatrix} 1 \\ 0 \\ 0 \\ 1 \end{pmatrix} + k_2\begin{pmatrix} 0 \\ 1 \\ 1 \\ 0 \end{pmatrix}$

5.2 問題 1 $|B - \lambda E| = |P^{-1}(A - \lambda E)P| = |P^{-1}||A - \lambda E||P| = |A - \lambda E|$

問題 2[1] (a) $P = \begin{pmatrix} 1-2i & 1+2i \\ 1 & 1 \end{pmatrix}$, $P^{-1}AP = \begin{pmatrix} 2+2i & 0 \\ 0 & 2-2i \end{pmatrix}$

(b) $P = \begin{pmatrix} -3 & 1 \\ 1 & 3 \end{pmatrix}$, $P^{-1}AP = \begin{pmatrix} -5 & 0 \\ 0 & 5 \end{pmatrix}$ (c) 対角化不可能

(d) $a \neq 0$ のとき $P = \begin{pmatrix} 1 & 1 \\ -a & a \end{pmatrix}$, $P^{-1}AP = \begin{pmatrix} -a & 0 \\ 0 & a \end{pmatrix}$. $a = 0$ のとき対角化不可能.

(e) $P = \begin{pmatrix} -1 & -1 & -1 \\ 0 & 1 & 1 \\ 1 & 1 & 0 \end{pmatrix}$, $P^{-1}AP = \begin{pmatrix} 2 & 0 & 0 \\ 0 & 3 & 0 \\ 0 & 0 & 4 \end{pmatrix}$ (f) 対角化不可能

5.3 問題 1 (a) $P = \begin{pmatrix} -1/\sqrt{3} & 0 & 2/\sqrt{6} \\ 1/\sqrt{3} & 1/\sqrt{2} & 1/\sqrt{6} \\ 1/\sqrt{3} & -1/\sqrt{2} & 1/\sqrt{6} \end{pmatrix}$, ${}^tPAP = \begin{pmatrix} -1 & 0 & 0 \\ 0 & 0 & 0 \\ 0 & 0 & 2 \end{pmatrix}$

(b) $P = \begin{pmatrix} 1/2 & 1/2 & -1/\sqrt{2} \\ 1/2 & 1/2 & 1/\sqrt{2} \\ -1/\sqrt{2} & 1/\sqrt{2} & 0 \end{pmatrix}$, ${}^tPAP = \begin{pmatrix} 2+\sqrt{2} & 0 & 0 \\ 0 & 2-\sqrt{2} & 0 \\ 0 & 0 & 0 \end{pmatrix}$

---

1) P の各列は定数倍の不定性がある. また, P の列を入れ替えると, $P^{-1}AP$ の対角上に並ぶ固有値の順序も入れ替わる.

5.4　問題 1　（a）　$P=\begin{pmatrix}1 & 0\\ 1 & 1\end{pmatrix}$, $P^{-1}AP=\begin{pmatrix}3 & 1\\ 0 & 3\end{pmatrix}$

（b）　$P=\begin{pmatrix}0 & -1 & -2\\ 3 & 4 & 1\\ 1 & 1 & 0\end{pmatrix}$,　$P^{-1}AP=\begin{pmatrix}0 & 0 & 0\\ 0 & 1 & 1\\ 0 & 0 & 1\end{pmatrix}$

（c）　$P=\begin{pmatrix}-3 & 2 & 0\\ -2 & 3 & -1\\ 2 & 0 & 1\end{pmatrix}$, $P^{-1}AP=\begin{pmatrix}2 & 1 & 0\\ 0 & 2 & 0\\ 0 & 0 & -1\end{pmatrix}$

問題 2　$\hat{B}=P^{-1}BP=\begin{pmatrix}1 & 0 & 0\\ 0 & 2 & 1\\ 0 & 0 & 2\end{pmatrix}$ について，$\hat{B}^n=\begin{pmatrix}1 & 0 & 0\\ 0 & 2^n & n2^{n-1}\\ 0 & 0 & 2^n\end{pmatrix}$ なので，

$$B^n=P\hat{B}^nP^{-1}=\begin{pmatrix}-2^n+2 & -2^n+1 & -2^n+1\\ (n-4)2^{n-1}+2 & n2^{n-1}+1 & (n-2)2^{n-1}+1\\ (-n+8)2^{n-1}-4 & (-n+4)2^{n-1}-2 & (-n+6)2^{n-1}-2\end{pmatrix}$$

練習問題

1.　（a）　-3, $k\begin{pmatrix}-1\\ 1\end{pmatrix}$；　5, $k\begin{pmatrix}1\\ 1\end{pmatrix}$

（b）　e^a, $k\begin{pmatrix}1\\ 1\end{pmatrix}$；　$-e^{-a}$, $k\begin{pmatrix}-1\\ 1\end{pmatrix}$

（c）　0, $k\begin{pmatrix}1\\ 1\\ 1\end{pmatrix}$；　1, $k\begin{pmatrix}-1\\ 0\\ 1\end{pmatrix}$；　3, $k\begin{pmatrix}1\\ -2\\ 1\end{pmatrix}$

（d）　1, $k\begin{pmatrix}2\\ 1\\ 2\end{pmatrix}$；　2, $k\begin{pmatrix}2\\ 1\\ 3\end{pmatrix}$；　3, $k\begin{pmatrix}-1\\ 0\\ 1\end{pmatrix}$

（e）　$-1\pm i$, $k\begin{pmatrix}-2\mp i\\ \pm i\\ 1\end{pmatrix}$（複号同順）；　-2, $k\begin{pmatrix}-1\\ 0\\ 1\end{pmatrix}$

（f）　1（重解），$k_1\begin{pmatrix}-1\\ 1\\ 0\\ 0\end{pmatrix}+k_2\begin{pmatrix}-1\\ 0\\ 1\\ 0\end{pmatrix}$；　$1\pm\sqrt{3}\,a$, $k\begin{pmatrix}1\\ 1\\ 1\\ \pm\sqrt{3}\end{pmatrix}$（複号同順）

2. $Ax-\lambda x=\begin{pmatrix}0\\0\\0\\-\varphi(\lambda)\end{pmatrix}$, $\varphi(\lambda)=\lambda^4-2\lambda^3-7\lambda^2+8\lambda+12$ である．λが固有値であるためには $\varphi(\lambda)=(\lambda+2)(\lambda+1)(\lambda-2)(\lambda-3)=0$ であればよい．固有値と固有ベクトルは $k\neq 0$ として，$\lambda=-2$, $\boldsymbol{x}=k\begin{pmatrix}1\\-2\\4\\-8\end{pmatrix}$；$\lambda=-1$, $\boldsymbol{x}=k\begin{pmatrix}1\\-1\\1\\-1\end{pmatrix}$；

$\lambda=2$, $\boldsymbol{x}=k\begin{pmatrix}1\\2\\4\\8\end{pmatrix}$；$\lambda=3$, $\boldsymbol{x}=k\begin{pmatrix}1\\3\\9\\27\end{pmatrix}$

3. a_n, b_n は漸化式 $\begin{pmatrix}a_n\\b_n\end{pmatrix}=A\begin{pmatrix}a_{n-1}\\b_{n-1}\end{pmatrix}$, $A=\begin{pmatrix}0.6&0.2\\0.4&0.8\end{pmatrix}$ に従うので，

$\begin{pmatrix}a_n\\b_n\end{pmatrix}=A^n\begin{pmatrix}a_0\\b_0\end{pmatrix}$. $P=\begin{pmatrix}1&1\\-1&2\end{pmatrix}$ として $P^{-1}AP=\begin{pmatrix}2/5&0\\0&1\end{pmatrix}$. よって，

$A^n=P\begin{pmatrix}(2/5)^n&0\\0&1\end{pmatrix}P^{-1}=\dfrac{1}{3}\begin{pmatrix}1+2(2/5)^n&1-(2/5)^n\\2-2(2/5)^n&2+(2/5)^n\end{pmatrix}$. したがって，

$\begin{pmatrix}a_n\\b_n\end{pmatrix}=\dfrac{1}{3}\begin{pmatrix}1+2(2/5)^n&1-(2/5)^n\\2-2(2/5)^n&2+(2/5)^n\end{pmatrix}\begin{pmatrix}a_0\\b_0\end{pmatrix}\to\begin{pmatrix}(a_0+b_0)/3\\2(a_0+b_0)/3\end{pmatrix}$ $(n\to\infty)$.

したがって，a_n/b_n の値は $1/2$ に近づく．

4. (a) $P=\begin{pmatrix}-3&-1&1\\0&1&-2\\1&0&2\end{pmatrix}$, $P^{-1}AP=\begin{pmatrix}1&0&0\\0&1&0\\0&0&-4\end{pmatrix}(=:\hat{A})$.

(b) $P^{-1}=\dfrac{1}{5}\begin{pmatrix}-2&-2&-1\\2&7&6\\1&1&3\end{pmatrix}$ を用いて，$A^n=P\hat{A}^nP^{-1}$

$$=\frac{1}{5}\begin{pmatrix}4+(-4)^n&-1+(-4)^n&-3+3(-4)^n\\2-2(-4)^n&7-2(-4)^n&6-6(-4)^n\\-2+2(-4)^n&-2+2(-4)^n&-1+6(-4)^n\end{pmatrix}$$

(c) $\exp A=E+\sum_{n=1}^{\infty}\dfrac{1}{n!}A^n=E+\sum_{n=1}^{\infty}\dfrac{1}{n!}P\hat{A}^nP^{-1}$

$$=P\sum_{n=0}^{\infty}\begin{pmatrix}1/n!&0&0\\0&1/n!&0\\0&0&(-4)^n/n!\end{pmatrix}P^{-1}=P\begin{pmatrix}e&0&0\\0&e&0\\0&0&e^{-4}\end{pmatrix}P^{-1}$$

$$= \frac{1}{5}\begin{pmatrix} 4e + e^{-4} & -e + e^{-4} & -3e + 3e^{-4} \\ 2e - 2e^{-4} & 7e - 2e^{-4} & 6e - 6e^{-4} \\ -2e + 2e^{-4} & -2e + 2e^{-4} & -e + 6e^{-4} \end{pmatrix}$$

5. (a)　$A\boldsymbol{x}_0 = {}^t\left(\sum_{j=1}^{n} a_j \quad \cdots \quad \sum_{j=1}^{n} a_j \right) = \sum_{j=1}^{n} a_j \boldsymbol{x}_0$

(b)　$$A\boldsymbol{x}_i = {}^t\Bigl(\underbrace{\alpha \sum_{j=1}^{i-1} a_j + \beta \sum_{j=i}^{n} a_j \quad \cdots \quad \alpha \sum_{j=1}^{i-1} a_j + \beta \sum_{j=i}^{n} a_j}_{i}$$

$$\underbrace{\alpha \sum_{j=1}^{i} a_j + \beta \sum_{j=i+1}^{n} a_j \quad \cdots \quad \alpha \sum_{j=1}^{i} a_j + \beta \sum_{j=i+1}^{n} a_j}_{n+1-i} \Bigr)$$

(c)　(a) より $k\boldsymbol{x}_0$ $(k \neq 0)$ は A の固有ベクトル，固有値は $\sum_{j=1}^{n} a_j$.

一方，(b) より $i = 1, 2, \cdots, n$ に対して，$\boldsymbol{x}_i$ が A の固有ベクトルであるためには，

$$\left(\alpha \sum_{j=1}^{i-1} a_j + \beta \sum_{j=i}^{n} a_j\right) : \left(\alpha \sum_{j=1}^{i} a_j + \beta \sum_{j=i+1}^{n} a_j\right) = \alpha : \beta$$

$$\Leftrightarrow \quad (\alpha - \beta)\left(\alpha \sum_{j=1}^{i} a_j + \beta \sum_{j=i}^{n} a_j\right) = 0.$$

$\alpha = \beta$ のときは，(a) の場合に帰着．$\alpha \neq \beta$ のとき，$\alpha \sum_{j=1}^{i} a_j + \beta \sum_{j=i}^{n} a_j = 0$. このとき

固有ベクトルは，$k\boldsymbol{u}_i$ $(k \neq 0)$，$\boldsymbol{u}_i = {}^t\Bigl(\underbrace{\sum_{j=i}^{n} a_j \quad \cdots \quad \sum_{j=i}^{n} a_j}_{i} \quad \underbrace{-\sum_{j=1}^{i} a_j \quad \cdots \quad -\sum_{j=1}^{i} a_j}_{n+1-i} \Bigr)$ で

ある．$A\boldsymbol{u}_i$ を計算して，固有値は $-a_i$ $(i = 1, 2, \cdots, n)$.

第 6 章

6.1　問題 1　(a)　部分空間でない($\boldsymbol{x} = {}^t(1\ \ 0\ \ 0\ \ 0) \in W$ であるが $2\boldsymbol{x} \notin W$)

(b)　部分空間，基底 $\{ {}^t(0\ \ 0\ \ 1\ \ 0),\ {}^t(0\ \ 0\ \ 0\ \ 1) \}$，次元 2

(c)　部分空間でない($\boldsymbol{x} = {}^t(1\ \ 0\ \ 0\ \ 0) \in W$ であるが $2\boldsymbol{x} \notin W$)

(d)　部分空間でない($\boldsymbol{x} = {}^t(1\ \ 1\ \ 0\ \ 0)$，$\boldsymbol{y} = {}^t(1\ \ -1\ \ 0\ \ 0) \in W$ であるが，$\boldsymbol{x} + \boldsymbol{y} \notin W$)

(e)　部分空間，基底 $\{ {}^t(1\ \ 0\ \ 0\ \ -1),\ {}^t(0\ \ 1\ \ 0\ \ -1),\ {}^t(0\ \ 0\ \ 1\ \ -1) \}$，次元 3

(f)　部分空間でない($\boldsymbol{x} = {}^t(1\ \ 1\ \ 0\ \ 0) \in W$ であるが，$2\boldsymbol{x} \notin W$)

(g)　部分空間，基底 $\{ {}^t(1\ \ 0\ \ 3\ \ 2),\ {}^t(0\ \ 1\ \ 2\ \ -3) \}$，次元 2

6.2　問題 1　行列 $A = (\boldsymbol{a}_1\ \ \boldsymbol{a}_2\ \ \boldsymbol{a}_3\ \ \boldsymbol{a}_4)$ に行基本変形を行って

$$A = \begin{pmatrix} 1 & 1 & 3 & 2 \\ 1 & 2 & 4 & -1 \\ 1 & -1 & 1 & 9 \\ 2 & 3 & 7 & 1 \end{pmatrix} \xrightarrow[④-2\times①]{②-①,\,③-①} ; \xrightarrow[④-②]{③+2\times②} \begin{pmatrix} 1 & 1 & 3 & 2 \\ 0 & 1 & 1 & -3 \\ 0 & 0 & 0 & 1 \\ 0 & 0 & 0 & 0 \end{pmatrix}$$

よって，次元 $\dim W = 3$，1 組の基底は $\{\boldsymbol{a}_1, \boldsymbol{a}_2, \boldsymbol{a}_4\}$ である．また，直交補空間 $W^{\perp}$ は $(\boldsymbol{a}_i, \boldsymbol{x}) = 0\ (i = 1, 2, 4)$ を解いて，$W^{\perp} = \{\boldsymbol{x} = k\,{}^t(1\ \ 1\ \ 0\ \ -1),\ k \in \mathbf{R}\}$．

問題 2　行列 $A = (\boldsymbol{a}_1\ \ \boldsymbol{a}_2\ \ \boldsymbol{a}_3\ \ \boldsymbol{a}_4)$ に行基本変形を行って

$$A = \begin{pmatrix} 1 & 1 & 1 & 1 \\ 2 & 3 & 0 & 1 \\ 1 & 4 & -4 & -3 \\ -3 & -5 & 3 & -3 \\ -1 & -2 & 1 & 0 \end{pmatrix} \to \cdots \to \begin{pmatrix} 1 & 0 & 0 & 5 \\ 0 & 1 & 0 & -3 \\ 0 & 0 & 1 & -1 \\ 0 & 0 & 0 & 0 \\ 0 & 0 & 0 & 0 \end{pmatrix}$$

したがって，$\boldsymbol{a}_4 = 5\boldsymbol{a}_1 - 3\boldsymbol{a}_2 - \boldsymbol{a}_3$．このとき，$5\boldsymbol{a}_1 - 3\boldsymbol{a}_2 = \boldsymbol{a}_3 + \boldsymbol{a}_4 = {}^t(2\ \ 1\ \ -7\ \ 0\ \ 1) \in U_1 \cap U_2$ より，$U_1 \cap U_2 = \{k\,{}^t(2\ \ 1\ \ -7\ \ 0\ \ 1),\ k \in \mathbf{R}\}$，$U_1 + U_2 = \langle \boldsymbol{a}_1, \boldsymbol{a}_2, \boldsymbol{a}_3 \rangle$．

6.3　問題 1　（a）　部分空間，基底 $\{1, x^2, x^3\}$，次元 3

（b）　部分空間でない（$a(x) = 1$，$b(x) = x \in W$ だが，$a(x) + b(x) = x + 1 \notin W$）

（c）　部分空間，基底 $\{1, x - x^3, x^2 - x^3\}$，次元 3

（d）　部分空間でない（$A = \begin{pmatrix} 0 & 1 \\ 0 & 0 \end{pmatrix}$，$B = \begin{pmatrix} 0 & 0 \\ 1 & 0 \end{pmatrix}$ とすると，$A^2 = B^2 = O$ であるが，$(A + B)^2 \neq O$）

（e）　部分空間，基底 $\left\{ \begin{pmatrix} 0 & 1 & 0 \\ -1 & 0 & 0 \\ 0 & 0 & 0 \end{pmatrix}, \begin{pmatrix} 0 & 0 & 1 \\ 0 & 0 & 0 \\ -1 & 0 & 0 \end{pmatrix}, \begin{pmatrix} 0 & 0 & 0 \\ 0 & 0 & 1 \\ 0 & -1 & 0 \end{pmatrix} \right\}$，次元 3

練習問題

1.　（a）　部分空間，基底 $\{{}^t(9\ \ -1\ \ 3)\}$，次元 1

（b）　部分空間でない（$\mathbf{0}$ を含まないので）

（c）　部分空間，基底 $\{{}^t(1\ \ 1\ \ 1\ \ 0),\ {}^t(1\ \ 1\ \ 0\ \ -1)\}$，次元 2

（d）　部分空間，基底 $\left\{ x^3 - \dfrac{1}{4},\ x^2 - \dfrac{1}{3},\ x - \dfrac{1}{2} \right\}$，次元 3

（e）　部分空間，基底 $\left\{ \begin{pmatrix} 1 & -1 \\ 0 & 0 \end{pmatrix}, \begin{pmatrix} 0 & 0 \\ 1 & -1 \end{pmatrix} \right\}$，次元 2

（f）　部分空間，基底 $\left\{\begin{pmatrix}1 & 0\\0 & 1\end{pmatrix}, \begin{pmatrix}0 & 1\\-1 & 0\end{pmatrix}\right\}$，次元 2

（g）　部分空間，基底 $\{e^x, e^{-x}\}$，次元 2

2.　$A = (\boldsymbol{a}_1\ \ \boldsymbol{a}_2\ \ \boldsymbol{a}_3\ \ \boldsymbol{a}_4\ \ \boldsymbol{a}_5)$ に行基本変形を行う．

$$A = \begin{pmatrix}1 & 2 & 1 & 2 & 3\\-1 & -1 & 1 & 1 & 1\\2 & 4 & 2 & 5 & 7\\-1 & 1 & 5 & 1 & 3\\1 & -3 & -9 & 5 & a\end{pmatrix} \to \cdots \to \begin{pmatrix}1 & 0 & -3 & 0 & -1\\0 & 1 & 2 & 0 & 1\\0 & 0 & 0 & 1 & 1\\0 & 0 & 0 & 0 & a-1\\0 & 0 & 0 & 0 & 0\end{pmatrix}$$

したがって，次元を最小にする a の値は $a = 1$．このとき，V の 1 組の基底は $\{\boldsymbol{a}_1, \boldsymbol{a}_2, \boldsymbol{a}_4\}$，次元は 3．直交補空間は，同次方程式 $(\boldsymbol{a}_i, \boldsymbol{x}) = 0$ $(i = 1, 2, 4)$ を解いて，

$V^\perp = \{\boldsymbol{x} = k_1{}^t(-14\ \ -3\ \ 6\ \ 1\ \ 0) + k_2{}^t(40\ \ 5\ \ -18\ \ 0\ \ 1),\ k_1, k_2 \in \mathbf{R}\}$

第 7 章

7.1　問題 1　$\mathbf{R}^m$ の基本ベクトル $\boldsymbol{e}_1 = {}^t(1\ \ 0\ \ \cdots\ \ 0), \cdots, \boldsymbol{e}_m = {}^t(0\ \ \cdots\ \ 0\ \ 1)$ に対して，$f(\boldsymbol{e}_j) = {}^t(a_{1j}\ \ a_{2j}\ \ \cdots\ \ a_{nj})$ $(j = 1, 2, \cdots, m)$ とおく．

$A = (f(\boldsymbol{e}_1)\ \ f(\boldsymbol{e}_2)\ \ \cdots\ \ f(\boldsymbol{e}_m)) = (a_{ij})$ $(1 \leq i \leq n,\ 1 \leq j \leq m)$ として，$\boldsymbol{x} = x_1\boldsymbol{e}_1 + \cdots + x_m\boldsymbol{e}_m$ に対して，

$$f(\boldsymbol{x}) = f(x_1\boldsymbol{e}_1 + \cdots + x_m\boldsymbol{e}_m) = x_1 f(\boldsymbol{e}_1) + \cdots + x_m f(\boldsymbol{e}_m)$$
$$= x_1\begin{pmatrix}a_{11}\\\vdots\\a_{n1}\end{pmatrix} + \cdots + x_m\begin{pmatrix}a_{1m}\\\vdots\\a_{nm}\end{pmatrix} = \begin{pmatrix}a_{11} & \cdots & a_{1m}\\\vdots & & \vdots\\a_{n1} & \cdots & a_{nm}\end{pmatrix}\begin{pmatrix}x_1\\\vdots\\x_m\end{pmatrix} = A\boldsymbol{x}.$$

問題 2　（a）　線形写像でない　　（b）　線形写像，$A = \begin{pmatrix}0 & 1 & 0\\0 & 0 & 1\\1 & 0 & 0\end{pmatrix}$

（c）　線形写像，$A = \begin{pmatrix}1 & 1\\0 & 0\\1 & -1\end{pmatrix}$　　（d）　線形写像，$A = \begin{pmatrix}0 & 0 & 0\\1 & 0 & 0\\0 & 2 & 0\end{pmatrix}$

（e）　線形写像，$A = (a_1\ \ a_2\ \ a_3)$　　（f）　線形写像，$A = \begin{pmatrix}0 & -a_3 & a_2\\a_3 & 0 & -a_1\\-a_2 & a_1 & 0\end{pmatrix}$

問題 3　f の表現行列は $A=\begin{pmatrix}1&1&1\\0&1&1\\0&0&1\end{pmatrix}$，$g$ の表現行列は $B=\begin{pmatrix}0&1&-2\\-1&0&-3\\2&3&0\end{pmatrix}$.

(a) $\begin{pmatrix}0&1&-1\\-1&-1&-4\\2&5&5\end{pmatrix}$　(b) $\begin{pmatrix}1&4&-5\\1&3&-3\\2&3&0\end{pmatrix}$　(c) $\begin{pmatrix}1&-1&0\\0&1&-1\\0&0&1\end{pmatrix}$

(d) 存在しない

7.2 問題 1　$\mathrm{Ker}\,f=\left\{\boldsymbol{x}=k_1\begin{pmatrix}1\\-1\\1\\0\\0\end{pmatrix}+k_2\begin{pmatrix}4\\3\\0\\1\\0\end{pmatrix}+k_3\begin{pmatrix}-2\\-1\\0\\0\\1\end{pmatrix}\right\}$

$\mathrm{Im}\,f=\left\{\boldsymbol{y}=l_1\begin{pmatrix}1\\-1\\2\end{pmatrix}+l_2\begin{pmatrix}0\\1\\-1\end{pmatrix}\right\}$

7.3 問題 1　変換行列 $P=\begin{pmatrix}2&0&1\\-4&1&-2\\3&-1&2\end{pmatrix}$. $\begin{pmatrix}x_1'\\x_2'\\x_3'\end{pmatrix}=\begin{pmatrix}-x_2-x_3\\2x_1+x_2\\x_1+2x_2+2x_3\end{pmatrix}$

7.4 問題 1　以下，変換する直交行列 P と座標変換 $\boldsymbol{x}=P\tilde{\boldsymbol{x}}$ によって移る標準形，曲線(曲面)の種類を列記する(次の問題 2 も同様).

(a) $P=\begin{pmatrix}1/\sqrt{2}&1/\sqrt{2}\\-1/\sqrt{2}&1/\sqrt{2}\end{pmatrix}$，$\tilde{x}^2-\dfrac{\tilde{y}^2}{2}=1$，双曲線

(b) $P=\begin{pmatrix}1/2&-\sqrt{3}/2\\\sqrt{3}/2&1/2\end{pmatrix}$，$\tilde{x}^2+\dfrac{\tilde{y}^2}{3}=1$，楕円

問題 2　(a) $P=\begin{pmatrix}1/\sqrt{3}&1/\sqrt{2}&1/\sqrt{6}\\1/\sqrt{3}&-1/\sqrt{2}&1/\sqrt{6}\\1/\sqrt{3}&0&-2/\sqrt{6}\end{pmatrix}$，$2\tilde{x}^2-\tilde{y}^2-\tilde{z}^2=1$，2 葉双曲面

(b) $P=\begin{pmatrix}-1/\sqrt{2}&1/\sqrt{2}&0\\1/\sqrt{2}&1/\sqrt{2}&0\\0&0&1\end{pmatrix}$，$4\tilde{x}^2+2\tilde{y}^2+\tilde{z}^2=1$，楕円面

(c) $P=\begin{pmatrix}0&1/\sqrt{2}&1/\sqrt{2}\\1/\sqrt{2}&-1/2&1/2\\-1/\sqrt{2}&-1/2&1/2\end{pmatrix}$，$2\tilde{x}^2+\sqrt{2}\,\tilde{y}^2-\sqrt{2}\,\tilde{z}^2=1$，1 葉双曲面

練習問題

1.　f の表現行列を A とする.「f が直交変換」⇒「f が等長変換」は明らか. 逆に，f

が等長変換であるとき，任意の $\boldsymbol{x}, \boldsymbol{y} \in \mathbf{R}^n$ に対して，

$$
\begin{aligned}
&(f(\boldsymbol{x}+\boldsymbol{y}), f(\boldsymbol{x}+\boldsymbol{y})) = (\boldsymbol{x}+\boldsymbol{y}, \boldsymbol{x}+\boldsymbol{y}) \\
&\quad\Leftrightarrow\quad (f(\boldsymbol{x})+f(\boldsymbol{y}), f(\boldsymbol{x})+f(\boldsymbol{y})) = (\boldsymbol{x}+\boldsymbol{y}, \boldsymbol{x}+\boldsymbol{y}) \\
&\quad\Leftrightarrow\quad (f(\boldsymbol{x}), f(\boldsymbol{y})) = (\boldsymbol{x}, \boldsymbol{y}) \\
&\qquad\qquad\qquad (\because\ (f(\boldsymbol{x}), f(\boldsymbol{x})) = (\boldsymbol{x}, \boldsymbol{x}),\ (f(\boldsymbol{y}), f(\boldsymbol{y})) = (\boldsymbol{y}, \boldsymbol{y})) \\
&\quad\Leftrightarrow\quad (A\boldsymbol{x}, A\boldsymbol{y}) = (\boldsymbol{x}, {}^tAA\boldsymbol{y}) = (\boldsymbol{x}, \boldsymbol{y}).
\end{aligned}
$$

$\boldsymbol{x}, \boldsymbol{y}$ は任意なので ${}^tAA = E$，つまり f は直交変換である．

2． $\mathrm{Ker}\, f$，$\mathrm{Im}\, f$ の表記において，$k, k_i \in \mathbf{R}$ とする．

（a） $\mathrm{Ker}\, f = \left\{ \boldsymbol{x} = k_1 \begin{pmatrix} -3 \\ 1 \\ 0 \end{pmatrix} + k_2 \begin{pmatrix} 2 \\ 0 \\ 1 \end{pmatrix} \right\}$, $\mathrm{Im}\, f = \left\{ \boldsymbol{y} = k \begin{pmatrix} 3 \\ 1 \\ -2 \end{pmatrix} \right\}$

（b） $\mathrm{Ker}\, f = \{\mathbf{0}\}$, $\mathrm{Im}\, f = \mathbf{R}^3$

（c） $\mathrm{Ker}\, f = \left\{ \boldsymbol{x} = k_1 \begin{pmatrix} -3 \\ 2 \\ 1 \\ 0 \end{pmatrix} + k_2 \begin{pmatrix} 2 \\ -3 \\ 0 \\ 1 \end{pmatrix} \right\}$, $\mathrm{Im}\, f = \left\{ \boldsymbol{y} = k_1 \begin{pmatrix} 1 \\ 3 \\ 2 \end{pmatrix} + k_2 \begin{pmatrix} 1 \\ 4 \\ 3 \end{pmatrix} \right\}$

（d） $\mathrm{Ker}\, f = \left\{ \boldsymbol{x} = k \begin{pmatrix} 2 \\ 1 \\ 0 \\ 0 \end{pmatrix} \right\}$,

$$\mathrm{Im}\, f = \left\{ \boldsymbol{y} = k_1 \begin{pmatrix} 1 \\ -2 \\ 1 \\ 3 \end{pmatrix} + k_2 \begin{pmatrix} -1 \\ 3 \\ 1 \\ 2 \end{pmatrix} + k_3 \begin{pmatrix} -1 \\ 4 \\ 2 \\ 7 \end{pmatrix} \right\}$$

3．（a） $A = \begin{pmatrix} -1 & 3 & 0 \\ 1 & 1 & 1 \\ 1 & -2 & -3 \end{pmatrix}$

（b） $f(\tilde{\boldsymbol{e}}_1) = A\tilde{\boldsymbol{e}}_1 = \begin{pmatrix} -1 \\ 2 \\ -2 \end{pmatrix} = \tilde{a}_{11}\tilde{\boldsymbol{e}}_1 + \tilde{a}_{21}\tilde{\boldsymbol{e}}_2 + \tilde{a}_{31}\tilde{\boldsymbol{e}}_3$,

$$f(\tilde{\boldsymbol{e}}_2) = A\tilde{\boldsymbol{e}}_2 = \begin{pmatrix} 3 \\ 2 \\ -5 \end{pmatrix} = \tilde{a}_{12}\tilde{\boldsymbol{e}}_1 + \tilde{a}_{22}\tilde{\boldsymbol{e}}_2 + \tilde{a}_{32}\tilde{\boldsymbol{e}}_3,$$

$$f(\tilde{\boldsymbol{e}}_3) = A\tilde{\boldsymbol{e}}_3 = \begin{pmatrix} 5 \\ 3 \\ -3 \end{pmatrix} = \tilde{a}_{13}\tilde{\boldsymbol{e}}_1 + \tilde{a}_{23}\tilde{\boldsymbol{e}}_2 + \tilde{a}_{33}\tilde{\boldsymbol{e}}_3.$$

これらをまとめて，$\begin{pmatrix} -1 & 3 & 5 \\ 2 & 2 & 3 \\ -2 & -5 & -3 \end{pmatrix} = (\tilde{\boldsymbol{e}}_1 \ \ \tilde{\boldsymbol{e}}_2 \ \ \tilde{\boldsymbol{e}}_3)(\tilde{a}_{ij}) = \begin{pmatrix} 1 & 0 & 1 \\ 0 & 1 & 2 \\ 1 & 1 & 0 \end{pmatrix}(\tilde{a}_{ij}).$

したがって，$\tilde{A} = \begin{pmatrix} 1 & 0 & 1 \\ 0 & 1 & 2 \\ 1 & 1 & 0 \end{pmatrix}^{-1} \begin{pmatrix} -1 & 3 & 5 \\ 2 & 2 & 3 \\ -2 & -5 & -3 \end{pmatrix} = \begin{pmatrix} -2 & -1/3 & 4/3 \\ 0 & -14/3 & -13/3 \\ 1 & 10/3 & 11/3 \end{pmatrix}.$

4. $\dim(\mathrm{Ker}\, f) = p$，$\dim(\mathrm{Im}\, f) = q$ とする．$\mathrm{Ker}\, f$ の基底として $\{\boldsymbol{a}_1, \boldsymbol{a}_2, \cdots, \boldsymbol{a}_p\}$ をとり，$\mathrm{Im}\, f$ の基底として $\{\boldsymbol{w}_1, \boldsymbol{w}_2, \cdots, \boldsymbol{w}_q\}$ をとる．

(a) 各 $\boldsymbol{w}_i$ $(i = 1, 2, \cdots, q)$ に対して $f(\boldsymbol{v}_i) = \boldsymbol{w}_i$ となる $\boldsymbol{v}_i \in V$ が存在する．初めに $\{\boldsymbol{v}_1, \cdots, \boldsymbol{v}_q\}$ の1次独立性を示す．$c_1\boldsymbol{v}_1 + \cdots + c_q\boldsymbol{v}_q = \boldsymbol{0}$ のとき，$f(c_1\boldsymbol{v}_1 + \cdots + c_q\boldsymbol{v}_q) = c_1\boldsymbol{w}_1 + \cdots + c_q\boldsymbol{w}_q = \boldsymbol{0}$ なので，$\{\boldsymbol{w}_1, \cdots, \boldsymbol{w}_q\}$ の1次独立性より，$c_1 = \cdots = c_q = 0$．よって，$\{\boldsymbol{v}_1, \cdots, \boldsymbol{v}_q\}$ は1次独立である．

次に，(∗)：$\{\boldsymbol{a}_1, \cdots, \boldsymbol{a}_p, \boldsymbol{v}_1, \cdots, \boldsymbol{v}_q\}$ が V の基底となること，つまり，(b)：(∗) が1次独立で，(c)：任意の $\boldsymbol{x} \in V$ が (∗) の1次結合で表されることを示せばよい．

(b) $\boldsymbol{a} = \tilde{c}_1\boldsymbol{a}_1 + \cdots + \tilde{c}_p\boldsymbol{a}_p + c_1\boldsymbol{v}_1 + \cdots + c_q\boldsymbol{v}_q = \boldsymbol{0}$ を仮定すると，$f(\boldsymbol{a}) = c_1\boldsymbol{w}_1 + \cdots + c_q\boldsymbol{w}_q = \boldsymbol{0}$ より，$c_1 = \cdots = c_q = 0$．このとき $\boldsymbol{a} = \tilde{c}_1\boldsymbol{a}_1 + \cdots + \tilde{c}_p\boldsymbol{a}_p = \boldsymbol{0}$ となるので，$\tilde{c}_1 = \cdots = \tilde{c}_p = 0$．よって，$\{\boldsymbol{a}_1, \cdots, \boldsymbol{a}_p, \boldsymbol{v}_1, \cdots, \boldsymbol{v}_q\}$ は1次独立である．

(c) $f(\boldsymbol{x}) \in \mathrm{Im}\, f$ より，$f(\boldsymbol{x}) = x_1\boldsymbol{w}_1 + \cdots + x_q\boldsymbol{w}_q = f(x_1\boldsymbol{v}_1 + \cdots + x_q\boldsymbol{v}_q)$ と表すことができる．次に，(1)：$\boldsymbol{y} = \boldsymbol{x} - (x_1\boldsymbol{v}_1 + \cdots + x_q\boldsymbol{v}_q)$ とおくと，$f(\boldsymbol{y}) = \boldsymbol{0}$ なので $\boldsymbol{y} \in \mathrm{Ker}\, f$．よって，(2)：$\boldsymbol{y} = \tilde{x}_1\boldsymbol{a}_1 + \cdots + \tilde{x}_p\boldsymbol{a}_p$ と書ける．したがって，(1), (2) より，任意の $\boldsymbol{x} \in V$ は (∗) の1次結合で表されることが示された．

5. (a) $P = \begin{pmatrix} 1/\sqrt{6} & 1/\sqrt{2} & 1/\sqrt{3} \\ 1/\sqrt{6} & -1/\sqrt{2} & 1/\sqrt{3} \\ -2/\sqrt{6} & 0 & 1/\sqrt{3} \end{pmatrix}$ によって，${}^tPAP = \begin{pmatrix} 1 & 0 & 0 \\ 0 & 3 & 0 \\ 0 & 0 & 4 \end{pmatrix}$ と対角化される．

(b) $\tilde{\boldsymbol{x}} = {}^tP\boldsymbol{x}$ とおくと，座標系 $(\tilde{x}, \tilde{y}, \tilde{z})$ において，$Q = \tilde{x}^2 + 3\tilde{y}^2 + 4\tilde{z}^2$．

一方，$\tilde{x}^2 + \tilde{y}^2 + \tilde{z}^2 = {}^t\tilde{\boldsymbol{x}}\tilde{\boldsymbol{x}} = {}^t\boldsymbol{x}P\,{}^tP\boldsymbol{x} = x^2 + y^2 + z^2 = 1$ である．

$Q(x, y, z)$ の最大値は，$\tilde{\boldsymbol{x}} = {}^t(0 \ \ 0 \ \ \pm 1) \Leftrightarrow \boldsymbol{x} = {}^t(\pm 1/\sqrt{3} \ \ \pm 1/\sqrt{3} \ \ \pm 1/\sqrt{3})$ (複号同順) のとき 4．

$Q(x, y, z)$ の最小値は，$\tilde{\boldsymbol{x}} = {}^t(\pm 1 \ \ 0 \ \ 0) \Leftrightarrow \boldsymbol{x} = {}^t(\pm 1/\sqrt{6} \ \ \pm 1/\sqrt{6} \ \ \mp 2/\sqrt{6})$

(複号同順) のとき 1.

第 8 章

8.1 問題 1 (a) $y = x e^{-3x} + C e^{-3x}$ (積分因子 e^{3x})

(b) $y = -\dfrac{\log|\cos x|}{\sin x} + \dfrac{C}{\sin x}$ (積分因子 $\sin x$)

(c) $y = 1 - \dfrac{1}{x} + \dfrac{C}{x e^x}$ (積分因子 $x e^x$)

8.2 問題 1 (a) $y_1 = C_1 e^{2x} + C_2 e^{3x}$, $y_2 = C_1 e^{2x} + 2C_2 e^{3x}$

(b) $y_1 = -3e^x/2 + C_1 e^{2x} + C_2 e^{3x}$, $y_2 = -e^x + C_1 e^{2x} + 2C_2 e^{3x}$

(c) $y_1 = C_1 e^{3x} + C_2 x e^{3x}$, $y_2 = (C_1 + C_2) e^{3x} + C_2 x e^{3x}$

(d) $y_1 = C_1 + C_2 e^x + C_3 e^{-x}$, $y_2 = C_1 + C_3 e^{-x}$, $y_3 = C_1 + C_2 e^x$

問題 2 P^{-1} の (i, n) 成分は $\varDelta_{n,i}/|P|$ に等しい．ここで $|P|$ はファンデルモンド行列式なので，$|P| = \prod_{j<k} (a_k - a_j)$．一方，

$$\varDelta_{i,n} = (-1)^{i+n} \begin{vmatrix} 1 & \cdots & 1 & 1 & \cdots & 1 \\ a_1 & \cdots & a_{i-1} & a_{i+1} & \cdots & a_n \\ \vdots & & \vdots & \vdots & & \vdots \\ {a_1}^{n-2} & \cdots & {a_{i-1}}^{n-2} & {a_{i+1}}^{n-2} & \cdots & {a_n}^{n-2} \end{vmatrix}$$

であり，これもファンデルモンド行列式であるので，$\varDelta_{i,n} = (-1)^{i+n} \prod_{\substack{j<k \\ j,k \neq i}} (a_k - a_j)$．

したがって，

$$\frac{\varDelta_{n,i}}{|P|} = \frac{(-1)^{n+i}}{(a_i - a_1)\cdots(a_i - a_{i-1})(a_{i+1} - a_i)\cdots(a_n - a_i)} = \frac{1}{\prod_{j \neq i} (a_i - a_j)}.$$

練習問題

1. (a) $y = (x-1) e^{-x} + C e^{-2x}$ (b) $y = \dfrac{a\cos x + \sin x}{a^2 + 1} + C e^{-ax}$

(c) $y = e^{2x} - 2e^x + 2 + C\exp(-e^x)$

(d) $y = \dfrac{1 + \cos x}{1 - \cos x}\left(C + \dfrac{3}{2}x - 2\sin x + \dfrac{1}{4}\sin 2x\right)$

2. (a) $y_1 = C_1 e^{-6x} + C_2 e^{2x}$, $y_2 = -7C_1 e^{-6x} + C_2 e^{2x}$

(b) $y_1 = -2C_1 x e^{3x} - (C_1 + 3C_2) e^{3x}$, $y_2 = C_1 x e^{3x} + C_2 e^{3x}$

(c) $y_1 = C_1 e^{2x} \cos x + C_2 e^{2x} \sin x$,
$y_2 = (C_1 + C_2) e^{2x} \cos x + (-C_1 + C_2) e^{2x} \sin x$

(d) $y_1 = -\dfrac{3}{4}x - \dfrac{11}{16} + C_1 e^x + C_2 e^{4x}$, $y_2 = \dfrac{1}{2}x + \dfrac{5}{8} - C_1 e^x + 2C_2 e^{4x}$

(e) $y_1 = C_1 + C_2 e^x + C_3 e^{-x}$, $y_2 = -C_1 - C_2 e^x$, $y_3 = -C_1 - C_3 e^{-x}$

(f) $y_1 = C_1 e^{-x} + (C_2 + C_3)\cos x + (-C_2 + C_3)\sin x$,

$y_2 = C_1 e^{-x} + C_2 \cos x + C_3 \sin x$, $y_3 = C_1 e^{-x} + C_3 \cos x - C_2 \sin x$

3. (a) $\boldsymbol{u}(x) := \begin{pmatrix} u_0(x) \\ u_1(x) \end{pmatrix} = \begin{pmatrix} u(x) \\ u'(x) \end{pmatrix}$, $M := \begin{pmatrix} 0 & 1 \\ a^2 & 0 \end{pmatrix}$, $\boldsymbol{f}(x) := \begin{pmatrix} 0 \\ -f(x) \end{pmatrix}$ とおくと,(♣) は連立常微分方程式 $\boldsymbol{u}' = M\boldsymbol{u} + \boldsymbol{f}(x)$ … (♡) と等価である.

(b) M は $P^{-1}MP = \widehat{M}$, $P := \begin{pmatrix} 1 & 1 \\ -a & a \end{pmatrix}$, $\widehat{M} := \begin{pmatrix} -a & 0 \\ 0 & a \end{pmatrix}$ と対角化される.

(c) $\boldsymbol{v}(x) := \begin{pmatrix} v_0(x) \\ v_1(x) \end{pmatrix} = P^{-1}\boldsymbol{u}(x)$ は次の微分方程式を満たす:

$$\boldsymbol{v}' = \widehat{M}\boldsymbol{v} + \boldsymbol{g}(x), \qquad \boldsymbol{g}(x) := P^{-1}\boldsymbol{f}(x) = \frac{1}{2a} f(x) \begin{pmatrix} 1 \\ -1 \end{pmatrix}.$$

これを $\boldsymbol{v}$ について解いて,

$$\boldsymbol{v}(x) = \begin{pmatrix} e^{-ax} & 0 \\ 0 & e^{ax} \end{pmatrix} \begin{pmatrix} \gamma_0 \\ \gamma_1 \end{pmatrix} + \int_0^x \frac{1}{2a} \begin{pmatrix} e^{-a(x-y)} \\ -e^{a(x-y)} \end{pmatrix} f(y)\, dy.$$

(d) $\boldsymbol{u} = P\boldsymbol{v}$ より,

$$\boldsymbol{u}(x) = \begin{pmatrix} e^{-ax} & e^{ax} \\ -ae^{-ax} & ae^{ax} \end{pmatrix} \begin{pmatrix} \gamma_0 \\ \gamma_1 \end{pmatrix} - \int_0^x \begin{pmatrix} a^{-1}\sinh a(x-y) \\ \cosh a(x-y) \end{pmatrix} f(y)\, dy.$$

次に,境界条件 (♠) より,

$$\begin{pmatrix} \alpha \\ \beta \end{pmatrix} = \begin{pmatrix} u_0(0) \\ u_0(L) \end{pmatrix} = \begin{pmatrix} 1 & 1 \\ e^{-aL} & e^{aL} \end{pmatrix} \begin{pmatrix} \gamma_0 \\ \gamma_1 \end{pmatrix} - \int_0^L \begin{pmatrix} 0 \\ a^{-1}\sinh a(L-y) \end{pmatrix} f(y)\, dy.$$

$\begin{pmatrix} \gamma_0 \\ \gamma_1 \end{pmatrix}$ を消去して整理すると,

$$\begin{aligned} u(x) &= (e^{ax} \;\; e^{-ax}) \begin{pmatrix} 1 & 1 \\ e^{-aL} & e^{aL} \end{pmatrix}^{-1} \left\{ \begin{pmatrix} \alpha \\ \beta \end{pmatrix} + \int_0^L \begin{pmatrix} 0 \\ a^{-1}\sinh a(L-y) \end{pmatrix} f(y)\, dy \right\} \\ &\quad - \int_0^x \frac{\sinh a(x-y)}{a} f(y)\, dy \\ &= \alpha \frac{\sinh a(L-x)}{\sinh aL} + \beta \frac{\sinh ax}{\sinh aL} \\ &\quad + \int_0^L \frac{\sinh ax \sinh a(L-y)}{a \sinh aL} f(y)\, dy - \int_0^x \frac{\sinh a(x-y)}{a} f(y)\, dy. \end{aligned}$$

【発展】 $u(x)$ はさらに,階段関数 $\theta(x) = 0$ $(x < 0)$, 1 $(x > 0)$ を用いて,

$$\begin{aligned} u(x) &= \alpha \frac{\sinh a(L-x)}{\sinh aL} + \beta \frac{\sinh ax}{\sinh aL} \\ &\quad + \int_0^L \left\{ \frac{\sinh ax \sinh a(L-y)}{a \sinh aL} - \theta(x-y) \frac{\sinh a(x-y)}{a} \right\} f(y)\, dy \end{aligned}$$

の形に変形される.被積分関数において,

$$G(x, y) = \frac{\sinh ax \sinh a(L-y)}{a \sinh aL} - \theta(x-y) \frac{\sinh a(x-y)}{a}$$

は**グリーン関数**と呼ばれる.

索　引

ア　行

1次
　—— 結合　112, 161
　—— 従属　112
　—— 独立　112, 148, 161, 200
　—— 変換　177
一般解　57, 197
一般化固有ベクトル　153, 203
イメージ　183
上三角行列　29
n 次行列式　85, 105
エルミート行列　36, 149
LU 分解　40

カ　行

カーネル　183
階数　60
外積　10
階段行列　59
核　183
拡大係数行列　42
重ね合わせの原理　196
関数　176
幾何的重複度　140
基底　161, 163
　—— 変換　186
基本ベクトル　4, 8, 13, 118, 161
逆行列　27, 64, 100
逆変換　181
QR 分解　125
行　15
　—— 基本変形　44, 93, 116, 184
　—— ベクトル　16, 126
共役行列　35
行列　15
　—— のスカラー倍　18
　—— の積　20
　—— の対角化　143
　—— の和　18
行列式　72
虚軸　32
虚部　32
クラメルの公式　103
グラム・シュミットの直交化法　119
クロネッカーの δ 記号　17
係数行列　42
ケーリー・ハミルトンの定理　141
合成写像　180
交代行列　27
交代性　73, 81, 88
恒等写像　179
コーシー・シュワルツの不等式　15
互換　85
固有
　—— 多項式　133
　—— 値　132
　—— ベクトル　132
　—— 方程式　133, 140
コンパニオン行列　210

サ　行

サラスの方法　78
三角不等式　15
3次行列式　76
3重積　11, 79
次元　161
　—— 定理　186
下三角行列　29
実軸　32
実部　32
自明解　53
写像　176
純虚数　32
順列　84
ジョルダン細胞　152
ジョルダン標準形　152, 203
随伴行列　36
数ベクトル空間　160
スカラー　2
　—— 積　4

正規化　7, 120
正規直交系　118
生成　161
正則行列　27, 113
成分　5, 15, 186, 188
　—— 表示　5
正方行列　16
積分因子　197
線形
　—— 空間　160, 196
　—— 写像　177
　—— 常微分方程式　196
　—— 変換　177
像　183
相似　142

タ　行

対角化　201
対角行列　24
対角成分　16
対称行列　27, 150
代数的重複度　140
多重線形性　73, 81, 87
単位行列　25
単位ベクトル　3
重複度　140
直和　165
直交
　—— 行列　124, 150, 182
　—— 変換　181
　—— 補空間　169
定数係数線形常微分方程式　205
転置行列　26
同次常微分方程式　196
同次連立方程式　53, 61
等長変換　193
特解　57, 200
トレース　31, 140

ナ　行

内積　4, 33
2 次
　—— 行列式　72
　—— 曲線　189
　—— 曲面　191
　—— 形式　190

ハ　行

ハウスホルダー行列　128
掃き出し法　45
非自明解　53, 113, 132
左下三角行列　29
非同次連立方程式　53, 62
表現行列　178
標準基底　161, 187
標準形　189
ファンデルモンド行列式　95
複素
　—— 共役　32
　—— 行列　35, 149
　—— 数　31
　—— 平面　32
　—— ベクトル　33, 125
部分空間　161
　—— の和　165
ブロック分割　126
分割の型　126
ベクトル　2
　—— の大きさ　3
　—— 空間　160
　—— のスカラー倍　3
　—— 積　10
　—— の和　3
変換行列　186

マ行　ヤ行

右上三角行列　29
有向線分　2
ユニタリ行列　126, 150
余因子　90
　—— 行列　99
　—— 展開　90
余関数　200

ラ　行

ランク　60
零
　—— 因子　39
　—— 行列　20
　—— ベクトル　3
列　15
　—— 基本変形　93
　—— ベクトル　16, 126
連立 1 次方程式　42, 102
連立常微分方程式　200

ワ　行

歪エルミート行列　36

著者略歴

永井敏隆　1948年　鹿児島県生まれ
1971年　愛媛大学文理学部理学科卒業
1977年　広島大学大学院理学研究科博士課程単位取得退学
現在　広島大学名誉教授　理学博士

永井　敦　1968年　広島県生まれ
1991年　東京大学工学部計数工学科卒業
1996年　東京大学大学院数理科学研究科博士課程修了
現在　津田塾大学学芸学部情報科学科教授　博士(数理科学)

理工系の数理　**線形代数**

2008年11月20日　第1版発行
2009年2月15日　第2版発行
2024年7月30日　第2版15刷発行

検印
省略

定価はカバーに表示してあります.

増刷表示について
2009年4月より「増刷」表示を『版』から『刷』に変更いたしました. 詳しい表示基準は弊社ホームページ
http://www.shokabo.co.jp/
をご覧ください.

著作者　永井敏隆
永井　敦

発行者　吉野和浩

発行所　東京都千代田区四番町8-1
電話　03-3262-9166
株式会社　裳華房

印刷所　中央印刷株式会社

製本所　牧製本印刷株式会社

一般社団法人
自然科学書協会会員

ISBN 978-4-7853-1551-1